Ecological Civilization
Concepts and Modes

生态文明
理念与模式

● 刘宗超　贾卫列　等著

化学工业出版社

·北京·

图书在版编目（CIP）数据

生态文明理念与模式/刘宗超，贾卫列等著．—北京：
化学工业出版社，2015.2
ISBN 978-7-122-22703-4

Ⅰ.①生… Ⅱ.①刘…②贾… Ⅲ.①生态文明-建设-
中国 Ⅳ.①X321.2

中国版本图书馆 CIP 数据核字（2015）第 002210 号

责任编辑：刘兴春　　　　　　　　　　　　文字编辑：汲永臻
责任校对：宋　玮　　　　　　　　　　　　装帧设计：韩　飞

出版发行：化学工业出版社（北京市东城区青年湖南街 13 号　邮政编码 100011）
印　　装：大厂聚鑫印刷有限责任公司
787mm×1092m　1/16　印张 14　字数 340 千字　2015 年 3 月北京第 1 版第 1 次印刷

购书咨询：010-64518888（传真：010-64519686）　售后服务：010-64518899
网　　址：http://www.cip.com.cn
凡购买本书，如有缺损质量问题，本社销售中心负责调换。

定　　价：68.00 元

《生态文明理念与模式》
编著委员会

著　　者　刘宗超　贾卫列　李晓南　钟勇强

　　　　　钟炳林　陈梦吉　陈红枫　陈彩棉

　　　　　许明月　聂春雷　林峰海　薛　瑶

　　　　　陈克恭　阙忠东　廖晓义　张明伟

　　　　　张冠秀　张照松　张立柱　张乐华

　　　　　舒晓明　潘　骞　韩宁会　金经人

　　　　　骆荣强　张庆良

组 织 者　北京生态文明工程研究院

资料提供　浙江省嘉兴光伏高新技术产业园区管委会

　　　　　浙江天能集团

　　　　　中国中化集团

　　　　　福建省石狮市经济局

　　　　　浙江省桐庐县农业和农村工作办公室

　　　　　广东省珠海市委、市政府

　　在经历了"走过森林和绿洲，最后留下的是荒漠"的农业文明、面临一个丧失功能的生物圈的工业文明之后，人类未来的发展道路应该是怎么样的？　这是一个困扰人类的大难题。生态文明发展模式的确立，为身陷工业文明带来的环境灾难和生态危机的人类点亮了发展道路上的灯塔。

　　2003 年 6 月 25 日，中共中央国务院发表了《中共中央国务院关于加快林业发展的决定》，提出了"建设山川秀美的生态文明社会"。

　　中国共产党第十七次全国代表大会报告指出："建设生态文明，基本形成节约能源资源和保护生态环境的产业结构、增长方式、消费模式。循环经济形成较大规模，可再生能源比重显著上升。主要污染物排放得到有效控制，生态环境质量明显改善。生态文明观念在全社会牢固树立。"

　　中国共产党第十八次全国代表大会报告指出："建设生态文明，是关系人民福祉、关乎民族未来的长远大计。面对资源约束趋紧、环境污染严重、生态系统退化的严峻形势，必须树立尊重自然、顺应自然、保护自然的生态文明理念，把生态文明建设放在突出地位，融入经济建设、政治建设、文化建设、社会建设各方面和全过程，努力建设美丽中国，实现中华民族永续发展。"

　　从党的十二大到十五大，中国共产党一直强调建设社会主义物质文明和精神文明。十六大在此基础上提出了社会主义政治文明，十七大报告首次提出生态文明，十八大报告设专门部分阐述生态文明，这是中国共产党科学发展、和谐发展理念的升华，充分体现了生态文明对中华民族及全人类生存和发展的重要意义。同时，这也是中国环保战略的历史性转变，宣示了国家对生态文明建设的强烈政治意志。

　　2013 年 5 月 24 日，中共中央总书记习近平强调，生态环境保护是功在当代、利在千秋的事业。要清醒认识保护生态环境、治理环境污染的紧迫性和艰巨性，清醒认识加强生态文明建设的重要性和必要性，以对人民群众、对子孙后代高度负责的态度和责任，真正下决心把环境污染治理好、把生态环境建设好，努力走向社会主义生态文明新时代，为人民创造良好生产生活环境。

　　党的新一届中央领导集体，以党的十八大精神为指导，进一步提出了"保护生态环境就是保护生产力，改善生态环境就是发展生产力"、"对那些不顾生态环境盲目决策、造成严重后果的人，必须终身追究其责任"、"再也不能简单以国内生产总值增长率来论英雄"、"绿水青山就是金山银山"、"建设一个生态文明的现代化中国"等一系列大力推进生态文明建设的新思想、新论断、新要求，为我国走向生态文明新时代指明了方向。

20世纪90年代以来，我国学者就开展了系统的生态文明理论研究，20多年取得了大量的研究成果，为人类未来的发展构建了一个全新的模式。近十年来，国家有关部门在生态文明建设上开展了大量实践创建活动，在生态省（市）和生态农业县、水生态文明建设试点、海洋生态文明建设示范区、国家森林城市、美丽乡村创建上取得了丰硕的成果。2013年5月23日，环境保护部发布了《国家生态文明建设试点示范区指标》，2013年12月2日国家发改委、财政部、国土资源部、水利部、农业部、国家林业局联合制定了《国家生态文明先行示范区建设方案》，极大地推动了我国生态文明建设的进程。

中国在世界上率先进行了国家层面的生态文明建设的实践，开创了世界文明史上的里程碑。对此，世界各国给予了很高的评价。世界后现代学派认为："生态文明的希望在中国"，"中国是世界上最有可能实现生态文明的地方"。为了系统梳理生态文明的基础理论，总结我国各行各业在生态文明建设实践中取得的成功经验，我们组织著写了《生态文明理念与模式》。

本书分12篇对生态文明理论和生态文明建设的实践进行了阐述：开篇系统介绍了生态文明的基本理论，在后11篇中分别就当代生态文明相关的重大问题，先从理论上进行阐述，然后分别用两个在生态文明建设实践中取得成功的案例，说明生态文明建设对建设美丽中国、实现中华民族永续发展的重要意义。

生态文明建设是一项全民性的生态现代化运动，只有全体人民的共同参与才能展现出更加蓬勃的生机和活力。我们期待通过大家的共同努力，把我们的国家建设成环境优美宜人、经济稳步增长、政治民主昌明、文化繁荣昌盛、社会和谐进步的美丽中国。

著者
2014年12月

目录
· Contents ·

生 生 不 息

——走向生态文明新时代

生态文明是人类在适应自然、改造自然过程中建立的一种人与自然和谐共生的生产方式，它包括三层含义。 一是人类文明发展的新时代。 生态文明就是在农业文明和工业文明的基础上，人类未来文明的第一个表现形态。 生态文明作为一种新的文明范型和未来文明的第一形态，它把人类带出了"蒙昧时代"而进入真正意义上的"文明时代"，一个结构复杂、秩序优良的社会制度将在全球建立。 二是社会进步的新的发展观——生态文明观。 三是一场席卷全球的以生态公正为目标、以生态安全为基础、以新能源革命为基石的全球性生态现代化运动——生态文明建设。 全球生态文明观的确立是人类走向生态文明的核心问题。

绿色呼唤
——迈向人类文明发展的新纪元

　　人类文明在走过了采猎文明、游牧文明、农业文明、工业文明之后，正在迈向一个崭新的文明时代，学术界把这一时代称为后工业文明、信息文明、生态文明等。回眸工业文明及其以前人类所走过的文明历程，在处理人类与自然界的关系时，人类始终是处于中心地位的，强调的是人类去征服自然、改造自然，人与自然始终处于对立状态。而生态文明将使人类进入真正意义上的文明时代。

一、采猎文明

　　在采猎文明阶段，生产力水平低下，人们对自然环境被动适应，人类生存的物质基础是天然动植物资源，采猎人群征服和改造自然的能力十分低下，采猎的动植物完全是自然界发育、生长的结果，所以人类崇拜和畏惧自然并祈求大自然的恩赐。环境对人类的制约作用较强，人类对环境的改造作用微弱。

二、游牧文明

　　在游牧文明阶段，因为受自然环境的影响，人类形成了逐水草而居的生产方式，没有固定住所，哪里有丰美的水草就在哪里安家。在近乎原始的游牧生活中，没有哪一个牧人敢把某一片草场当成自己的家，因为受载畜量的影响，牧人们必须不断地迁徙才能保持草原的自然再生产，才能保证牲畜能吃到源源不断的新草，这其实正暗合了草原生长的生态规律。

三、农业文明

　　在农业文明阶段，随着生产力水平的提高，人类对自然有了一定的了解和认识，在开始利用自然并改造自然的过程中，逐步减弱了对自然的依赖，同时与前者的对抗性增强。农业文明带来了种植业的创立及农业生产工具的发明和不断改进，带来了固定居所的形成和人口的迅速增长，带来了纺织等手工业和集市贸易的诞生，带来了农业历法等科学技术，也带来了"人定胜天"的精神和信念。由于人类大规模地改造自然，生态环境遭到了一定程度的破坏，如局部地区水土流失、土地荒漠化，生物多样性减少，生态系统变得日益简单和脆弱。

四、工业文明

　　在工业文明阶段，生产力水平空前提高，人类对自然环境展开了前所未有的大规模的开发和利用。人口的激增，资源的透支，一切社会活动趋向物质利益和经济效益的最大化，人类试图征服自然，成为自然的主宰。由于人类自身需要和欲望急剧膨胀，人对自然的尊重被对自然的占有和征服所代替。发达国家的经济、社会制度又促使少数人以占有和剥削他人更多的物质财富为根本动力和目的，这一价值观进一步扩展到整个民族、国家和社会层面，更加剧了人们对自然资源的掠夺和对生态环境的破坏。当前，人类面临着由于现代工业的发展带来的一系列严重的环境和生态问题，这些问题已经从根本上影响到人类的生存和发展，"天人"关系全面不协调，"人地"矛盾迅速激化。

五、生态文明

在工业文明及其以前的文明体系中，人类强调的是对自然无条件的索取，一切以人为中心，由此酿成了当今世界环境危机四伏的局面。人类必须转换思维，寻找新的发展模式，用一种新的价值观去指导经济社会未来的发展之路。

生态文明是人类在尊重生态规律的前提下，有计划地对生态环境进行有效的公共管理，进行地区、国家乃至全球意义上的制度建设，协调人类与自然的关系，形成自然—社会—经济复合系统的可持续发展。

生态文明把人类与自然环境的共同发展摆在首位，合理地调节人类与自然之间的物质循环、能量变换与信息交换和生物圈的生态平衡，按照生态规律进行生产，在维持自然界再生产的基础上考虑经济的再生产，是人与自然和谐的、同步的发展。

生态文明就是在农业文明和工业文明的基础上，人类未来文明的第一个表现形态。有一种观点认为生态文明是人类文明发展的终极形态，这是不符合人类历史发展的客观规律的。但生态文明作为一种新的文明范型和未来文明的第一形态，它把人类带出了"蒙昧时代"而进入真正意义上的"文明时代"。

观念转变
——迎来生态文明新理念

工业文明以前的文明形态割裂了人与自然的天然关系。在新的时代，人类必须摒弃"以人为中心"的发展观，而提倡"人与自然和谐发展"的生态文明发展观，重建经济和社会发展的伦理和哲学基础，这样才能将人类推向文明进步的更高阶段。

一、生态文明观的含义

生态文明观是指人类处理人与自然关系以及由此引发的人与人之间的关系、自然界生物之间的关系、人与人工自然物之间的关系的基本立场、观点和方法，是在这种立场、观点和方法指导下人类取得的积极成果的总和。它是一种超越工业文明观、具有建设性的人类生存和发展意识的理念和发展观，它跨越自然地理区域、社会文化模式，从现代科技的整体性出发，以人类与生物圈的共存为价值取向发展生产力，从人类自我中心转向人类社会与自然界相互作用为中心建立生态化的生产关系。

生态文明观是一种新的生存意识与发展意识的文明观念，它继承和发扬农业文明和工业文明的长处，以人类与自然相互作用为中心，以信息文明作为管理手段，强调自然界是人类生存与发展的基础，人类社会是在这个理念下与自然界发生相互作用、共同发展的，两者必须协调，人类的经济社会才能持续发展。

人类与生存环境的共同进化就是生态文明，威胁其共同进化的就是生态愚昧，只有在最少耗费物质能量和充分利用信息进行管理的情况下才能确保社会的可持续发展，即社会化的人、联合起来的生产者将合理地调节他们和自然之间的物质变换，将其置于他们的共同控制之下，而不让它作为盲目的力量来统治自己；靠消耗最小的能量，在最无愧于和最适合于他们的人类本性的条件下来进行这种物质变换。

二、生态文明观要处理的四大关系

生态文明观强调地球（甚至包括整个宇宙）是一个有机的生命体，它是一种包含四层含义的新的发展观：一是正确处理人与自然之间的关系；二是正确处理人与人之间的关系；三是正确处理自然界生物之间的关系；四是正确处理人与人工自然物之间的关系。这四个方面是相互联系、辩证统一的。

1. 正确处理人与自然之间的关系

人与自然（天然自然）的和谐是人类生存和发展的基础。由于自然界提供了人类生存和发展所需的资源，人与自然的不和谐必将损害人类本身。生态危机自古有之，在农业文明时期，这种危机产生的生态环境的破坏虽然湮灭了历史上曾经辉煌一度的几大古代文明，但就其影响总体上说还是区域性和小时空的，因此即使提出人与自然的和谐的观点也引不起主流社会的足够重视。工业化运动以来，人类的生态意识还未做出适应性调整，区域性的生态灾难就已经酿成，进而发展为全球性的生态危机。只有重新定义生产力的内涵，重建生态意识，普及生态伦理，建立和谐的"自然—人—经济"复合系统，才能化解全球性的生态危机，实现经济社会的可持续发展。

2. 正确处理人与人之间的关系

正确处理人与人之间的关系包括三个内容：一是正确处理当代的人与人之间的关系；二是正确处理当代人与后代人之间的关系；三是正确处理人的身与心、我与非我、心灵与宇宙的关系。人类社会的生产关系构成和谐社会的一个重要内容。不合理的生产关系结构一方面会造成人类社会本身的畸形发展，另一方面这种畸形效应会延伸到人与自然的关系以及相应的其他关系上。最典型的是工业化时代对资源的占有和污染的转移，由于不能正确处理人与人、国家与国家的关系，建立在资本原始积累基础上的国际经济旧秩序使得发达国家利用发展中国家的资源和输出污染，造成发展中国家严重的生态灾难和环境污染，这种污染通过全球性循环反过来又影响发达国家的环境。这也是生态文化被颠覆而危及人类自身在当代的一个重要表现。只有重建全球生态文化，才能给科学技术重新定向，才能发展生态化的生产力、生产关系，建立与可持续发展相适应的社会体制。

3. 正确处理自然界生物之间的关系

自然界有数百万种植物、动物、微生物，各物种所拥有的基因和各种生物与环境相互作用所形成的就是生态系统。自然界生物之间的关系追求的是一种动态的平衡，正是这种动态平衡产生的生物多样性对人类生存和发展具有重要的意义。如果人类忽视自然界生物之间的关系，他们间的动态平衡一旦被打破，人类能否延续下去就会成为人类社会面临的一个问题。

4. 正确处理人与人工自然物之间的关系

人工自然物是人类利用自然材料制造的各种物品。工业文明带来了科学技术的大发展，反过来现代科学技术的成就把工业文明推向一个新的阶段，如何处理与科学技术及其产品的关系成为当代人类面临的重大课题。计算机和人工智能、网络和信息高速公路、现代生物技术、核能等发展与利用将对人类的发展产生巨大影响。如果人类不能正确地利用它们，那么这些现代科学技术会危害到人类本身。

三、树立全球生态文明观

人与自然的相互作用是一般生物与环境互相作用的最高形式。生态意识的形成沟通了自然科学和社会科学、物质生产和精神文化，使文明的进程采取生态发展的新形式。

人类出现在地球上约有300万年，由于人类的参与，地球表层系统逐渐完成了生物过程向人文过程的转变。人类以其智能把个人的力量巧妙地组合成集体力量与环境进行结合，形成改变地球表层的巨大物质力量，最终把自然过程与人工过程相结合、自然结构与社会结构相结合，使地球表层向更有序更复杂的方向发展。现代交通与通信使地球已成为一个地球村，这标志着人类已进入信息社会，有条件以信息文明的全部成就作为手段对全球生态资源和人力资源进行有效管理。地球表层系统近400年的变化超过了以往几十亿年的变化总和。

全球生态环境危机表明，人类智能不单单有把人类从自然环境中分离出来的趋势，甚至要突破地球的限制，力求控制全球系统。地球表层系统的变化表明了人类"征服"自然的同时又被自然所"征服"的辩证过程。可以预言，人类若不及时制止破坏环境的行为，目前的工业文明必将危及整个人类文明。面对人类的困境，及早确立全球生态文明观具有伦理意义。

全球生态文明观有一种终极价值，所有的较小的目标都是为达到它而采取的手段，同时它又是对较小目标进行衡量的标准：人类与地球表层共存就是生态文明，威胁共存的就是愚昧，要在最低消耗能量和物质的情况下确保地球表层的信息增殖。全球生态文明观不是一种绝对的生态平衡观，地球表层只有在非平衡中发展，在混沌中选择，在信息增殖中进化。这种文明观是一种建设性的全球意识，它跨越自然地理层次、社会功能层次、文化意识层次，形成社会自然科学的整体化性质，解释人与生物圈、社会与自然相互关系的本质，并使之符合社会发展的生态过程。

由于人类生产力规模的扩大，某一个国家和地区进行改造自然的措施，都可能涉及其他国家的生态条件，甚至可能影响到整个生物圈，这种跨区域性的污染事件时有发生，可见生态问题在全世界范围内都处于较高的地位。因此生态命令是一个超越国家和地区以及阶层和集团的绝对命令！在这一绝对命令下，应建立全球性的"统一战线"，按照全球生态文明观来约束破坏生态环境的行为，统一各国和地区对待生态环境的行为模式，用全球生态文明观把各国人民团结到追求人类与自然协调这一真理的大旗下，进行不同层次、不同结构的再调整、再组合。实现这一目的的有效手段就是建立世界生态经济的新秩序，其基本特点是减轻资本主义发展中的马太效应，强调第三世界的持续发展。全球应共同努力，解决好南北问题，南北贫富的差距缩小不仅是解决穷国的生存问题，而且是在全球意义上通过保护热带雨林维持全球正常化学循环、控制温室效应，进而保证全人类生存的大问题。随着人类对自然资源的开发，国际社会必须投入资金保护自然，进行生态补偿，该补偿的强度和有效性务必保证使生态潜力的增长快于经济的增长速度。可持续发展的观念是由西方发达工业国家最先提出的，因为这是支撑其经济增长和维持高福利政策所必需的外部环境。对于发展中国家来说，可持续发展的生态文明观念更加重要，因为它使贫困地区能够在现有资源环境条件下缓解人口膨胀压力，降低高投入低产出的资源环境成本，确保在实现现代化之前不至于使生态环境全面崩溃，保留着持续发展的可能性。

全球生态文明观的基本框架由三部分构成：一是作为治国方略的生态文明观，当前主要是价值观的重建；二是区域生态文明观，当前主要是生态文明建设的开展；三是作为国际战略的生态文明观，当前主要是应对全球化、应对全球气候变化等问题。

四、生态文明的多元价值观

不同文明时代有相应的价值观，它是物质世界长期发展的产物，也是社会不断演进的结果。

在农业文明时代，价值的衡量标准是"土地是财富之母，劳动是财富之父"。到了工业文明时代，绝大多数商品价值的衡量，是遵循"劳动价值论"的，商品价值量的大小取决于生产该商品的社会必要劳动时间。

生态文明时代的价值标尺是多元的，其基本准则仍然是"劳动价值理论"。与工业文明时代的"劳动价值论"相比，"劳动价值"中包含着更多的"知识价值"，可以说是在传统的

"劳动价值论"基础上，加上的"知识价值论"；特殊商品的价值，因其稀缺性和人们对其的喜好，遵循"效用价值论"；由于全球信息高速公路建成，不同的信息会产生不同的增值效应，因而极大地影响商品价格的形成，"信息价值论"随之出现；自然资源（包含土地资源、森林资源、水资源、矿山资源、海洋资源、环境资源等）由于对人类生存的决定性作用，其价值被重新定位。这些因素构成了生态文明的多元价值观。

生态文明观以生态伦理为价值取向，以工业文明为基础，以信息文明为手段，把以当代人类为中心的发展调整到以人类与自然相互作用为中心的发展上来，从根本上确保当代人类的发展及其后代可持续发展的权利。

五、信息增殖进化论

人类是在适应自然、改造自然的实践过程中，不断接受信息，并转化为文化信息，重组为一定的信息增殖范型，形成认识世界和改造世界的理论和方法。进而又通过反馈调节，不断地修正、补充、更新信息增殖模式，然后在实践中转化为具有新的结构信息的人工自然，满足人类自身及其环境的需求。我们不仅要促进物质增殖，还要遵照宇宙生态期的规律，更注重促进信息增殖。只有确立信息增殖进化论为基础的生态文明观，才能保证全人类能继续生存。

六、生态文明观是治国理念的根本转变

在工业文明的体系下，世界各国治国安邦的理念不尽相同，在当今世界主要是两种模式：一是欧美发达国家所采用的以生产力发展为主要标准的模式；二是以中国为代表的发展中国家所采用的以生产关系为主要标准的模式。在实践中，前者表现为追求生产力的绝对发展，后者表现为强调生产关系的绝对完善；与之相适应，在理论上前者以生产工具的先进程度把人类社会分为农业文明社会、工业文明社会、信息文明社会，后者则以原始社会、奴隶社会、封建社会、资本主义社会、社会主义社会、共产主义社会总结人类文明的发展史。

当工业文明经历 300 年的发展历程后，由于强调人类对自然界的绝对征服，生态危机和环境灾难首先在发达国家出现，与之相适应的是对财富的贪婪追求造成了生产关系也陷入深深的危机之中，进入 20 世纪后全球贫富差距的不断扩大、民族宗教问题的日益突出、经济危机的频发、绿色恐怖主义的出现、资源配置不合理现象的加剧，特别是人类迈入 21 世纪后全球金融危机的出现，使人类对以"生产力模式"为主的治国理念产生深刻的反思。

对以"生产关系模式"为主的国家来说，在全球经济一体化的条件下，同时随着工业化进程的加快，这些国家也开始承受工业化过程中过度消耗、破坏资源和环境导致的各种灾难，资源短缺而科学技术在限定的时段内难以开发出足够的替代资源使得工业文明的基础在全球开始动摇。

20 世纪 80 年代中国改革开放以来，中国的治国理念也逐渐脱离传统的模式，开始了"治国模式"创新，取得了举世瞩目的发展成就，尤其在发达国家经济发展处于低迷的情况下，中国经济保持强劲发展的势头，令传统工业文明思维下的西方大为不解。有学者认为，中国当代的发展已经超出了西方的知识体系，西方世界不能解读中国的崛起非常正常。由于中国的古代学说不能解释现代，西方的现代学说也无法解释中国乃至当今世界，而中国的现代学说还没有产生，因此从理论上想阐释清楚中国及当今世界的许多问题就显得力不从心。以"生态文明观"为基础的"治国理念"的出现，可以说已经迈出了人类建立未来发展模式的第一步，这一理念也使怀疑中国发展停滞论的论调不再有市场。

战略抉择
——兴起生态文明建设浪潮

"生态文明建设"是"生态文明"大系统中的一个重要方面，它是在生态文明观指导下人类迈向生态文明社会的实践层次和活动。在今后相当长的一段时间内，生态文明建设是一场以生态公正为目标、以生态安全为基础、以新能源革命为基石的全球性生态现代化运动，涵盖人类社会发展的各个方面，包括生态文明的经济建设、政治建设、文化建设、社会建设、环境建设、国防建设等方面的内容。

一、生态文明建设是全球性生态现代化运动

在生态文明时代，人类社会的可持续发展不是简单的污染治理，而是在科学技术不断发展的前提下，以新能源革命和资源的合理配置为基础，改变人的行为模式，改变经济、社会发展的模式，通过资源创新、技术创新、制度创新和结构生态化，降低人类活动对环境造成的压力，达到环境保护和经济发展双赢的目的。

从人类现代化的进程看，现代化是以资源消耗、能源投入而带来粮食和工业品的产出为基础的，而资源和能源危机以及伴随产生的生态灾难、环境危机无情地斩断了现代化的发展链条。要使人类现代化进程得以延续，必须使现代化与自然环境互相耦合，在全球范围内推进生态现代化建设的进程。

工业革命引发的人类社会由农业社会向工业社会、由农业经济向工业经济转变是人类社会的第一次现代化，人类正在经历着由知识革命、信息革命、生态革命引发的工业社会向生态社会、工业经济向生态经济转变的第二次现代化——生态现代化。

世界由工业化向生态化的转型包括以下内容：观念的生态转型（非物化、绿色化、生态化、民主协商、后物质价值、环境公平、经济与环境双赢等）；制度的生态转型（经济、社会、政治、文化、环境管理制度等的绿色化、生态化等）；技术的生态转型（环境友好技术、绿色技术、清洁生产技术、面向环境的设计、生命周期评价等）；生产的生态转型（清洁生产、绿色生产、绿色制造、绿色工艺、生态农业、生态工业、生态园区等）；服务的生态转型（绿色服务、废物循环利用、生态旅游、绿色能源和交通、服务的非物化和绿色化等）；消费的生态转型（绿色消费、理性消费，废物循环利用，消费的非物化、绿色化和生态化等）；环境的生态转型（环境污染持续减少、生态系统恢复、环境质量提高、环境管理和生态建设加强等）；经济的生态转型（经济的非物化、绿色化和生态化，物质的循环利用，经济发展与环境退化脱钩等）；社会的生态转型（社会的非物化、绿色化和生态化，生态城市、生态农村、绿色家园的建立，绿色生活的提倡等）；政治的生态转型（环境政治、绿色政治、民主协商、分散化决策、公民社会等）。

二、生态公正与生态文明建设

生态公正是指人类处理人与自然关系以及由此引发的其他相关关系方面，不同国家、地区、群体之间拥有的权利与承担的义务必须公平对等，体现了人们在适应自然、改造自然过程中，对其权利和义务、所得与投入的一种公正评价。生态公正对人类生存和发展具有重要意义，成为生态文明建设的目标。

生态公正包括种际生态公正、群际生态公正（代内生态公正、代际生态公正）、个体间生态公正。生态公正的基本原则包括普遍共享原则、权责匹配原则、差别原则、补偿原则。

实现生态公正是实现社会公正的重要内容，也是建设生态文明的重要保障，对建设一个公平公正、和谐富强、可持续发展的社会具有重大的现实意义。

三、生态文明建设的层面

1. 国际层面

20 世纪末以来，环境问题已跨越国界，呈现出全球化的趋势，同时由环境因素的影响而产生的问题远远超出环境领域的范畴，渗透到政治、安全、经济、社会发展等诸多层面。可以说，在空间上，环境问题无处不在；在时间上，环境问题无时不在；在程度上，特别是正在加速工业化进程地区的环境已不堪重负；在后果上，环境问题已严重影响了经济和社会的可持续发展。因此，只有构建国际环境合作新平台，倡导环境国际合作与全球伙伴关系，各国政府和国际组织加强沟通和协调，把环境问题纳入多边合作计划，通过环境立法调整和规范各国的行为，才能保证世界的可持续发展。

2. 政府层面

首先，要完善环境与资源保护的法律体系，制定相应的环境政策，用法律和经济手段引导整个社会的有序活动，从而保证把节约资源作为基本国策，发展循环经济，保护生态环境，加快建设资源节约型、环境友好型社会，促进经济发展与人口、资源、环境相协调；要明确划分中央政府与地方政府的环境管理权责，强化环境与发展的政府综合决策机制，逐步建立和完善政府主导和市场引导相结合的环境保护管理体制；加大环境监管力度，对违反环境与资源法律、法规的行为，依法追究法律责任。

其次，要缔造一种新型的环境文化，建立面向全民的生态文明教育体系。生态文化作为致力于人与自然的和谐关系为核心的可持续发展的文化形态，是对传统文化的扬弃，它会引起人类思想观念领域的重大变革。

再次，要引导新颖的运作方式。诸如进行非石油燃料的开发，大力进行再生能源的开发。制定"绿色建筑"标准，将其纳入建筑管制法令，要大力推广集环保、绿化、节能等多项功能及设施于一体的公共住宅项目。大力发展低碳能源技术，转变经济发展方式等。

3. 企业层面

过去，企业一直被视为环境污染的罪魁祸首。通用电气公司首席执行官杰佛里·伊梅尔特曾说："为企业制订环保方案将成为我们这一代业界领袖要面对的重大主题之一。"面对当今席卷全球的环境保护浪潮，世界著名的大企业纷纷加入了环境保护的行列。遵守环境法规、严格执行环境标准是企业发展的大势所趋。节能降耗是企业可持续发展的关键。据估算，第三产业部门（写字楼、商贸中心等）可平均节能 $10\%\sim20\%$，工业部门可节能 $5\%\sim10\%$，如果一个人在离开工作岗位时完全切断电脑的电源，可节电近 80%。

4. 公众层面

要使节约资源成为全民的主流意识，发挥民间组织、媒体、居民的作用，参与政府规划、方针、政策、措施的制定和实施，参与对企业运作的监督，参与废弃物资回收和垃圾减量等，以此实行环境保护的公众参与。例如：拒绝使用塑料袋，使用再生纸，提倡使用混合动力汽车并在日常使用中养成良好的习惯，在日常生活中节约电力，对废物进行再利用等。

四、生态文明建设的内容

1. 生态文明的环境建设

生态文明的环境建设是在生态文明观的指导下，有意识地保护自然资源并使其得到合理的利用，防止人类赖以生存和发展的自然环境受到污染和破坏，同时对受到污染和破坏的环境必须做好综合治理，建设适合于人类生活和工作的环境，促进经济和社会的可持续发展。生态文明的环境建设包括对天然自然的保护和人工自然的合理建设。当前，要加强对生态和自然资源的保护，积极开展非固态环境污染和固态环境污染的防治，建设美丽地球。

2. 生态文明的经济建设

生态文明的经济建设是指在生态文明观的指导下，不断扩大经济总量、优化经济结构、提高经济发展质量、增加人均收入等经济活动过程。从生态文明的经济建设角度看，当前的主要任务是加快生态产业建设的步伐。生态产业是以生态经济原理为基础，按现代经济发展规律组织起来的基于生态系统承载力、具有高效的经济过程及和谐的生态功能的网络型、进化型、复合型产业。它通过两个或两个以上的生产体系或环节之间的系统耦合，使物质、能量能多次利用、高效产出，资源环境能系统开发、持续利用。生态农业、生态工业、生态服务业等构成了完整的生态产业体系。同时，要优化国土空间开发格局，建立循环经济与低碳经济发展模式，大幅度提高经济增长的质量和效益。

3. 生态文明的政治建设

生态文明的政治建设是以生态文明观为基础，把长期以来社会发展中的经验教训加以总结和概括，形成社会全体成员必须共同遵守的法规、条例、规则等制度，使人们的经济生活、政治生活、文化生活、社会生活逐步走向规范化、制度化，其作用在于调节社会关系，指导社会成员的生活，规范人们行为，保证社会可持续发展。生态文明不仅是当代最大的哲学命题，也是当代最大的政治命题，需要全人类的智商和智慧来破解，建立起一整套的制度，完成生态文明的政治转型。要使生态文明建设稳步推进，必须从制度上予以保障，要建立完善的以国家意志出现的、以国家强制力来保证实施的法律规范，同时实现法律体系的生态转型。健全完整的法律体系是生态文明建设的法制保障，也是衡量一个国家生态文明发展程度的重要标志。

4. 生态文明的文化建设

生态文明的文化建设是在超越传统工业文明观的基础上，使人类在经济、科技、法律、伦理以及政治等领域建立起一种追求人与自然以及人与人之间和谐的对环境友好的价值观和道德观，并以生态规律来改革人类的生产和生活方式。致力于人与自然、人与人的和谐关系与和谐发展的文化，才是有利于促进经济、社会和环境保护协调发展的文化。它是人类思想观念领域的深刻变革，是在更高层次上对自然法则的尊重与回归。在社会发展到经济生活空前繁荣、科学技术高度发达的今天，必须加强传统文化的保护，建立新的文化体系，通过生态文明观的艺术创作，建立新型的公共文化服务体系，发展生态文化产业，发展现代文化科技，全面建设和谐社会。

5. 生态文明的社会建设

生态文明的社会建设是以生态文明观为指导，对人类一切生存和发展活动赖以进行的结合体本身进行的"建设"。在迈向生态文明社会的过程中，必须根据不断发展的形势和出现的新问题，有针对性地发展各方面社会事业，建立和优化与不同时期的经济结构相适应的社会结构，通过区域协调发展，形成分工合理、特色明显、优势互补的区域产业结构，培育形成合理的社会阶层结构；以社会公平正义为基本原则，完善社会服务功能；促进社会组织的发展，加强政府与社会组织之间的分工、协作以及不同社会组织之间的相互配合，有效配置社会资源，加强社会协调，化解社会矛盾。

五、生态文明建设的技术路径

生态文明建设的技术路径就是首先充分利用农业文明、工业文明的积极成果，尤其是要利用生物技术、生态技术和信息网络技术（包括互联网、互感网、智慧能网）等现代科学技术在最少耗费物质、能量和人力的前提下进行资源的最优化配置。

生态文明社会要通过资源增殖和信息增殖途径来实现。资源增殖的意义在于建立生态文明的物质基础，信息增殖的意义在于建立生态文明的精神基础和管理体系。资源增殖的途径是发展生态产业并开发节约型替代产品，信息增殖的途径就是要大力发展信息产业并提高对生态环境、资源的管理能力，促进社会的全面进步。

信息化把社会价值放在首位，注重信息资源与知识资源，重视教育，重视研究与发展，虽然为合理利用资源提供了强有力的手段，但因为信息业的劳动对象是信息与知识，不是物质与能量，所以它不能从根本上解决工业文明造成的资源枯竭与环境污染问题。生态文明的物质技术基础是生态产业，生态产业代表我们时代最先进的生产力，生态产业是提供解决中国农业现代化问题其至是整个现代化问题的最佳选择，发展生态产业和建设生态文明是发展的新道路、新模式。

不宣而战

——生态安全关乎人类生存和发展

生态安全是人类生存与发展最基本的安全需求，它是指与国家安全相关的人类生态系统的安全，是指人类及其生态环境的要素和系统功能始终能维持在能够永久维系其经济社会可持续发展的一种安全状态。其基本要求是通过人类社会对于生态环境的有效管理，确保一个地区、国家或全球所处的自然生态环境（由水、土、大气、森林、草原、海洋、生物组成的生态系统）对人类生存的支持功能，使其不至于减缓或中断人类生存和文明发展的进程。生态安全不仅为生态文明建设提出了优先任务，也是生态文明建设的基础。生态安全在国家安全体系中未必处于优先地位，但应当始终处于基础性地位，它是国防军事、政治和经济安全的基础和载体，与国防安全、经济安全、社会安全等具有同等重要的战略地位。

转折时刻
——当前面临的生态安全问题

中国是地球上一个特定的区域，也是地球生态系统的一个组成部分，中国既与全球的其他部分形成一个全球生态系统，也与周边的国家形成了一个区域生态系统。在这个区域生态系统中，又依据气候、地理、地貌、流域、海域、水文等的不同分为不同的生态环境地区。当前，在中国所面临的生态安全问题就分为全球性生态安全问题和区域性生态安全问题两大类。

一、中国面临的主要生态安全问题

1. 中国面临的全球性生态安全问题

全球性生态安全问题包括全球气候变化、海洋污染、全球臭氧空洞、生物多样性的锐减、南北极及喜马拉雅山的冰雪消融、海平面上升、沙尘暴、平流层飘移，甚至还有小行星碰撞、太阳磁暴、周期性小冰期变化，以及核爆炸、核泄漏、化学泄漏等人为灾难等。全球性生态安全问题的解决需要全球合作，任何国家和地区均不能置身度外。

2. 中国面临的区域性生态安全问题

（1）国土生态安全问题　国土生态安全是最基本的安全，否则就意味着大片国土失去对国民经济的承载能力，会造成工农业生产能力和人民生活水平的下降，还会产生大量的生态难民。中国国土生态安全形势严峻：森林总量不足、分布不均、质量不高、生态效益低；中国是世界上荒漠化面积较大、分布较广、沙漠化危害较严重的国家之一，石漠化现象凸显；土壤流失严重；农业过量使用化肥，农牧业面源污染已超过工业污染；水资源短缺；河流污染严重，水质性缺水现象频发；生物多样性锐减；洪涝灾害频繁、沙尘暴次数和强度愈演愈烈……中国连年焚烧农作物秸秆，使秸秆不能有效还田，中断了农业生态循环过程，致使土壤肥力连年下降，可耕地的土壤有机质含量下降，平均仅为1.3%，是世界可耕地土壤平均有机质含量的1/2；美国可耕地的土壤平均有机质含量为5%，仅这一项就表明了美国拥有更多土壤生态财富。作物对土壤养分的吸收，有80%是经过有益微生物转化而完成的，因此，中国土壤有机质持续降低形成了化肥的低效利用和化肥大部分流失导致环境污染增加这一恶性循环，而且所生产的农作物缺乏营养，尤其是缺乏微量元素，长此以往，人口素质必然下降，竞争力减弱，中国可持续发展将会缺少最积极的人才资源。我们要清醒地认识到土壤是文明的基础，如果中国不能及时、有效制止焚烧农作物秸秆，将秸秆科学还田，那么，我们的文明终究会随着焚烧秸秆的火焰变成灰烬。从深层次上说，这是中国最大的生态安全问题。

（2）健康生态安全问题　人居环境的污染通过食物链、空气和辐射对居住人口直接产生不利的影响，污染物在人体中的长期积累，在影响个体呼吸、代谢系统，造成各种环境类疾病的同时，还累积着遗传性病变的可能。室内装修成了最直接的污染源，室内环境污染已经引起全球 35.7% 的呼吸道疾病，22% 的慢性肺病，15% 的气管炎、支气管炎和肺癌。车内污染物浓度可以比车外高 2～10 倍，汽车排放是城市主要空气污染源之一。饮用水和食品的污染也成为危害人类健康的不安全因素。食品安全是直接关乎人体健康的生态安全问题，中国从 2009 年 6 月 1 日起已施行《中华人民共和国食品安全法》。食品安全法确立了一系列法律制度，构筑起食品安全"新防线"，保障人民群众身体健康。这是中国生态文明制度建设的开端。

（3）城市生态安全问题　随着城市化的发展，70% 甚至 80% 以上人口会进入城市。据统计，2011 年中国内地城市化率为 51.3%，预计到 2020 年会达到 55%。在农业文明时代，生活垃圾是在很大面积上进行分解的，但由于城市中人口集中，生活垃圾、生活污水以及污染性气体的处理就成了问题，又加上工业的点源污染和农业的面源污染，实质上，城市处于远比农村更加脆弱的环境结构和生态过程中，一旦城市生态链的某个环节失灵，整个系统就会混乱失控。城市生态安全问题不容忽视。从生态安全的角度上看，城市是生产—交换—消费的最集中区域，但往往将分解—还原—再生环节外化到环境中去，这种以邻为壑的行为在城市化率提高后将无法再继续下去。一旦维持城市正常运行的生态系统出现水、电、油、气、热的供应失灵以及生态恐怖等突发事件，将会引起生态风险。城市人口的集中还会增加有害生物传播和疾病流行的生态风险。

（4）人口生态安全问题　人口的生产是所有生产中最重要的生产，人口是社会发展最基本的要素。然而，中国面临着严重的人口问题：由于传统多子多福、重男轻女观念的影响，又加上农村养老机制不健全，以及性别鉴定多年流行，致使中国人口性比例严重失衡。据统计资料显示，中国的男女性别比为 1.17，其中海南、广东、湖北为 1.25，而全球正常范围是 1.03～1.07。到 2015 年，中国将进入老龄化社会，这些都是值得注意的生态安全问题。虽然多年实行计划生育，城市人口和国家企事业单位的工作人员严格地执行计划生育政策，但是占 60%～70% 的农村家庭并未严格地执行计划生育政策，多子女家庭仍较普遍，其结果是有能力支付教育费用的家庭子女少，无能力支付教育费用的家庭反而子女许多，形成了子女教育的巨大反差。全球性的有害化学污染通过食物链进入人体，减弱了男子的生殖能力，长此以往，人类的基因遗传将向少数人倾斜，将增加人们患某种致命疾病的概率。人口生殖生态安全问题是不可掉以轻心的。

（5）贫困生态安全问题　贫困也是对生态安全的威胁，中国 80% 以上的贫困县都属风沙区或生态脆弱带。有些干旱和半干旱地区，已丧失了生态承载力，留守人口基本上是靠年轻人外出打工输入经济流支撑，一旦经济形势波动，生态难民问题会更加突出。在这些地区，由于贫穷，生存第一，所从事的无效耕作更会破坏生态环境，甚至不惜竭泽而渔。最好的方法是国家要计划地转移实质上已成为生态难民的贫困人口，使脆弱环境地区的生态得到自行恢复。

（6）非可控生物入侵的生态安全问题　非可控生物包括植物、动物、微生物、病毒、有害物质，外来生态入侵也是影响生态安全的重要原因，主要是指非生物因素和外来生物的传入。外来非生物因素是指来自国外的有害物质及含有害物质成分的入侵。外来生物的影响不仅限于经济，对社会、文化和人类健康都有着巨大的影响。例如疯牛病不仅给英国牛肉生产带来了毁灭性的打击，也夺走了不少人的生命；中国遭受了松材线虫、美国白蛾、美洲斑潜蝇、稻水象甲、豚草、紫茎泽兰、微甘菊、大米草、水葫芦、福寿螺、食人鱼等外来物种的入侵，已给侵入地农林业生产和生态建设造成了不可估量的损失；艾滋病对于人类来说是非常严重的生态危机之一，非洲的一些小国家的艾滋病入侵甚至能彻底摧毁一个国家的人口和经济，中国也必须高度重视；非典型性肺炎、甲型肝炎、疟疾等也有造成区域性生态危机的可能。据调查，目前中国共有 283 种外来入侵生物，世界自然保护联盟公布的全球 100 种最具威胁的外来入侵物种中，我国就有 50 种，外来物种入侵给我国每年造成的损失高达 2000 亿元。

（7）经济建设活动引发的生态安全问题　经济建设活动引发的生态安全问题有核能事故、核废料处理；化工生产中各种有害化合物排放、外溢；交通的海陆管道运输过程中的途经地，储存的有害物质外溢；矿山开发中的矿物径流，尾矿、土地塌陷等。近年来，由于小企业、小工厂建设和运营过程缺乏有效的环境控制，导致污染扩散，引起危及周边民众健康进而引发"绿色抗议"的事件经常发生，成为影响社会稳定的负面因素。

二、应对生态安全的对策

1. 中国应对全球性生态安全的对策

面对日益严重的全球性生态安全问题，各个国家和地区要通力合作，共同应对全球性生态安全的挑战，中国也要积极探索应对全球性生态安全的对策。

（1）正视全球气候变化的现状及其对中国的影响　在众多的生态安全问题中，全球气候变暖是范围广、影响面大的生态安全问题，对于中国的影响也较大。更加频繁的高温、干旱、洪涝、泥石流等自然灾害以出乎预料的方式冲击着我们的生活；降雨量的变化和温度升高将改变作物的生长，使粮食产量变得不稳定，产生新的粮食安全问题。中国经济最发达的城市大多分布在沿海地区，海平面上升将导致海水入侵，直接影响这些地区的经济发展和人民生活。众所周知，气候变暖、冰雪消融使海平面上升，但一般认为冰雪消融的速度不会太快，总会有足够的时间应对。研究表明，积雪一旦消融，反射率可从 99.9％下降到 50％～60％，吸收太阳辐射的能量将增加数百倍，这意味着积雪消融的速度也有数量级的增加，冰雪的含水量越高，反射率就越低，吸收的太阳能就越多，冰雪融化的速度也就越快，这种正反馈机制将使冰雪融化不止，一发不可收拾。又加上积雪下垫面会一直保持在冰冻或冻土状态，导致迅速融化的冰水不能下渗而直接形成地表径流注入江河湖海。所以海平面大幅度迅速上升将是可能指日可待的生态安全问题。中国东部沿海城市经济带将受冲击，西部也将受到负面影响。西部的高山冰川为江河提供了部分水源，孕育了绿洲，一旦冰川消融，将会造成内陆湖面上升和洪涝灾害，紧随着便是绿洲的消失以及众多生态难民的出现。所以中国要有足够的警惕和预防措施应对东部、南部沿海低地城市的海水入侵以及西部绿洲的融冰集群灾害。此外，由于全球气候变化带来的地缘政治的变化，中国也必须制定相应对策，做到未雨绸缪。

（2）地缘政治将发生变化　由于南北极冰盖消融，海冰解冻，出现了新陆地、新运输航线，地缘政治将出现新格局。不仅将影响北极地区资源的开发和经济发展，其军事战略意义更加凸显。这对各国特别是俄罗斯、美国等国都具有极大的吸引力。许多其他国家也以不同的理由提出领土领海要求，参与新大陆的瓜分，加剧世界紧张局势。环北极国家为使本国获得巨大的经济和军事利益，提出对北极地区的主权主张，宣称自己对北极地区的部分区域拥有主权或经济专属权。他们还可直接对其他国家的科学考察、经济开发等活动进行干预。对中国来说，对于南北极出现的新变化，不能仅仅停留在科学考察的水平，重走郑和下西洋的老路子，而要从提高到控制全球战略制高点的水平来考虑，争而不霸，获得应有的利益。美国国防部发表了一份气候变化报告，该报告称气候变暖将导致地球陷入无政府状态。气候变化将成为人类的大敌，在某种程度上将胜过恐怖主义的威胁。报告预测，今后20年气候的突然变化将导致地球陷入无政府主义状态，各国都将纷纷发展核武器来捍卫粮食、水源和能源供应，不让这些赖以生存的物质遭到他人蚕食。由于人类面临生存的恐怖威胁，全世界届时将会爆发巨大的骚乱、饥荒甚至核冲突。

（3）提高警惕，严防绿色恐怖主义　生态安全是人类的正义诉求，环境良好是每一个人的愿望，但是保持生态安全和环境良好是一个过程。遇到生态危机，即使社会行为行之有效，但是生态环境的恢复往往需要时间和过程。往往有些激进生态环保主义者会采取过激的行动以达到实现美好愿望的目的，这客观上会造成其类型的不安全。还有一类不法分子和敌对方，深知生态环境是国民赖以生存的基础，往往会破坏一些关键性设施以达到恐怖袭击的目的，这种事件可称为"绿色恐怖"或"生态绑架"。有些发达国家的军事机构，通过射电设备改变敌对国家上空的电离层，人工制造臭氧空洞，导致紫外线辐射增加，殃及平民健康，甚至通过改变大气层所穿透的太阳能和地球表层的辐射平衡发动人工气象灾害。

（4）关注全球性生态环境类公约及可能达成"全球生态安全公约"　近40年来，国际社会所制定的生态环境类公约有《国际重要湿地公约》（1971）、《濒危野生动植物物种国际贸易公约》（1973）、《联合国海洋法公约》（1982）、《保护臭氧层维也纳公约》（1985）、《生物多样性公约》（1992）、《联合国防治荒漠化公约》（1994）、《控制危险废物越境转移及其处置巴塞尔公约》（1995）、《联合国气候变化框架公约》（1992）、《京都议定书》（1997）、《关于在国际贸易中对某些危险化学品和农药采用事先知情同意程序的鹿特丹公约》（1998）等。可以预言，为了更有效地应对全球生态安全问题，联合国可能还会促进达成"全球生态安全公约"。在上述国际公约中，《联合国气候变化框架公约》是迄今为止最重要的国际环境公约，它是人类控制全球气候变化方面的一个新起点。2005年生效的《京都议定书》为发达国家和经济转型国家规定了具体的、具有法律约束力的温室气体减排目标。其中中国也要承担相应的减排义务。中国粗放式的、高能耗的经济增长遭遇到了气候压力。清洁发展机制（CDM）对中国等发展中国家来说既是一个利用来自发达国家的资本和先进技术的机会，也是生态资产向国外流失最快速的阶段，应予高度重视。中国加入减排行列，气候问题会成为与各国发展密切相关的国际政治问题。清洁发展机制（CDM）的排放指标交易使欧盟等发达国家向发展中国家大量购买排放权，中国也成为CDM机制的贸易伙伴，这种先期交易很可能导致中国在未来失去发展机会。这是一个值得中国政府加以严密注意的关键问题。中国既面临着减排所带来关停并转、失业等压力，也面临着适应全球气候变化的压力。生态安全与一个国家对于安全的预期值密切相关，是一个相对的动态概念，它也随一个国家的富裕发达程度而变动，但是如果一个国家和地区的生态安全预期值较低，则将影响相邻国家和地区的生态安全，甚至会影响到全球性的生态安全。随着中国的发展，生态安全的底线也在提高，为生态安全支付的成本也会增加。因此，维护生态安全，不能各人自扫门前雪，还应时时关注更大范围和区域问题甚至全球性的生态安全问题。中国应该建立完善且有应变能力的生态安全评估体系和预警体系，以维持社会的可持续发展。2009年8月25日全国人大常委会审议通过了《关于积极应对气候变化的决议草案》，进一步表明气候变化不仅是全球性的，也事关中国可持续发展，事关广大人民群众切身利益，事关中国发展的国际环境。决议草案提出了中国积极应对气候变化的指导思想，即必须深入贯彻落实科学发展观，坚持节约资源和保护环境的基本国策，以增强可持续发展能力为目标，以保障经济发展为核心，以科学技术进步为支撑，加快转变发展方式，努力控制温室气体排放，不断提高应对气候变化的能力，在新的起点上全面建设小康社会。决议草案还进一步提出了积极应对气候变化的原则：坚持从中国基本国情和发展的阶段性特征出发，在可持续发展框架下，统筹国内与国际、当前与长远、经济社会发展与生态文明建设；坚持应对气候变化政策与其他相关政策相结合，协调推进各项建设；坚持减缓与适应并重，强化节能、提高能效和优化能源结构；坚持依靠科技进步和技术创新，增强控制温室气体排放和适应气候变化能力；坚持通过结构调整和产业升级促进节能减排，通过转变发展方式实现可持续发展。

2. 中国应对区域性生态安全的基本对策

（1）建立强有力的生态安全协调机构　区域性生态安全问题的解决需要区域合作，一个区域内的国家生态安全问题的解决需要通过制度建设来解决。例如，跨境河流的污染问题需要国际间合作；跨省、跨市河流污染问题的解决需要国家坏保制度，也需要相关流域省、市的协调。还有人口膨胀、跨区域物种入侵；区域性植物、动物、微生物的生态失衡，有害微生物和病毒的传染等。中国是一个南北跨度大、海拔高差大、地理和地貌复杂、气候多变的国度，近几十年的工农业发展及城市的快速扩张造成了一系列生态环境问题，尤其是江、河、湖、海的水污染，跨区域大气污染，沙尘暴污染，以及固体废物的跨城乡、跨地区转移污染等问题，不是某一个省、市、县、乡所能解决的，必须进行全流域和跨区域管理才能有效地控制和解决。因此，必须建立强有力的生态安全协调机构进行管理，避免以邻为壑、环境成本外部化带来的恶果。

（2）注重 GNP 的增长，利用境外资源增加国民财富　中国的生态环境问题既有人口众多、资源紧缺、单位产值能耗高、节能技术不先进、生态意识落后、环境政策实施不力等自身的问题，也有经济发展思路和政绩观的问题。直到今天，国内生产总值（GDP）仍旧是最为重要的经济指标。众所周知，发达资本主义国家利用自身经济上的优势，充分利用发展中国家的劳动力和资源赚取利润，得到的是 GNP（GNP 是国民生产总值，指一个国家的国民在国内、国外所生产的最终商品和劳务的总和）。不得不承认，在中国境内许多的合资和独资的外国企业虽然表面上增加了中国的 GDP，但实质上把污染留给了我们，对中国的环境污染作出了"巨大的贡献"。为此，我们曾支付并且还在继续支付着巨大的环境成本。为了缓解中国的生态环境压力，维护中国的生态安全，我们应该及时调整发展战略，支持中国企业走出去，充分利用别国的资源增加中国的 GNP，当然我们也不能同时"转移污染"。通过 GNP 的增加实实在在地增加国民财富和提高国民生态福祉，同时也可增强中国在全球生态问题上的参与能力和谈判能力。

（3）关注周边相邻国家的生态安全问题　与中国接壤的国家有 14 个，几乎与所有陆上邻国有着国际河流的水脉相通，国际河流主要分布在三个区域：一是东北国际河流，以边界河为主要类型，如鸭绿江、图们江、额尔古纳河、黑龙江、乌苏里江等；二是新疆国际河流，以跨界河流为主，兼有出、入境河流；三是西南国际河流，以出境河流为主。我国与邻国有跨境河流、界河以及海洋和大气的衔接，既要维护国土不受污染，也要避免不污染邻国。这不仅需要警惕也同样需要克己。尤其要防止一些国家的固体废弃物和有害垃圾跨境进入中国。

区 域 联 动
——治理保护三江源

青海三江源生态保护和建设工程属国家重大生态保护工程和青藏高原生态保护示范性工程，工程涉及面积为 15.23 万平方千米，包括玉树、果洛、黄南、海南州和格尔木市共 4 州 16 县 1 市 70 个乡镇。建设内容有生态保护与建设、农牧民生产生活基础设施建设和生态保护支撑三大类，共有黑土滩治理、沙漠化土地防治、湿地保护等 22 个子项目，总投资 75 亿元。工程自 2005 年启动实施以来，在党中央、国务院的高度重视和国家有关部委的大力支持下，青海省委、省政府把三江源生态保护列为 1 号工程，项目区各级党委、政府和青海省有关部门通力合作，优化工程布局，健全各项制度，强化项目管理，注重科技支撑，落实惠民政策，有力地推动了工程建设，三江源区呈现出生态持续好转、民族团结、经济发展、社会稳定的良好局面。

一、工程总体情况

1. 规划概况

2005 年 1 月，国务院第 79 次常务会议批准实施《青海三江源自然保护区生态保护和建设总体规划》，同年 8 月，工程正式启动实施。《总体规划》的建设内容主要包括生态保护与建设、农牧民生产生活基础设施建设和生态保护支撑三大类，22 个子项目，总投资 75 亿元。其中：生态保护与建设项目包括退牧还草、退耕还林、封山育林、沙漠化土地防治、湿地生态系统保护、黑土滩综合治理、森林草原防火、草地鼠害防治、水土保持、野生动物保护、湖泊湿地禁渔、灌溉饲草基地建设、保护管理设施与能力建设工程 13 项，投资 49.2 亿元；农牧民生产生活基础设施建设项目包括生态移民、小城镇建设、建设养畜配套、能源建设、人畜饮水工程 5 项，投资 22.2 亿元；生态保护支撑项目主要包括人工增雨、生态监测、科研课题及应用推广和科技培训 4 项，投资 3.6 亿元。

2. 工程进展情况

为强化工程实施成效，青海省委、省政府加强组织领导，各相关部门和地区齐抓共管，有效地推进了工程建设。同时，从 2010 年起，青海省委、省政府连续 4 年采取提前垫资的办法，增加工程投资量，自我加压，加快了重点保护区域的保护力度。截至 2013 年 8 月底，累计完成投资 74 亿元，占总投资的 97%。共完成退牧还草 5671 万亩、黑土滩治理 338.4 万亩、地面鼠害防治 8122 万亩、地下鼠害防治 674.45 万亩、退耕还林（草）9.81 万亩、封山育林 365.1 万亩、沙化土地防治 66.16 万亩、湿地保护 108 万亩、水土保持 440 平方千米、灌溉饲草料基地建设 5 万亩、建设养畜 30421 户、生态移民 10733 户 55773 人，推广新能源 30421 户，解决了 13.3 万人饮水困难，已实施的 14 项科研课题有 12 项通过省级验收、2 项成果达到国际领先水平，科技培训共完成管理干部和专业技术人员培训 6287 人（次），培训农牧民 46641 人（次），建立和培育示范户 1638 户。三大类 22 个规划项目中，能源建设、森林草原防火、鼠害防治、退耕还林草、沙漠化土地防治、人工增雨、小城镇建设、生态移民 8 项工程项目已全面完成建设任务。2013 年将基本完成《总体规划》确定的重点建设任务。

二、所做的工作

青海省坚持科学规划，正确处理保护与发展的关系，切实把三江源生态保护建设作为实现"三区"建设和两新目标的重要保证，努力构建高原生态安全屏障。

1. 坚持规划引领

三江源生态系统的稳定性事关国家生态安全，事关长江、黄河、澜沧江中下游地区经济社会可持续发展。青海省委、省政府着眼大局、立足省情，确立了生态立省战略，坚持《总体规划》确定的指导思想和基本原则，实行统一领导、统一协调、分级负责的管理体制，把三江源生态工程作为青海保护生态的首要任务、作为筑牢国家生态安全屏障的重大使命，精心组织实施《总体规划》，努力使三江源生态工程成为全国生态保护和建设的示范工程。

2. 加强责任落实

青海省委、省政府和项目区各级党委、政府把三江源生态保护和建设作为实施生态立省战略和转变牧区发展方式的切入点，切实加强组织领导，全面落实工作责任。青海省政府决定从 2006 年起对三江源地区不再考核 GDP，把生态保护和建设列为三江源区各级政府工作的主要考核内容。省、州、县都成立了三江源生态保护与建设工程实施工作领导小组，项目区各级领导实行县、乡、村、户分级承包责任制，定期巡回检查指导工作，提出建议和意见。各部门、各行业相互支持、相互配合，形成了齐抓共管、合力推进、聚力保护的局面。

3. 强化制度建设

为规范项目建设程序，确保工程建设进度、质量和效益，青海省政府制定出台了工程管理、监理、验收等 8 个管理办法和细则。省有关部门和各地先后出台了 23 项行业和地区规章、1 个综合工程档案资料管理规范，并建立了《三江源生态保护和建设工程项目专家库》，制定了《三江源项目监理工作大纲》。为进一步健全工程运行机制，2009 年青海省政府印发了《关于进一步实施好三江源自然保护区生态保护和建设工程的若干意见》，就加强工程管理、规范项目建设、加强生态移民社区管理、扶持生态移民发展后续产业、健全草畜平衡保障机制等做出了明确规定，促进了三江源生态保护工程的进一步协调推进。

4. 加强工程管理

三江源区年有效施工期不足 5 个月，为此，青海省在提前做好项目前期工作上下工夫，委托具有较高资质的工程咨询机构认真做好年度实施方案和作业设计的编制工作，为工程及时开工创造了条件。实施中严格依法依规办事，认真执行项目法人制、招标投标制、合同管理制、工程监理制、报账制和公示制等项目建设"六制"制度，确保资金安全和工程质量。加强对项目建设的监督检查和验收，各级监察、审计等有关部门对项目实施情况进行经常性检查，青海省发改委专门派出项目稽查组常驻青海三江源办公室开展专项稽查。省级责任部门进行定期检查，发现问题及时提出整改意见，保证了项目建设的质量、进度的有效统一和资金的合理使用。建立健全月通报制度，青海三江源办公室坚持每月召开三江源工程进展通报会，及时将工程进展情况和存在的问题进行通报，督促各地、各部门加快工作进度。强化了项目档案管理，建立三江源档案管理信息系统，提高档案管理水平，走在了全国同类工程档案管理工作的前列。

5. 强化科技支撑

先后实施科研课题及应用推广项目 96 项，其中"三江源湿地变化与修复技术研究"和"三江源区退化草地生态系统恢复治理研究"成果达到了国际领先水平。青海省农牧厅制定了黑土滩退化草地分级标准，查清了三江源黑土滩退化草地的面积、类型及分布，提出了治理黑土滩的方案，建成了退化草地治理信息系统，初步确定了不同退化草地形成原因和恢复机理，提出了可持续利用的对策和模式。实现了中华羊茅、青海冷地早熟禾等优质牧草本地化扩繁扩育，为退化草地的治理提供了重要支撑。青海省环保厅和林业厅等单位强化监测站点和监测队伍建设，三江源生态监测和评估体系不断完善，成为了青藏高原生态监测的典型示范。

6. 落实惠民政策

为使生态保护与建设的成果惠及广大牧民群众，确保生态移民"搬得出、稳得住、能致富"，青海省财政先后拿出基础设施建设专项资金 1.53 亿元，土地购置费 7721 万元，加强生态移民社区供排水、供电、道路、教育、卫生等基础设施建设，搬迁牧民的生产生活条件得到改善。2010 年青海省政府设立了生态移民创业扶持资金，大力扶持生态移民发展后续产业，已安排项目 16 个，吸纳生态移民劳动力 1683 名，人均年增加收入 5000 元。同时，为保障生态移民基本生活，青海省拿出专项资金对生态移民发放生活补助和燃料补贴，2009~2012 年共发放三江源生态移民生活补助资金 2.87 亿元，2007~2012 年发放燃料补助资金 9637 万元。

7. 开展生态补偿

为统筹解决生态保护、农牧民生活、基本公共服务、区域协调发展等问题，2010 年青海省先行先试开展生态补偿试点工作，省政府印发了《关于探索建立三江源生态补偿机制的若干意见》和《三江源生态补偿机制试行办法》，确定生态补偿政策 11 项。省财政厅及时协调相关部门抓紧研究制定相关具体补偿政策，并积极落实补偿资金。截至 2011 年底，11 项补偿政策中已启动实施了"1+9+3"教育经费保障、异地办学奖补、农牧民技能培训和转移就业补偿、草畜平衡和农牧民生产性补贴补偿政策等 5 项补偿政策，共下达补偿资金 22.47 亿元。同时，省财政厅积极协调相关部门加紧研究制定其他几项补偿政策，确保了三江源生态补偿机制工作扎实推进。

8. 加大宣传教育

三江源保护和建设工程属涉藏重大工程，积极联合中央和港澳等新闻媒体，通过互联网渠道，采取日常报道与集中报道、专题报道相结合的方式，多层面、多渠道加强了三江源生态保护与建设工作的宣传，在国内外产生了重要的影响。组织人员进村入户开展保护宣传工作，同时，编辑出版了《希望三江源》、《走进三江源》、《大美三江源》等系列丛书。通过全方位、广角度的宣传，全社会对三江源生态保护的关注度不断提升，项目区广大群众参与项目建设的积极性和主动性不断增强，保护三江源生态的群众基础进一步牢固。

三、取得的成效

通过 8 年的不懈努力，三江源区生态系统宏观结构局部改善，草地退化趋势初步遏制，草畜矛盾趋缓，湿地生态功能逐步提高，湖泊水域面积明显扩大，流域供水能力明显增强，严重退化区植被覆盖率明显提升，重点治理区生态状况好转。

1. 水源涵养能力整体提高，增水效果明显

2005 年至今系列平均地表水资源量为 512.7 亿立方米，与多年平均相比，整个三江源区地表水增加 82.9 亿立方米，其中黄河源区增加 24.4 亿立方米，长江源区增加 45.8 亿立方米，澜沧江源区增加 12.7 亿立方米；主要湖泊净增加 760 平方千米，黄河源头"千湖"湿地开始整体恢复。

2. 草地退化趋势初步遏制，增草效果凸显

2002 年至今，三江源地区中等覆盖度草地面积持续呈稳定趋势，高覆盖度草地以每年 2300 平方千米的速度增加。黑土滩治理区植被覆盖度由治理前 20％增加到 80％以上。2005 年至今草地平均产草量（干重）每亩 45 千克，比 1988～2004 年的平均产量增加了 9.5 千克。

3. 森林资源得到封护管理，生态功能恢复

与 2005 年相比，森林面积净增加 150 平方千米，8 年间森林郁闭度平均增长为 0.0068，乔木标准木蓄积量增长 0.012 立方米，工程站点灌木林盖度年平均增长 1.8％，高度年平均增长 2.48 厘米。

4. 生态系统结构改善，荒漠化面积减少

各河流控制站年均含沙量 0.046～4.3 千克/立方米，与多年平均值相比，直门达站、新寨站、同仁站分别减少了 11.4％、60.3％、16.3％。荒漠面积净减 95 平方千米，项目区沙化防治点植被覆盖度由治理前的不到 15％增加到了 38.2％。

5. 生态环境得到有效治理，生物多样性逐步恢复

据监测，三江源水域生态环境总体状况良好，水生生物资源保存相对完整。野生动物种群明显增多，栖息活动范围呈扩大趋势，植物种群得到有效保护。

6. 农牧民生产生活条件改善，增收渠道不断拓宽

8 年来，共增加灌溉饲草料基地 5 万亩、建设养畜户 3.04 万户、建立生态移民社区 86 个。青海省财政共投入 6 亿元改善了三江源区 23 个小城镇的基础设施条件，出资 3000 万元建立了生态移民创业扶持资金，自 2009 年起每年下达 4000 万元的生态移民群众生活补助。2004 年至今，农牧民人均纯收入年均增长 10％左右。

7. 发展方式有所改变，生态保护意识普遍增强

通过生态保护工程的实施，促进了广大干部和农牧民群众思想观念的转变。牧民群众从传统的游牧方式开始向定居或半定居转变，由单一的靠天养畜向建设养畜转变，由粗放畜牧业生产向生态畜牧业转变，在保护中发展、在发展中保护的理念开始深入人心。

　　三江源区生态地位重要，不仅关系到青海可持续发展的大局，而且事关我国生态安全。青海省将坚定不移地贯彻党中央、国务院的战略部署，以科学发展、保护生态、改善民生三大历史任务为己任，加快推进"三区"建设，早日实现建设新青海、创造新生活的"两新"目标，团结带领全省各族人民，坚持科学发展，推进生态文明建设，努力把三江源区建设成为我国生态文明建设的先行区和示范区，为人类的和谐发展和环境保护事业作出新的更大贡献。

水土治理
——保障一方可持续发展

长汀治理模式与成效被水利部誉为是中国水土流失治理的品牌、南方治理的一面旗帜，被中国水土流失与生态安全院士专家考察团誉为是南方水土流失治理的典范。2012年1月8日，习近平对长汀水土流失治理做出重要批示：长汀曾是我国南方红壤区水土流失最严重的县份之一，经过十余年的艰辛努力，水土流失治理和生态保护建设取得显著成效，但仍面临艰巨任务。长汀县水土流失治理正处在一个十分重要的节点上，进则全胜，不进则退，应进一步加大支持力度。要总结长汀经验，推动全国水土流失治理工作。

一、长汀治理水土流失的状况

长汀30年生态建设的实践，充分体现了"滴水穿石，人一我十"的韧劲、"脚踏实地，真抓实干"的作风、"尊重科学，勇于创新"的闯劲、"民生为本，人水和谐"的理念，这就是长汀县水土保持成功实践的无穷力量。

"青山绿水文明兴，穷山恶水文明衰"。环境保护是生态文明的主阵地，水土流失是生态文明的薄弱环节。1941年张木匋先生在《河田土壤保肥试验工作》中写道："四周山岭，尽是一片红色，闪耀着可怕的血光。树木，很少看到！偶然也杂生着几株马尾松，或木荷，正像红滑的癞秃头上长着几根黑发，萎绝而凌乱。在那儿，不闻虫声，不见鼠迹，不投栖息的飞鸟；只有凄惨的静寂，永伴着被毁灭了的山灵……数十年后，河田市镇，恐怕也将随着楼兰而变成废墟，昔时万株垂柳遍地翠竹的胜地，只有在黄河落日之中供行人凭吊了。"这就是当年长汀县以河田为中心的水土流失区的悲怆景象。

长汀是中国南方红壤区水土流失最为严重的县份之一，水土流失历史之长、面积之广、程度之重、危害之大为福建省之冠。长汀县水土流失治理始于1940年"福建省研究院"在长汀河田设立"土壤保肥试验区"。然而，由于历史原因，治理工作起起落落，长汀水土流失依然严重。据1985年遥感普查，全县水土流失面积146.2万亩，占国土面积的31.5%。长汀的严重水土流失引起了历届福建省委、省政府的高度重视。经过近30年锲而不舍、坚持不懈的治理，长汀水土保持与生态建设取得了显著成效，当年的"火焰山"变成了绿满山、果飘香。

二、滴水穿石是长汀生态文明建设实践的保证

水土流失是生态建设最薄弱的环节，植被生长的自然规律决定了其恢复过程的漫长，生态建设作为一项长期性的任务，只有尊重自然规律、持之以恒，才能取得成效。

1. 省市党政及部门几十年持续倾心支持

1983 年 4 月，在时任福建省委书记项南的关心和倡导下，省政府把河田列为全省治理水土流失的试点，省政府每年给予 30 万元煤炭补助资金、20 万元苗木扶持资金，这一政策一直延续到 1991 年；1992 年煤炭补贴从河田、三洲 2 个乡镇扩大到策武、濯田等 7 个乡镇，每年补贴 80 万元，一直延续到 1999 年，15 年共治荒面积 45 万亩，减少水土流失面积 35.55 万亩。1999 年 11 月 27 日时任省长习近平专程视察长汀水土保持，为长汀干群几十年来坚韧不拔意志深深感动，也对存在的困难深感忧虑，在他的亲自倡导下，省委、省政府决定 2000 年、2001 年把长汀水土流失综合治理列入为民办实事项目，每年补助 1000 万元，2001 年 10 月 13 日习近平再次视察长汀水土治理，对长汀水土保持工作作出指示：再干 8 年，解决长汀水土流失问题。掀起了新一轮水土流失治理高潮，至 2012 年治荒 117.8 万亩，减少水土流失面积 65.53 万亩。30 年来，时任福建省委、省政府主要领导项南、王兆国、贾庆林、习近平、孙春兰等都亲临长汀，对水土保持与生态建设工作进行具体的指导，并在项目、资金、政策、机构等方面给予极大支持。水利部、财政部、发改委及省市水利、财政、发改、林业、农业、扶贫、老区、农综、国土、交通、建设、环保、科技、畜牧、农办等单位领导在项目、资金等方面给予倾斜支持。

2. 县委、县政府几十年持续治荒

县委、县政府把水土保持摆在全县三大战略中去审视，放在全县 50 万人民安居乐业的现实要求上去谋划，提高到生态文明与可持续发展的高度去统筹，发动全县干群上下一致，几十年如一日治理水土流失，形成"滴水穿石，人一我十"的治山精神，通过理念创新、技术创新、机制创新和管理创新，开展一届接一届薪火相传的攻坚之旅。

3. 干群几十年科学持续治荒

在水土流失治理过程中，不急于求成，不求成效在自己任上，只求能终见实效，始终遵循植被自然演替规律，遵循植物地带性分布规律，遵循生态自然修复规律，一步一个脚印地开展治理工作，做到树种乡土化，喜阴与喜阳、阔叶与针叶、深根与浅根、常绿与落叶、速生与慢生优化配置，着力建立亚热带常绿阔叶林，从而形成适应当地条件的阔叶林混交树种较多，乔灌草层次分明，稳定的多重结构的生态群落。

三、改善民生是长汀生态文明建设实践的根本

水土流失与贫穷落后相伴，生态建设与民生改善相依，水土保持改善的不仅是生态，更重要的是民生。长汀始终把水土保持生态文明建设与改善生态、改善民生相结合，取得了显著成效。

1. 调整群众的生活燃料结构，建立疏导用燃料的渠道

长汀水土流失是"烧出来"的，在坚持治荒的同时，实行封山育林、禁烧柴草，烧煤烧电由政府出资补贴，建沼气池给予补助，引导农民以煤、电、沼代柴，从根本上解决群众燃料问题，从源头上解决农民烧柴对植被的破坏。2000 年以来，全县用于节能改燃补助 3000 多万元。

2. 引导发展绿色经济

为了消除贫困与环境退化之间的"贫困陷阱"，开展了环境修复政策可持续研究与示范，

通过生态修复与经济发展有效结合，发展绿色产业来帮助群众摆脱贫困困扰，使群众摆脱对旧的生存方式的依赖，在改善生计的同时实现生态修复目标。

（1）发展"草牧沼果" 大力引导群众发展"草牧沼果"循环种养。"草牧沼果"循环种养是以草为基础，沼气为纽带，果、牧为主体，形成植物生产、动物生产与土壤三者连接的良性物质循环和优化的能量利用系统，从而达到治理水土流失（种草），抑制农户砍柴割草（用沼气做饭、照明），增加农户收入（果业、畜牧业），推动经济效益与生态效益结合、治理与资源的可持续利用。全县通过统一规划、硬化道路、种猪供应等优惠政策，引导群众在水土流失区山上发展"草牧沼果"循环种养，有力推进了水土流失区域的经济发展。三洲镇大力发展杨梅产业，全镇共种植杨梅1.2万余亩，年出产杨梅3000余吨，产值达5000多万元，被誉为"福建杨梅之乡"。

（2）发展林下经济植物 大力引导群众发展林下经济植物，如互叶白千层、黄栀子、金银花、山樱花等林下经济及景观树种，改变水土流失区单一的针叶林分布或果树品种结构，增加林地及果园产值，同时提升其生态景观效果。

（3）发展生态农业 大力引导群众发展生态农业。引进远山公司等大企业、大公司作为龙头，通过租赁、入股、互换等形式，引导农户参与生产经营，建设以大棚蔬菜为特色的现代农业基地，规模种植大棚蔬菜、草莓等经济作物，发展集养殖、垂钓、餐饮、休闲为一体的休闲渔业。

3. 解决水土流失区剩余劳动力的出路问题

结合水土流失治理工作，大力发展生态农业让群众从山上转得下，实行生态移民让群众从山里转得出，提升社会保障和公共服务水平让转出群众留得住，发展以生态工业为主的第二、三产业让转出群众能发展，从根本上解决水土流失区的生态承载压力，最终达到治理与发展齐头并进，发展与惠民同步并行的效果。具体通过实施"产业兴县"战略，重点发展纺织服装产业、稀土产品应用产业、机械电子产业、古韵汀州旅游产业、农副产品加工产业，以工业化带动城镇化和农业现代化，实现"二产促一产带三产"的产业结构调整，促进农业增效、农民增收、农村和谐；加快推进小城镇、新农村建设建设进程，实施以"造福工程"搬迁为主的生态移民工程，为水土流失区群众的转移创造条件；实施"项目带动"战略，积极组织实施一批农业、林业、教育、卫生、交通、社会保障等民生社会事业项目，使生态文明建设融入经济建设、政治建设、文化建设、社会建设各方面和全过程。

4. 打造荒山—绿洲—美丽家园的绿色发展之路

通过实施改造生态景观、促进生态富民、构建生态农家、发展生态休闲、实现生态移民、打造生态河道、推广生态能源、弘扬生态文化、依托生态支撑产业、提倡生态消费十大项目，集中力量培育一批绿色产业，带动一批惠民项目，在继续抓好山上水土流失治理的同时，突出建设好美丽乡村、汀江生态走廊，有效地改善水土流失区农村人居环境，提升水土流失区生态景观效果，实现乡村变绿变美，让老百姓在参与水土流失治理的同时，分享生态环境改善带来的成果，走荒山—绿洲—美丽家园的绿色发展之路。

四、勇于创新是长汀生态文明建设实践的源泉

水土保持是系统工程、社会工程，勇于创新是提升水土流失治理水平的不竭动力和源泉，长汀水土保持始终坚持开拓创新，因长汀制宜、因长汀施策的原则，通过创新理念、技

术、机制、管理，探索出了一条生态文明建设的成功之路。

1. 创新理念

用"反弹琵琶"的理念指导治理。根据植被从亚热带常绿阔叶林→针阔混交等→马尾松和灌丛→草被→裸地的逆向演替规律，通过逆向思维，反其道而行之，按水土流失程度采取不同的治理措施，生态修复保护植被，种树种草增加植被，"老头松"改造改善植被，发展"草牧沼果"改良植被。

2. 创新技术

（1）"等高草灌带"　造成水土流失的前提是降雨、坡长、植被，假如降雨、植被不变，只有截短坡长如挖条壕、竹节沟、水平沟来降低水土流失，根据坡面径流调控理论，提出坡面工程与植物措施有机结合的"等高草灌带"造林技术，改变以往有沟无林或有林无沟的单一做法，通过水平沟整地截短坡长，削减径流冲刷力，拦截坡面径流泥沙，促进水分渗入及有机质等养分沉积和种源截留，改善沟内土壤水分、养分条件，为植物生长创造有利条件，水平沟补植林草，沟内草灌快速覆盖地表，形成一条条水平生长的茂密草灌丛——等高草灌带，有利于径流泥沙的拦蓄沉积，控制水土流失。

（2）"老头松"施肥改造　针对长汀水土流失区主要是纯马尾松林地，林下无草灌或少草灌，形成"空中绿化"，不能发挥应有的生态效益的特点，在治理中大力推广"老头松"抚育施肥加以改造，促进老头松生长，促长其他伴生树草，增加生物增长量。

（3）陡坡地"小穴播草"　陡坡地生态环境恶劣，严重制约了植物生长和植被恢复，以草先行，种草促林，草比灌乔更容易做到快速覆盖，是陡坡地重建植被的有效途径。

（4）"草牧沼果"循环种养　在江西、广西等地"猪沼果"模式基础上，增加种草环节拉长循环链，以草为基础，沼气为纽带，果、牧为主体，形成植物生产、动物生产与土壤三者连接的良性物质循环和优化的能量利用系统，从而达到治理水土流失（种草），抑制农户砍柴割草（用沼气做饭、照明），增加农户收入（果业、畜牧业），推动了经济效益与生态效益结合、治理与资源的可持续利用。

（5）乡土树种优化配置　长汀水土流失区的马尾松纯林存在极大的生态安全与风险，如火灾、松毛虫，治理过程中从规避生态风险和遵循地带性规律出发，树种乡土化，喜阴与喜阳、阔叶与针叶、深根与浅根、常绿与落叶、速生与慢生优化配置，着力建立亚热带常绿阔叶林，形成阔叶林混交树种较多，乔灌草层次分明、稳定的森林植物群落，多重结构、复杂的森林生态系统。

（6）幼龄果园覆盖秋大豆春种　幼龄果园水土流失严重，果园套种秋大豆，改秋种为春种，只长叶不结果，绿肥压埋，从而达到果园快速覆盖减少侵蚀量，增加绿肥改良土壤，降低地表温度，稳定地温，为果树生长创造良好的环境，在南方具有普遍的推广意义。

（7）药渣（泥炭）营养肥　运用矛盾分析法和限制性因子原理，剖析了中国植被重建存在西北缺水、西南缺土、长汀缺肥这一限制性因子，通过土壤肥力监测，摸清地力，遵循"养分归还"学说和树草需肥规律，把增加有机质当作提高土壤肥力的重要手段和关键措施，自配药渣（泥炭）营养肥。

3. 创新机制

（1）"筑巢引凤"打造"科技聚集盆地"　2000年成立的长汀水土保持博士生工作站以

及 2012 年成立的院士专家工作站，吸引了中国科学院南京土壤研究所、中国科学院武汉植物园、北京林业大学、福州大学、厦门大学、福建师范大学、福建农林大学、福建水土保持试验站等高校、科研等单位前来联合开展试验和科研工作，及时帮助解决了生态建设中的关键技术。通过与高校、科研单位联合开展科研、治理工作，促进科研成果转化为生产力，实现治理成效与研究成果"两翼齐飞"。

（2）健全山林权流转机制　用机制激发活力，采取拍卖、租赁、承包等方式，建立山林权流转制度，对未治理而群众又不治理的水土流失地，政府收回经营权，重新发包。开发性治理实行谁种谁有、谁治理谁受益政策；山林经营权一定 30 年不变，每亩租赁金控制在 28 元以下；在项目区种果的每亩给予种苗、肥料、抚育管理补助计 300 元，水池每个扶持 180 元，管理房、生活用房免交各种费用；路网由政府统一组织施工，无偿提供业主使用。

（3）生态补偿机制　为了阻止群众因燃料短缺砍树、打枝、割草等对植被的破坏，对停止使用薪柴的农户每个煤球补贴 4 分钱，持续 3 年补贴农民的燃料损失，同时鼓励群众修建沼气池解决燃料短缺问题。

4. 创新管理

（1）护林查源头——灶头　县级有护林监督员，乡镇有林业、水保站为主体的护林管理员，村有生态公益林护林员，县乡（镇）村三级护林队伍执行长汀县人民政府县长发布的《关于封山育林的命令》，乡镇、村《封山育林公约》，落实护林任务、范围、措施、责任，护林员由过去的巡山改为进村入户检查灶头，变事倍功半为事半功倍。

（2）资金审批实行"五长会审制"　以项目定资金，专款专用、专账核算、专人管理，资金审批实行分管县长、水保局长、财政局长、监察局长、审计局长"五长会审"。

（3）项目管理卡　如生态林草项目根据《验收要求》，每 5 公顷左右选 1 点进行 GPS 定位，将流域名称、林班编号、行政村、山场地名、施工单位、面积、定植品种、设计、种植方式、成活率、施工单位负责人、技术负责人、参加验收人员等一一造册登记，建立档案台账，进行终身管理。

五、求真求实是长汀生态文明建设实践的基石

长汀治荒始终坚持求真务实的精神，从项目的前期调查到项目的实施、组织管理都做实做细，把生态文明建设工作落在实处。

1. 组织管理突出"严"

首先，健全机构。长汀县成立指挥机构，专抓项目管理，负责编制规划、组织协调、监督检查、资金调度。

其次，建章立制。制订了《水土流失开发性治理的若干政策规定》、《水土流失综合治理领导小组工作制度》、《项目区水土流失综合治理项目补助资金管理办法》、《水土流失综合治理实施方案》和《水土流失治理要求与验收标准》。

再次，建立健全监理、监测、评估、合同、投标等制度。

2. 项目前期突出"细"

长汀县于 1999 年、2003 年、2007 年、2009 年、2012 年对全县水土流失进行卫星遥感调查，阶段性摸清全县状况，依照水土流失程度，以小流域为单元，分类型分措施登记建档，建立全县项目库，编制近期、中期、长期治理规划以及生态景观、生态河岸等专项规

划，通过专家审查论证。根据规划，每年夏季组织水保、林业、水利、茶果专业技术人员外业实地勘查，把封禁、生态林草、老头松改造、沼气、茶果、道路、谷坊、节水渠、拦沙坝等具体措施落实到村庄、山头、地段，在此基础上，编制可行性研究报告、初步设计报告、年度实施方案，力求措施得当、布局合理，以最小的投入取得更大的效益。

3. 项目实施突出"实"

（1）早动手 以时间保证质量。如生态林草项目季节性强，属控制性项目在上年度完成挖穴、下基肥、回填土，做好苗木、种子的储备、采运准备。

（2）严把关 对每一个工序如整地、下肥、回土、定植、播草籽、苗木调运、肥料采购等进行全过程跟踪监督、指导，层层把关。

（3）明责任 县专业技术人员将实施山场地块下达乡镇水保站、林业站，明确施工步骤、技术要求、技术规程、质量要求、验收标准，签订"责任书"。

4. 干部群众真抓实干

长汀各级党委、政府把治理水土流失作为"民心工程"、"生存工程"、"发展工程"和"基础工程"，把工作着力点放在凝聚民心、发挥民智、调动民力上，尊重群众的首创精神，积聚全县人民的合力，发扬老区人民自力更生、艰苦奋斗和"滴水穿石、人一我十"的精神，几十年如一日治理水土流失，辛勤的汗水终于换来了今天的青山绿水。

稳 固 基 石

——新能源革命带来巨大变革

　　人类社会的发展，是以消耗大量的能源为基础的。能源是工业的粮食，是国民经济的命脉。能源问题是重大的经济和社会问题，涉及外交、环境、安全问题，是生态文明建设的基石和内容之一。在科学技术的制约下，地球上可供人类利用的能源正濒临枯竭，能源危机成为人类的严重威胁。在新的历史发展阶段，新能源的开发利用逐渐引起各方的关注。新能源革命将会带来人类社会生活的巨大变革，将从根本上改变人类社会的生产方式，使人与自然更加和谐。中国经济社会发展整体上还处在资源耗费型、环境损害型的状态，必须在生态文明理念指导下，实现能源的转型。

未来希望
——新能源改变生产和消费方式

一、能源短缺

发达国家从 1980 年以来 GDP 增加了 2 倍多，占世界总值的比例也从 70.8％增加到 79.7％，能源总量仅增加 11.03 亿吨。但高收入国家人口仅增加了 1.2 亿，并从 1980 年占世界人口的 14.9％降到 12％。发达国家占世界能源的消费比例并无多大变化，基本保持在 60％左右。人均能耗上，发达国家超过不发达国家的 4 倍，而美国是 8 倍。全球能源消费趋势没有根本改变，当前国际社会常常为本国的利益而争夺能源，造成了局部地区的政治动荡。依照世界已经探明蕴藏量和目前的开采量计算，全球的石油储量可供开采 40 年、天然气可供开采 65 年、煤炭可供开采 162 年。

中国是世界上能源生产大国，但能源资源并不富余。我国煤炭、石油、天然气探明储量分别占世界的 11％、1.4％和 1.2％，人均占有量分别为世界人均水平的 55％、11％和 5％。能源资源赋存分布不均衡，开采条件较差，石油进口依存度高达 40％以上。近年来我国能源对外依存度上升较快，特别是石油对外依存度，2011 年达到 56.5％。专家测算，到 2020 年，我国人口按 14 亿～15 亿计算，则需要 26 亿～28 亿吨标准煤；到 2050 年，人口按 15 亿～16 亿计算，则需要 35 亿～40 亿吨标准煤。我国煤炭剩余可采储量可供开采不足百年，石油剩余可采储量仅可供开采 10 多年，天然气剩余可采储量可供开采不过 30 多年，能源供应已成为制约经济增长的基本因素，这一现象在我国将长期存在。

进入 21 世纪以来，中国经济连续达到 10％以上的高速增长，创造了世界奇迹，但经济增长过多地依靠投资拉动和高耗能行业为主的重工业。在过去的 20 年里，中国已在能源利用上取得了 GDP 翻两番而能源消费仅翻一番的令世界瞩目的成绩，但能源效率低依然是制约中国经济社会发展的突出矛盾。我国自 2003 年以来，能源矿产资源消耗占全球的 30％。2002～2004 年，我国能源消费平均增速为 14％，随后几年能源消费增速为 7.3％，2008～2010 年，能源消费增速为 5.6％。同时，我国的能源自给率还较低，还需要从国外进口大量的化石能源，但在这些资源定价方面，我国还不具备主导权，能源安全性是威胁我国经济发展的一个重要因素。中国是世界上最大的能源消费国和温室气体排放国之一，能源的转型对中国具有更大的意义，而且没有中国能源结构的转型，世界能源的转型也不可能完成。

二、新能源革命的时代意义

新能源革命将会带来人类社会生活的巨大变革，将从根本上改变人类社会的生产方式，使人与自然更加和谐。

1. 新能源是人类社会发展史上最有历史意义的里程碑

实现新能源代替化石能源是人类社会发展史上的里程碑，将实现人类可持续发展的愿景，这将是人类社会最伟大的进步，人类社会第一次走入一个真正意义上的现代化发展时代。它远远超过任何革命的历史进程与历史作用，将对后世产生深远的影响。

2. 发展新能源将使人类进入生态文明时代

发展新能源能从根本上解决环境问题，使人类的财富更有意义。当前，发展新能源是优化能源结构的一个过程，温室效应、环境污染等问题基本都是源于化石能源的大量使用和粗放使用，新能源的使用将根本性地解决环境问题。人类社会物质财富的生产和积累，不会因为能源的使用而充满"罪恶"，财富的积累将更有实际意义，并将实现人类的终极理想：环境友好、物质富裕、社会和谐、世界和平，人类的生态文明时代将会到来。

3. 新能源产业极大促进经济的繁荣

为了发展新能源，人们将对新能源的科研、设备制造、安装、售后服务等环节投入大量的资金，随着其发展和壮大，其投资规模将超过任何一个产业的投资规模。新能源将逐渐、全面替代化石能源，因此是一个史无前例的投资机会。在未来的很长时间内，将是推动经济社会持续发展的历史性动力，对促进产业升级起到推波助澜的作用，并将极大地促进经济的繁荣。

4. 发展新能源将建立起一种理想的社会生活方式

发展新能源为国家的能源安全提供保障，这样可以使一个理想的社会生活方式得到真正建立。世界不会为争取能源而产生冲突，新能源特别是太阳能是一种分散分布的能源，与此相应的合理社会需要相当分离的居住方式，在现代信息技术条件下，这种高度分散与高度集中的理想世界才能得以真正实现。

三、对新能源的基本认识

1. 海洋能

海洋能指海洋中所蕴藏的可再生自然能源，主要为潮汐能、波浪能、海流能（潮流能）、海水温差能和海水盐差能。海洋通过各种物理过程接收、储存和散发能量，这些能量以潮汐、波浪、温度差、海流等形式存在于海洋之中。所有这些形式的海洋能都可以用来发电。海洋能具有蕴藏量大、可再生性、不稳定性及造价高、污染小等特点。海洋能属于清洁能源。世界海洋能的蕴藏量约为 760 亿千瓦，其中波浪能 700 亿千瓦、潮汐能 30 亿千瓦、温度差能 20 亿千瓦、海流能 10 亿千瓦、盐度差能 10 亿千瓦。如此巨大的能源资源是当前世界能源总消耗量的数十倍，开发利用潜力巨大，利用海洋能发电已经成为一种趋势。潮汐能的利用方式主要是发电，潮汐发电是运用海水的势能和动能，通过水轮发电机转化为电能。

2. 风能

风能是指地球表面大量空气流动所产生的动能，风能是太阳能的一种转化形式。在自然界中，风能是一种可再生、无污染而且蕴藏量巨大的能源。风能与其他能源相比，具有明显的优势，它蕴藏量大，是水能的 10 倍，分布广泛，永不枯竭，对交通不便、远离主干电网的岛屿及边远地区尤为重要。但风能资源受地形的影响较大，世界风能资源多集中在沿海和开阔大陆的收缩地带，如美国的加利福尼亚州沿岸和北欧一些国家，中国的东南沿海、内蒙古、新疆和甘肃一带，风能资源也很丰富。据估算，全球风能资源总量约为 2.74×10^9 兆瓦，其中可利用的风能为 2×10^7 兆瓦。中国风能储量很大，分布面广，仅陆地上的风能储量就有约 2.53 亿千瓦，开发利用潜力巨大。哈佛大学和清华大学的一项研究表明，2030 年中国的风力发电可满足所有的电力需求。

3. 生物质能

生物质能是太阳能以化学能形式储存在生物质中的能量形式，即以生物质为载体的能量。它直接或间接地来源于绿色植物的光合作用，可转化为常规的固态、液态和气态燃料，取之不尽、用之不竭，是一种可再生能源，同时也是唯一一种可再生的碳源。生物质能是人类赖以生存的重要能源，它是仅次于煤炭、石油和天然气而居于世界能源消费总量第四位的能源，在整个能源系统中占有重要地位。据估计，每年地球上仅通过光合作用生成的生物质总量就达 1440 亿～1800 亿吨（干重），每年通过光合作用储存在植物的枝、茎、叶中的太阳能，相当于全世界每年消耗能量的 1 倍左右。生物质遍布世界各地，其蕴藏量极大。虽然不同国家单位面积生物质的产量差异很大，但地球上每个国家都有某种形式的生物质，生物质能是热能的来源，为人类提供了基本燃料。中国拥有丰富的生物质能资源，中国理论生物质能资源有 50 亿吨左右。依据来源的不同，可以将适合于能源利用的生物质分为林业资源、农业资源、生活污水和工业有机废水、城市固体废物、畜禽粪便五大类。

4. 地热能

地热能是由地壳抽取的天然热能，这种能量来自地球内部的熔岩，并以热力形式存在，是引发火山爆发及地震的能量。地球内部的温度高达 7000℃，而在 80～100 公英里的深度，温度会降至 650～1200℃。透过地下水的流动和熔岩涌至离地面 1000～5000 米的地壳，热力得以被转送至较接近地面的地方。高温的熔岩将附近的地下水加热，这些加热了的水最终会渗出地面。地热能是可再生资源，地热发电的过程就是把地下热能首先转变为机械能，然后再把机械能转变为电能的过程。地热能是来自地球深处的可再生性热能，其储量比目前人们所利用能量的总量多得多。目前开发的地热资源主要是蒸汽型和热水型两类。美国麻省理工学院的一项研究显示报告，如果开发美国大陆地表下 3000～10000 米之间其中的 2% 的地热资源，就可以供应相当全美年总耗电量 2500 倍的电能。根据国土资源部的报告，中国大陆 3000～10000 米深处干热岩资源总计相当于中国目前年度能源消耗总量的 26 万倍，相当于 860 万亿吨标准煤。

5. 太阳能

太阳能一般是指太阳光的辐射能量，一般用作发电。太阳能的利用有被动式利用（光热转换）和光电转换两种方式。广义的太阳能所包括的范围非常大，地球上的风能、水能、海洋温差能、波浪能和生物质能以及部分潮汐能都是来源于太阳，即使是地球上的化石燃料（如煤、石油、天然气等）从根本上说也是远古以来储存下来的太阳能；狭义的太阳能则限于太阳辐射能的光热、光电和光化学的直接转换。太阳能发电既是一次能源，又是可再生能源。它资源丰富，既可免费使用又无需运输，对环境无任何污染。太阳能将为人类创造一种新的生活形态，使社会及人类进入一个节约能源、减少污染的时代。

6. 核能

核能（原子能）是通过转化其质量从原子核释放的能量。核能发电是利用核反应堆中核裂变所释放出的热能进行发电的方式，它与火力发电极其相似，只是以核反应堆及蒸汽发生器来代替火力发电的锅炉，以核裂变能代替矿物燃料的化学能。核能发电利用铀燃料进行核分裂连锁反应所产生的热，将水加热成高温高压，利用产生的水蒸气推动蒸汽轮机并带动发电机。核反应所放出的热量较燃烧化石燃料所放出的能量要高约百万倍，所需要的燃料体积比火力电厂小相当多。

7. 氢能

21 世纪最具发展潜力的清洁能源是氢能源。氢能是通过一定的方法利用其他能源制取，是一种二次能源。作为一种低碳、零碳能源和理想的新的合能体能源，氢能具有减少温室效应、能再次回收利用、无毒、利用率高、质量最轻、导热性最好、发热值高、燃烧性能好、利用形式多、形态多、耗损少、运输方便等特点，因此世界各国对氢能非常重视。美国把液氢作为航天飞机的燃料，我国也用液氢作为长征 2 号、长征 3 号的燃料。中国、美国、欧盟、加拿大、日本等都制定了氢能发展规划。世界各国正在研究利用阳光分解水来制取氢气，一些微生物在阳光作用下能产生氢气，通过许多原始的低等生物的新陈代谢也能提取氢气。在氢能领域，目前中国已取得多方面的进展，是国际公认的最有可能首先实现氢燃料电池和氢能汽车产业化的国家之一。

四、智能能源网

新能源革命是人类社会找到一条化解能源危机并最终根本解决制约自身发展的能源瓶颈的路子。利用互联网技术将世界各地的电力网转化为工作原理类似互联网的能源共享网，这样世界各地的不同用户就能分享新的能源，提高能源效率，在最少耗费能源的前提下大幅度提高生产力。智能能源网的建设将引领传统互联网等产业的转型升级，更大程度地利用可再生能源与新能源，主导全球生产方式的变革和生活方式的变迁。

智能能源网是通过对传统能源的流程架构体系进行改造和创新，利用先进的通信、传感、储能等技术，建构新型能源生产、消费的交互架构，形成不同能源网架间更高效率能源流的智能配置和交换。它是集多种能源网络和不同能源载体之间的网络互联，是一个比智能电网层次更高、规模更大的新型能源网络。

未来能源发展的趋势，要求重新规划能源的生产、转化与应用模式进而实现能效的最大化，新奥集团正研究泛能网。泛能网是利用智能协同技术，将能源网、物质网和互联网耦合形成的"能源互联网"，由基础能源网、传感控制网和智慧互联网组成，它基于系统能效技术，对各能量流进行供需转换匹配、梯级利用、时空优化，通过系统能效最大化输出一种自组织的高度有序的高效智能能源。泛能网是能源的"物联网"，它的运营形式是"信息流 ＋ 物流 ＋ 能量流"。

智能能源网蕴含了"生态文明观"的哲学智慧，真正实现了能源的"新常态"，充分体现了融合、循环、和谐与系统协同的思想。

五、新能源的发展趋势

1. 新能源会得到前所未有的发展

由于常规能源的有限性和使用过程中产生的对环境的影响，人们将把目光进一步投向新能源，国际社会加大对新能源研究的投入，开发和普遍采用新能源成为人们的一种社会自觉行为和责任。随着科技的发展和国家政策的扶持，新能源的使用将超过常规能源的比重，能源的消费结构将更合理。太阳能设备与建筑的完美结合，将在不影响建筑景观的情况下，给城市和农村能源使用带来极大的便利。

2. 更加高效清洁安全的能源被发现和使用

随着人类认识自然、改造自然的能力不断提升，可燃冰、煤层气、细菌能、核聚变能等更加高效、清洁的能源不断显现，并显示出极好的发展前景。据相关部门介绍，中国地质部门在青藏高原发现了一种环保新能源——可燃冰，远景资源量达 350 亿吨石油当量。可燃冰是由水和天然气在高压、低温条件下混合而成、如同冰雪的一种固态物质，1 立方米的纯净"可燃冰"可以释放出 164 立方米的天然气，具有使用方便、燃烧值高、清洁无污染等特点，这种世界公认的地球上尚未开发的储量最大的新型能源，据现有的科技水平测算，其所含天然气的总资源量为 $(1.8 \sim 2.1) \times 10^{16}$ 立方米，其含碳量是全球已知煤、石油、天然气总碳量的 2 倍，仅海底可燃冰的储量就可以供人类使用 1000 年。2002 年，包括日本在内的五国成功在加拿大北部永久冻土带的可燃冰层中提取出甲烷；日本已经成为世界上首个掌握海底可燃冰采掘技术的国家，2012 年 3 月 12 日从爱知县附近深海可燃冰层中提取出甲烷气体，可望 2018 年实现大规模商业化生产。

3. 能源问题将不再成为经济社会发展的障碍

随着新能源的不断发现与使用，进一步减少人类对化石能源的依赖，人类社会将找到一条化解能源危机的路子，并最终根本解决制约自身发展的能源问题。能源的大量使用也不再影响全球的环境，国家间再也不会因为能源的争夺而影响地缘政治，造成世界的动荡不安，世界将按照人类设定的可持续发展的路子发展。

阳 光 经 济
——分布式光伏发电开创新模式

　　嘉兴市地处浙江省东北部、长三角腹地，东接上海、北邻苏州、西连杭州、南临宁波，全市陆域面积 3915 平方千米，下辖南湖、秀洲两个区，平湖、海宁、桐乡、嘉善、海盐 5 个县（市），先后获得了中国优秀旅游城市、国家卫生城市、国家园林城市、国家历史文化名城等称号。作为国内光伏产业发展较早的地区之一，嘉兴市目前已经初步形成了涵盖电池片生产、电池组件封装、光伏发电系统集成及配套辅料生产和装备制造等体系较为完整的产业链，并在光伏发电应用示范推广等方面有了一定基础。2012 年以来，嘉兴市抓住被列为浙江省集光伏装备产业基地、光伏产业技术与体制创新、光伏发电集中连片开发的商业模式创新、适应分布式能源的区域电网建设和政策集成支持体系创新"五位一体"的创新综合试点契机，在国家能源局的关心支持下，按照浙江省政府的总体部署和要求，牢牢把握国家发展分布式光伏发电应用的机遇，把这项工作作为调整经济结构、转变发展方式的重要切入点，全力推进分布式光伏发电应用。全市光伏发电装机容量累计 239 兆瓦，累计并网 130 兆瓦，累计装机容量占全省装机容量比例 47.3%，累计并网容量占全省并网容量比例 44.5%，装机容量和并网容量均位列全省第一，2012 年 12 月 14 日，浙江省光伏产业"五位一体"创新综合试点工作正式启动，嘉兴正探索出一套适合分布式光伏发电的新模式。"嘉兴模式"强调通过政府统筹规划、制定建筑光伏应用标准、加强质量监督和市场监管、及时结算电费和补贴等措施，破解了制约分布式光伏发展难题，大力推动了分布式光伏发展。

一、构建发展框架

1. 切实统一思想

　　作为全省唯一的光伏产业"五位一体"创新综合试点，嘉兴市委、市政府把抓好分布式光伏发电应用示范，作为贯彻落实国家、省部署的光荣职责，作为抢抓新一轮发展机遇的有力抓手，作为推进可持续发展的重大举措，下定决心，统一共识，克服光伏产业发展市场波动挑战，全面推进光伏发电示范建设广泛进行动员，统一思想认识，把建设好光伏高新区作为贯彻落实省、市部署的光荣使命，作为抢抓下一轮发展机遇的有力抓手，作为推进转型发展的重大举措。力争到 2015 年底，全市光伏发电装机总容量达到 500 兆瓦。

2. 组建工作团队

　　成立了由市长任组长、分管副市长任副组长的市太阳能光伏产业"五位一体"创新综合试点工作领导小组，在领导小组的统一安排下，把任务细化到相关职能部门，落实到工作人员，明确责任分工，确保各项工作顺利推进。设立光伏高新园区管委会，由秀洲区区长任管委会主任，常务副区长、分管副区长等任副主任，并从区级各职能部门抽调精干人员，组建专业化工作团队。

3. 细化发展思路

光伏高新区按照"应用促创新、创新促发展、改革促发展、开放合作促发展"的思路，努力打造"国内一流，面向世界"的"中国光伏科技城"。主要目标是：一是围绕光伏关键技术研发、光伏技术应用、特色光伏产品产业化，瞄准具有发展前景的新型光伏电池、光伏核心设备制造等技术，通过积极引进领先企业、知名科研院所，建立公共技术服务平台，努力打造国内一流的光伏技术研发示范区；二是抓住国家发展分布式光伏发电应用的机遇，合理规划应用区域，积极创新应用模式，努力打造国内一流的光伏发电应用示范区；三是加快推进光伏核心设备、高效电池、光伏发电系统部件、BIPV 等特色光伏产品的产业化，完善工业设计、检验检测、展示咨询等服务体系，努力打造国内一流的光伏产品产业化示范区。

二、推进光伏装备产业基地建设

1. 完善发展平台

委托南京大学先锐城市规划研究院编制光伏高新区建设规划，构建"三轴三区"空间发展布局。"三轴"即以中山西路、秀新路、新塍大道为轴线，是连接光伏高新区内外部的主要通道；"三区"即创新功能区、高技术服务功能区、制造功能区。在区内主要基础设施已基本完成的情况下，又投入 2.72 亿元，着力在赋予光伏元素、完善功能、提升品位上下功夫。

2. 明确产业重点

委托知名专业中介机构编制"产业地图"、"招商地图"，重点围绕"新"开展招商，高度关注技术的先进性，积极引进新一代光伏发电技术及其相关项目；重点围绕"强"开展招商，积极引进世界 500 强和国际行业龙头企业；重点围绕"集成"开展招商，积极引进中后端环节特别是装备制造等项目。

3. 加大招商力度

加强与欧洲清洁能源协会、中国光伏产业联盟等机构的合作，举办了 2013 年中国太阳能光伏产业年会，按照"招商地图"，紧盯产业链重点环节上的重点企业开展招商。分别于光伏高新区成立的 3 个 100 天和一周年举办了一系列推介、签约活动。共引进总投资折合人民币 78 亿元的 15 个光伏类项目，主要有大禾新能源、中国科学院深圳先进研究院的电池片项目，中国南车的逆变器项目，住友电工、科力远的储能项目等。中国电子科技集团第三十六研究所、南源环保等一批重大项目已开工建设。一批世界 500 强和行业龙头项目正积极洽谈中。

三、推进分布式光伏电站建设

通过一年多的努力，在示范应用上，已经基本建立了一整套的推进方法、工作机制和操作流程，探索出一条"政府引导、市场运作、统一管理"的发展路径，初步具备了未来大面积推广的条件。参照首批国家分布式示范区标准建设的 61 兆瓦的示范项目已并网，2013 年

9月光伏高新区内集聚住宅小区的首个屋顶光伏太阳能项目成功并网，目前该社区100户连片居民安装光伏发电项目已全部并网，此项目已列入国家科技部"863"项目。全长2.5千米的太阳能光伏发电LED路灯一体化项目已投入运营。

1. 统一规划布局

委托了工信部赛迪研究院编制面积为14.2平方千米的光伏高新区产业发展规划，委托SEMI（国际半导体材料与设备协会）、福睿智库等开展规划战略咨询，细化发展思路，全面规划布局，按照"集中连片、多样多元"的原则，确定了"双核四区多廊"的总体布局来全面推进应用示范。"集中连片"就是在光伏高新技术产业园区划分出3~6兆瓦装机容量建设基础的集中连片区，体现规模性、规范性、展示性；"多样多元"就是建设模式以屋顶为主，兼顾路灯、户外棚体等，应用单位以工业建筑为主，重点突破居民住宅户用，统筹考虑市政、科创园区等建筑载体，技术模式以成熟技术为主，兼顾薄膜、微逆、柔性等前端技术。"双核"即以北科建智富城产业研发区为依托的智谷科创区和以光伏科创园为依托的总部体验区；"四区"为江南湖景区、低碳商住区、未来展望区和连片示范区；"多廊"为多条光伏路灯生态廊道。

2. 统一资源管理

充分发挥政府的引导和协调作用，采取由光伏高新区管委会统一管理屋顶资源的模式。首先由管委会对光伏高新区内可利用屋顶逐个排查，建立可建分布式电站屋顶资源数据库；其次，通过给予屋顶业主一定的电价优惠，优先办理新增用电容量、优先提升有序用电等级、优先评定光伏应用示范企业等措施，提前与屋顶业主签订安装光伏电站协议，统一掌握屋顶资源；再次，以市场化为主，兼顾公平原则，由光伏高新区管委会作为见证方与屋顶方、项目投资方签订三方协议，协调集中连片的"大"屋顶与零落分散的"小"屋顶的分配，统一屋顶租赁和电价优惠及合同能源管理政策标准，实现了对屋顶资源的统筹管理。

3. 统一推进服务

为优化项目服务，提升工作效率，光伏高新区对项目全程跟踪，确保服务到位。前期服务方面，统一委托有关机构编制项目整体可研和分项目可研报告。项目审批方面，对分布式光伏电站项目在招投标、项目联系单、接入意见函等审批流程方面进行明确并告知，缩短项目审批周期。项目推进方面，每2周定期召开项目推进会，召集相关部门和投资商，集中协调解决推进过程中的共性难题。项目监管方面，光伏高新区与项目业主签订《项目建设责任书》、《项目安全责任书》，督促业主贯彻落实安全生产方针，保障施工安全。同时，光伏高新区还出台了《应用示范项目实施细则》、《项目服务流程》、《项目并网服务手册》等一系列规范措施，确保项目规范建设、加快建设。

4. 统一运营管理

为更好地保障项目投资主体、屋顶业主的合法权益和经济效益，光伏高新区成立专业运维公司，负责园区内所有分布式光伏电站的电费结算、运行维护等后续服务工作，既解除了电站投资方对电费收缴难、运维管理难和与屋顶业主协调难的后顾之忧，也消除了屋顶业主对屋顶建站可能存在问题的顾虑，同时建立了电站在长期运行过程中的保险机制，真正做到让投资方满意、让屋顶方放心、让光伏电站稳定运行的多赢局面。2014年7月1日，基于云计算、物联网等技术的分布式电源智能管控系统，在园区内的浙江电腾云光伏科技有限公司正式上线试运行，嘉兴各区、市、县 106 个并网电站的整体情况、实时发电量、计量、收费、维护等信息通过管控系统统一管理。

四、推进技术创新体系建设与体制创新

1. 加快重点企业研究院建设

瞄准具有发展前景的新型光伏电池、光伏核心设备制造等技术，推进各类研发、检验检测、工业设计等研究机构建设。国家电网浙江省分布式光伏并网技术研究院、中国电子科技集团第三十六研究所光伏装备与智能控制研究院已入驻高新区。以检验检测系统效率为重点的中科优恒公司、以光电一体化设计为重点的中国电子第十一设计研究院也已入驻。

2. 加快创新平台建设

光伏高新区规划建设集光伏产业科研、企业孵化、产品展示、光伏发电示范应用、综合服务等功能为一体的现代化科技创新创业园，总投资 5.8 亿元、占地 100 亩、容积率 3.0，该项目已完成立项、土地摘牌、项目设计，目前正加紧建设。

五、推进区域智慧电网建设

光伏高新区与电网公司密切合作，重点围绕"发、输、变、配、用、调"等环节，积极构建适应分布式能源的区域智能电网。目前，电网、变电站、配电网、通信设施的建设正积极推进。电力部门为光伏高新区制订了大网和微网接入系统总体方案。在发、输电环节上，已完成 61 兆瓦光伏发电项目实施方案，对分布式电站屋顶选址设计、光伏组件标准及选择、光伏方阵设计、光伏逆变器选型、电气设计、接入系统等方面作了明确；在变、配、用、调电环节上，根据光伏高新区用能情况预测及光伏发电装机容量，正规划设计变电站，并排出新（扩）建变电站的具体时间。

六、集成政策支持创新体系

在加强产业研究的基础上，对光伏高新技术产业园区建设，嘉兴市委、市政府专门制定了财政、税收、科技、人才等一系列政策措施，设立 10 亿元的光伏产业发展专项资金，从而为试点工作开展提供良好的政策保障。同时，还研究制定了《关于进一步扶持光伏产业发展的若干意见》、《关于促进分布式光伏发电健康发展的若干意见》等一系列配套政策，以进一步加大对分布式光伏发电推广应用的扶持力度。对列入国家分布式光伏发电计划的项目，除享受国家、省分布式光伏发电补贴以外，市本级再补贴 0.1 元/千瓦时，所属各县（市、区）也出台相关扶持政策。在国家、省、市出台政策的基础上，秀洲区也出台专项政策，设立了 2 亿元的专项资金，在应用示范、产业培育、人才引进等方面给予重点扶持，对列入国家分布式光伏发电应用示范区的项目给予每瓦 1 元的补助，对重大光伏专用装备、新一代技术等项目按"一事一议"原则给予扶持。

在拓宽融资渠道上，主动联系金融机构，共同探讨支持分布式光伏电站建设的融资方案，全力支持分布式光伏发电示范项目的推进。晶科能源与中国民生银行签订了 10 亿元融资战略合作协议，首批 8880 万元项目贷款将用于海宁高新园区的 20 兆瓦分布式光伏项目，其下游太阳能光伏电站，也获得了国开国际和麦格理领投的私募股权的 2.25 亿美元的投资。

新 型 能 源
——推动行业生态文明建设

　　浙江天能电池有限公司（集团）是中国新能源电池龙头企业。集团成立于 1986 年，现已发展成为以电动车环保动力电池制造为主，集镍氢、锂离子电池，风能、太阳能储能电池以及再生铅资源回收、循环利用等新能源的研发、生产、销售为一体的实业集团。2007 年，天能动力以中国动力电池第一股在中国香港主板成功上市。集团现有 22 家国内全资子公司、3 家境外公司，浙苏皖豫 4 省八大生产基地，员工 2 万余人。集团综合实力位居中国制造企业 500 强（53 位）、中国民营企业 500 强（36 位）、中国电池工业十强第一位、全球新能源企业 500 强（47 位），并被评为浙商转型升级的典型样本和浙江省转型升级引领示范企业。2012 年，集团共实现销售收入 336 亿元，实现利税 15 亿元，成为推动地方经济建设的中坚骨干和科学发展的重要力量。绿色低碳是当今时代的潮流，也是塑造企业核心竞争力的重要力量。多年来，天能集团坚定不移地走科技含量高、资源消耗低、环境污染少的新型工业化道路，大力实施绿色低碳战略，努力做到经济建设与生态建设一起推进，经济竞争力与环境竞争力一起提升，物质文明与生态文明一起发展，在保护环境中谋求发展，在科学发展中提高环保水平，实现了经济效益与环境效益的"双赢"。在国内同行业内，天能率先通过了ISO 14001 国际环境标准认证，先后获得了中国电池工业协会授予的"2011 年度蓄电池行业环境友好企业"，以及国际节能环保协会与中国环境科学研究院授予的"世界环保与新能源产业中国影响力 100 强企业"等多项荣誉称号，走在行业绿色低碳发展前列。

一、坚持清洁生产，改善环境质量

　　浙江天能集团持续开展以清洁生产审核为主线的环保管理，将清洁生产技术和环境治理贯穿于生产经营全系统、全过程，努力从根本上消除造成污染的根源，实现集约、高效、无废、无害、无污染的绿色工业生产。公司严格按照相关法律法规要求，聘请有资质的单位设计和安装环保设施，进行技术指导，同时聘请美国美华公司每年进行环境评估、建立内部定期监测制度及日常检查制度，保证环保工作的有序开展，致力打造行业"环境友好型、资源节约型企业"标杆。在废水治理上，天能各生产公司全部采用了全自动斜板沉淀工艺和设备，主要处理员工工作服清洗废水、车间废水及环保设备产生的废水，经处理后的水完全符合国家标准，并将处理后的中水用于车间清洗地面、拖把清洗及环保设备用水等，最终达到工业废水循环利用，同时也避免污染物对自然水体的破坏。在废气治理上，天能集团各生产公司针对相关生产工序中产生的铅烟、铅尘，采用了 HKE 型高效铅烟净化器及电脉冲布袋除尘器，使排放口的浓度完全达到国家标准要求，最大限度地减少含铅废气对大气的污染。在固体废弃物治理上，天能各生产公司均按相关标准要求设置了专用的固废储存库，将环保设施收集处理时产生的废铅粉，生产过程中产生的废铅渣、废极板，退回电池，除尘设施收集的废铅粉，更换的环保设备布袋及车间含铅手套等均作为危险固废处理，严格执行转移联单制度，按危险固废处置规定转移至具有处理资质的单位进行处置。同时，积极推进现场异味、噪声和粉尘等治理，全面改善环境质量，确保增产不增污。2012 年 3 月，公司顺利通过中国轻工业清洁生产中心组织的清洁生产审核阶段性验收。

二、加强创新驱动，推进内涵改造

天能集团紧紧围绕制造水平提升、科技含量提升、产品附加值提升、节能减排水平提升、综合竞争力提升等"五个提升"的要求，积极运用高新技术、先进设备和先进工艺改造提升传统铅酸蓄电池产业，以世界一流的环保标准建设新项目、改造老装置，促进环保达标升级。"十一五"以来，累计投入技术改造资金 10 多亿元，其中 2 亿多元用于环保设备技术改造和工艺革新，淘汰落后的工艺技术和产能。如今，天能各生产基地，已全部完成了主要生产工艺的自动化、机械化、智能化改造，自动化装备水平处于国内同行业领先水平。在加强工艺革新和设备改造提升的同时，天能还加快对传统铅酸动力电池产品的研发改造，促进产品升级换代。天能瞄准世界科技前沿，积极致力于电动车新型高能环保动力电池的研发和推广，重点对稀土硅胶电池、超级电池、卷绕式电池等进行科技攻关，推动传统铅蓄电池产品升级换代，焕发"绿色青春"。2009 年，天能集团自主研发的稀土硅胶电池成功上市。这种电池采用德国进口的高纯纳米氧化硅及天能自主研发的稀土合金，并经天能集团博士后科研工作站攻关改性，实现了动力电池在深放电情况下的智能控制，不仅绿色环保，有效防止酸液泄漏污染环境，而且具备高容量、长寿命、跑得远、耐高温等多项专利技术，引领电动自行车和电动动力电池进入硅胶时代。目前，天能集团先后荣获国家专利 600 余项，开发国家新产品 10 项，承担国家政策引导类科技计划及专项 10 余项，省级新产品计划 100 余项，参与制定国家和行业标准 30 余项，形成了技术先进、产品结构合理、质量可靠的绿色产品结构体系，成为推动铅蓄电池行业科技进步和转型升级的"绿色引擎"。

三、加快转型升级，壮大新兴产业

战略性新兴产业既是打造企业核心增长极的重要支撑点，也是引领未来绿色低碳发展的重要引擎。天能在改造提升传统铅酸蓄电池产业的同时，在行业内率先进军战略性新兴产业。经过近几年的快速发展，天能已经初步形成了以新能源镍氢、锂离子动力电池、风能太阳能储能电池、电动汽车电池等为支撑的战略性新兴产业发展格局。锂离子动力电池方面，天能国家级博士后工作站和省级院士工作站通过几年的研发，在电动自行车领域形成了以锰系、三元系、磷酸铁锂系为主的三大系列产品。储能电池方面，天能成功开发出能够适应各种恶劣气候的系列风能太阳能电池，拥有国家技术专利近 50 项，产品各项技术指标远远领先行业同类产品，多项技术指标超过国家标准，并通过欧洲 CE 认证和金太阳认证，在国内外一些风电、光伏、风光互补等多项大型工程和我国中西部电网盲区得到广泛应用，并成为中国南北极科研考察队专用产品。2011 年，71 万套天能锂电太阳能手提灯被中央人民政府代表团作为庆祝西藏和平解放 60 周年的大礼，献给西藏人民。新能源汽车方面，天能成功开发出多个规格型号的电动汽车新型动力电池，在行业内率先通过国家权威检测机构认证。天能电动汽车用（EV）高性能动力型磷酸铁锂离子电池产业化项目被列为 2010 年国家火炬计划项目。天能与上汽、国家电网、时风汽车等 100 多家大客户结成战略合作伙伴关系，并入选上海世博会服务车辆首选供应电池，天能胶体动力电池在国内首次被用到飞机牵引车和纯电动公交大型车辆上，成为发展我国低碳交通的重要推动者和领航者。

四、发展循环经济，高效利用资源

随着电动自行车和电动汽车产业的快速发展，废旧铅酸电池的再回收和再利用成为全球棘手的难题。废旧铅酸电池的再回收需要巨资投入，再利用又存在技术上的障碍。"两难"面前，天能义无反顾做出抉择：在全国铅酸电池行业做第一个"吃螃蟹"的企业——破解废旧铅酸电池的再回收和再利用这个世界难题，大力发展循环经济。

2012年夏天，投资数亿元的天能循环经济产业园再生铅项目投入试产，产业园的功能就是回收利用废旧电池。为了确保产业园项目的先进性，天能集团引进了世界最先进的意大利全自动机械破碎、水力分选工艺技术设备基础上创新的全湿法新技术，结合自主创新的废铅酸电池封闭式环保化回收处理技术，使废铅酸电池资源化再生利用达到最大化，成为天能集团引领行业发展循环经济模式的示范项目，代表了目前国内外蓄电池资源回收再生利用技术的最先进水平。如今，天能的废旧电池回收利用率提高至98%以上，实现了电池里的铅和酸液能全部分解回收，并成为生产新电池的原材料，这也使废旧电池的利用率达到了新的高度，同时还拓宽了原材料的来源渠道，降低生产成本，不仅提高了企业经济效益、社会效益、环境效益和生态效益，也为引领铅蓄电池行业绿色、循环、低碳发展提供了"风向标"。目前天能循环经济产业园一期工程已建成投产。该项目于2010年被国家发改委列为第三批国家产业振兴重点技术改造项目，2011年被工业和信息化部列为国家首批两化融合促进节能减排重点推进项目，2012年又被认定为第三批浙江省工业循环经济示范企业，成为国内国际最先进的循环经济生产基地和再生铅示范工程。2012年7月11日，时任浙江省委书记、省人大常委会主任的赵洪祝在视察天能循环经济产业园后，高度肯定天能集团"你们创造的不单纯是经济效益，最重要的是社会效益，引领了整个蓄电池行业的生态化发展方向。"

面对新形势、新挑战、新要求，天能站在建设美丽中国的新高度，秉承每一只电池都是承诺着环境社会责任的环保理念，将环境社会责任理念贯穿企业发展的全过程，把环境保护摆上更加突出的战略位置，加快推进绿色、循环、低碳发展，更大力度推动产业转型升级，更大力度加强自主创新，以产业优化升级减轻环境负荷，以创新驱动减少资源投入，全力打造环境友好型和资源节约型企业标杆，为经济社会的可持续发展提供强大动力和支撑，为助推生态文明、建设美丽中国做出新的更大贡献！

模 式 转 换

—— 低碳经济和循环经济打造
发展新范型

　　气候变化对世界经济和社会的可持续发展带来了严峻的挑战，在全球应对气候变化的形势下，当前人类社会正在经历一场经济和社会发展方式的变革，发展低碳经济就成为这场变革的基础。20世纪70年代，世界各国开始重视污染物产出后的治理和减少其危害，也就是一种环境保护的末端治理方式，80年代人们开始强调从生产和消费的源头上防止污染的产生，90年代发达国家为提高经济效益，避免环境污染，以生态理念为基础，重新规划产业发展，提出循环经济发展的思路。清洁生产、工业生态系统成为循环经济发展的主流，美国、丹麦等国建成一批生态工业园区，德国、日本等国相继颁布了废弃物管理和循环经济的法规。20世纪90年代之后，建立循环经济体系成为席卷国际社会的一大浪潮。

挑 战 传 统

——发展低碳经济和建立循环经济体系

一、低碳经济是发展观念的转变

2003 年发表的英国能源白皮书《我们能源的未来：创建低碳经济》最早提出了"低碳经济"一词。作为工业革命发祥地的英国，在人类社会面临转折点的时刻，敏锐地意识到气候变化与能源、资源短缺给英国造成的威胁，迫切需要改变其经济发展模式和社会的消费模式。

1. 大力发展低碳经济

低碳经济是一种通过发展低碳能源技术，建立低碳能源系统、低碳产业结构、低碳技术体系，倡导低碳消费方式的经济发展模式。低碳经济以低碳排放、低消耗、低污染为特征，技术创新和制度创新是低碳经济的核心。低碳经济将打造全新的生态系统，对政府行为、企业活动、民众生活产生巨大的影响。

从当前看，低碳经济是要造就低能耗、低污染的经济，减少温室气体的排放；从长远看，低碳经济是打造一个可持续发展的人类社会的生产方式的重要途径。

中国的经济是以煤为主要能源的"高碳经济"，近几十年来的经济高速发展是在人口数量巨大、人均收入低、能源强度大、能源结构不合理的条件实现的，它给中国的资源和环境造成了严重的透支，使中国经济的可持续发展面临困境。中国发展低碳经济，从外部因素看，是为了履行《京都议定书》和与其他国家合作共同应对气候变化的长期挑战，在政治上体现崛起的发展中大国对世界应负起的责任。发达国家为了实现《京都议定书》规定的减排目标，通过技术和市场两个手段积极发展能源新技术、广泛开展能源领域的国际合作，这种大背景也非常有利于中国利用国外先进技术，推动中国的节能减排工作。从内部因素看，发展低碳经济，可以促进技术创新，调整产业结构，形成一个新的经济增长极，使有限的能源投入能有更多的产出，转变经济增长方式，推动经济真正可持续发展。长期来看，低碳经济已经揭开了新一轮全球经济竞争的序幕，谁能够在低碳技术上引领全球，并在此基础上率先调整产业、技术、能源、贸易等政策，谁就能占领未来产业的制高点和市场的先机，把科技优势转化为经济优势，在新的国际经济秩序中获得一个比较长期的、良好的生态位，反之就会错失发展良机。

发展低碳经济，从国家层面看，积极应对世界低碳经济的新潮流，制定国家低碳经济发展战略，把发展低碳经济纳入国民经济和社会发展规划，积极运用政策手段，通过环境经济政策，建立中国低碳经济的市场体系和政策体系；从企业层面看，积极开展技术创新，开发低碳技术的低碳产品，建立环境友好型企业；从公众层面看，合理的行为方式和消费选择是发展低碳经济的长期推动力，在经济全球化的背景下，民众的生活方式对企业的生产有相当大的决定作用，在一定程度上也可以对政府的政策制定和执行产生影响。

中国已制定并实施了《应对气候变化国家方案》，将进一步把应对气候变化纳入经济社会发展规划，并继续采取强有力的措施。一是加强节能、提高能效工作，争取到 2020 年单位国内生产总值二氧化碳排放比 2005 年有显著下降；二是大力发展可再生能源和核能，争取到 2020 年非化石能源占一次能源消费比重达到 15％左右；三是大力增加森林碳汇，争取到 2020 年森林面积比 2005 年增加 4000 万公顷，森林蓄积量比 2005 年增加 13 亿立方米；四是大力发展绿色经济，积极发展低碳经济和循环经济，研发和推广气候友好技术。

2. 推进清洁生产

清洁生产是指把综合性预防的战略持续地应用于生产过程、产品和服务中，以提高效率和降低对人类安全和环境的风险。清洁生产是关于产品和制造产品过程中预防污染的一种创造性的思维方法。清洁生产对产品的生产过程持续运用整体预防的环境保护策略，其实质是一种物耗和能耗最小的人类生产活动的规划和管理，将废物减量化、资源化和无害化，或消灭于生产过程之中。

清洁生产的过程包括三个方面：对生产过程而言，它包括节约能源和原材料，淘汰有毒有害材料，减少"三废"和有害物质的产生量；通过综合利用和循环利用，以减少废物和有害物质的排放量。对产品来讲，清洁生产是从原料的提取到产品的最终处置减少对人类和环境的有害影响。对服务来说，清洁生产是指将预防性环境战略结合到生产工艺、技术和产品等的设计和提供的服务中。因此，清洁生产的实质，是贯彻预防为主的原则，从生产设计、能源与原材料选用、工艺技术与设备维护管理等社会生产和服务的各个环节实行全过程控制，从生产源头上减少资源的浪费，促进资源的循环利用，控制污染产生，实现经济效益、社会效益与环境效益的统一。

清洁生产的内容主要体现在以下几个方面：第一，尽量使用低污染、无污染的原料替代有毒有害的原材料；第二，采用清洁、高效的生产工艺，使物料能源高效益地转化成产品，减少有害于环境的废物量，对生产过程中排放的废物实行再利用，做到变废为宝、化害为利；第三，向社会提供清洁的产品，这种产品从原材料提炼到产品最终处置的整个生命周期中，要求对人体和环境不产生污染危害或将有害影响减少到最低限度；第四，在商品使用寿命终结后，能够便于回收、利用，不对环境造成污染或潜在威胁；第五，完善的企业管理，有保障清洁生产的规章制度和操作规程，并监督其实施，同时，建设一个整洁、优美的厂容厂貌。

1993 年，中国开始启动清洁生产工作，经过社会各界的努力，在立法、宣传培训、组织机构建设、企业城市试点工作、国际合作项目、政策法规制定和实施等方面取得了较大进展。2002 年 6 月 29 日，九届全国人大第 28 次会议通过了《中华人民共和国清洁生产促进法》，并于 2003 年 1 月 1 日正式实施。

清洁生产是促进经济增长方式转变，提高经济增长质量和效益的有效途径和客观要求，是防治工业污染的必然选择和最佳模式，是现代工业发展和现代工业文明的重要标志，也是企业树立良好社会形象的内在要求。一要建立健全推进清洁生产的法规和政策体系，鼓励企业推行符合国家产业政策和具有推广价值的清洁生产项目。二要加强企业制度建设，加强对清洁生产工作的领导，把清洁生产目标纳入企业发展规划，建立企业清洁生产管理制度。三要加强对企业实施清洁生产的指导和服务，完善清洁生产的评价指标体系，引导清洁生产投资导向，加强对中小企业推行清洁生产的宏观指导。四要依法强化清洁生产的监督管理。落实好国家在清洁生产和环境监管方面的法规和政策，加快推进企业清洁生产审计工作，广泛推行清洁生产标准和措施。五要积极开展示范项目，进一步抓好重点城市、重点行业清洁生产示范试点工作，开展创建"节约型、清洁型"企业试点，开展清洁生产工业园区的试点，促进资源的循环利用和有效利用。六要进一步提高认识、转变观念，加大清洁生产的宣传力度，使全社会特别是政府决策部门和企业领导者充分认识到清洁生产的意义和在企业发展中的重要作用，形成有利于推动清洁生产的社会氛围。

3. 加强节能减排

节能减排就是节约能耗、减少污染物排放。

"十二五"时期，我国进一步将低碳发展作为重要的政策导向，确立了单位国内生产总值能耗降低16%、二氧化碳排放强度降低17%、非化石能源占能源消费总量的比重达到11.4%等约束性指标，以及资源产出率提高15%和合理控制能源消费总量的目标。这是我国生态文明建设的重大举措；是建设资源节约型、环境友好型社会的必然选择；是推进经济结构调整，转变增长方式的必由之路；是提高人民生活质量，维护中华民族长远利益的必然要求。

在节能减排工作中，一要发挥政府主导作用。各级政府要充分认识到节能减排约束性指标是强化政府责任的指标，实现这个目标是政府对人民的庄严承诺，必须通过合理配置公共资源，有效运用经济、法律和行政手段，确保实现。二要强化企业主体责任。企业必须严格遵守节能和环保法律法规及标准，落实目标责任，强化管理措施，自觉节能减排。三要加强机关单位、公民等各类社会主体的责任，促使公民自觉履行节能和环保义务，形成以政府为主导、企业为主体、全社会共同推进的节能减排工作格局。

《节能减排综合性工作方案》是中国节能减排工作当前和今后相当长一段时间的指导性文件，它进一步明确实现节能减排的目标任务和总体要求，并通过控制增量、调整和优化结构，加大投入、全面实施重点工程，创新模式、加快发展循环经济，依靠科技、加快技术开发和推广，强化责任、加强节能减排管理，健全法制、加大监督检查执法力度，完善政策，加强宣传、提高全民节约意识，政府带头、发挥节能表率作用等促进节能减排工作。

到2020年中国单位国内生产总值二氧化碳排放比2005年下降40%~45%，作为约束性指标纳入国民经济和社会发展中长期规划，并制定相应的国内统计、监测、考核办法。通过大力发展可再生能源，积极推进核电建设等行动，通过植树造林和加强森林管理……这是中国根据国情采取的自主行动，是中国为全球应对气候变化做出的巨大努力。

4. 碳排放

碳排放是关于温室气体排放的一个总称或简称，温室气体中最主要的气体是二氧化碳，因此用"碳"一词作为代表。碳排放不仅是燃料燃烧产生，经济的增长、人口的增加也是促使碳排放增加的原因。

为了描述人类的能源意识和行为对自然界产生的影响，让人们意识到应对气候变化的紧迫性，把人类生产和消费等活动引起的温室气体排放的集合称为碳足迹。人们直接使用化石能源直接排放的二氧化碳是第一碳足迹，使用各种产品而间接排放的二氧化碳是第二碳足迹。"碳"耗用得越多，导致全球气候变暖"二氧化碳"也越多，"碳足迹"就越大，反之

"碳足迹"就越小。

由于大量使用化石能源排放出大量的二氧化碳等多种温室气体，产生了"温室效应"，导致全球气候变暖。全球变暖的最终后果就是使人类的食物供应和居住环境受到威胁。

碳税是指对二氧化碳排放所征收的一种税。征收碳税是希望通过削减二氧化碳排放来减缓全球变暖，从而达到环境保护目的。碳税通过对燃煤和石油下游的汽油、航空燃油、天然气等化石燃料产品，按其碳含量的比例征税来减少化石燃料消耗和二氧化碳排放。

碳税作为一个有效的环境经济政策工具，能有效地减少二氧化碳排放，改变能源消费结构，降低能源消耗。碳税的征收在短期内会抑制经济增长，但中长期将有利于经济的持续、健康发展。碳税征收将涉及社会生活的各个方面，不仅要考虑环境效果和经济效率，还要考虑社会效益和国际竞争力等。由于不同国家和地区在不同的经济社会发展阶段，碳税的实施效果有较大差异，因此，尤其要注意它会扩大资本与劳动的收入分配差距、加剧社会不公现象的出现。

碳关税是指如果某一国生产的产品不能达到进口国在节能和减排方面设定的标准，就将被征收特别关税。法国前总统希拉克最早提出的征收碳关税，目的是希望欧盟国家应针对未遵守《京都议定书》的国家征收特别的进口碳关税，避免在欧盟碳排放交易机制运行后，欧盟国家所生产的商品遭受不公平竞争，特别是境内的钢铁业及高耗能产业。法国、丹麦、意大利、芬兰、荷兰、挪威、加拿大等国家在本国范围内已开征与碳关税类似性质的碳税。

2009年6月美国众议院通过的《美国清洁能源安全法案》规定，从2020年起将对进口铝、钢铁、水泥和一些化工产品等排放密集型产品，征收特别的二氧化碳排放关税。美国是国际上第一个对碳关税进行立法的国家。2009年底，法国也通过了从2010年起在法国国内征收碳税的议案。一方面，以美国为主导的发达国家寻求征收碳关税的形式来改变目前全球变暖及解决减排问题；另一方面，发达国家将用碳关税这个新武器竖起新型的绿色贸易壁垒。根据世界银行的研究报告，如果碳关税全面实施，将成为某些国家狙击"中国制造"的利器，"中国制造"可能面临平均26%的关税，出口量将下滑21%。

推行碳关税对发展中国家的经济影响很大。与以服务业为主的发达国家不同，发展中国家的农业和制造业比重很大，生产中的二氧化碳排放量较大，征收碳关税严重影响发展中国家的经济增长，因此遭到很多国家的反对。征收"碳关税"不但违反了WTO的基本规则，而且也违背了《联合国气候变化框架公约》及《京都议定书》确定的发达国家和发展中国家在气候变化领域"共同而有区别的责任"原则，是对发展中国家利益的严重损害。

5. 碳金融与碳排放权交易

碳金融也称碳融资和碳物质的买卖，是指由《京都议定书》而兴起的与减少温室气体排放有关的低碳经济投融资活动，包括限制温室气体排放等技术和项目的直接投融资、碳权交易和银行贷款等金融活动。其目的是以法律为依据，运用金融手段来保护生态和环境，通过经济手段使相关碳金融产品及衍生品在市场上交易、流通，以达到节能、减排、降耗的目的。

当前，越来越多的投资银行、证券公司、对冲基金、私募基金等金融机构参与其中，基于碳交易的远期产品、期货产品、掉期产品、期权产品不断出现。一些投资者为了获取高额回报，以私募股权的方式在早期就介入各种减排项目，扩大了市场容量，加快了碳市场的流动，从而使碳市场进一步走向了成熟。

碳排放权交易是环境经济政策的一种，《京都议定书》规定了协议国家承诺在一定时期内实现一定的碳排放减排目标，然后将减排目标分配给国内不同的企业。当其他国家无法实现减排目标时，可以从拥有超额配额或排放许可证的国家购买配额或排放许可证，以达到其减排目标。在一个国家内也按照这种方式交易。通过碳交易，买卖双方都能获得巨额利润。

在碳排放限额一定的情况下，一个工厂通过技术改造减少了污染排放，获得了碳信用，可通过碳市场出售。另一个工厂由于生产规模扩大，原定的碳排放限额不够用，就可以通过碳市场购买。通过碳交易，可以鼓励企业提高技术、节能减排，还能控制碳排放的总量。气候变化资本公司从中国氢氟烃气体项目获得的碳排放信用，价值就高达数亿美元。

2011年，全球碳交易量达103亿吨二氧化碳当量，比2005年增加了13倍，碳交易市场总值1760亿美元，较2010年增长11%。有关部门预测，到2020年全球碳排放交易量将达到3.5万亿美元，可能成为最大的能源交易市场。

中国在2008年后积极推进碳交易平台建设，相继成立了北京环境交易所、上海环境能源交易所、天津排放权交易所、深圳排放权交易所、广州碳排放交易所、湖北碳排放权交易中心和重庆碳排放交易中心，其他一些地区也在探索开展地方性碳交易平台建设。到2013年12月，4个试点市（省）开始碳交易，涉及钢铁、化工、电力、热力、石化、造纸、有色金属、油气开采、大型建筑行业等行业，1558家企业（机构）被纳入首批控排范围中。截至2013年12月31日，北京、上海、天津、广东、深圳5个碳交易试点的二级市场共成交2491万元，碳交易44.55万吨。

由于二氧化碳交易的红火，企业资产负债表出现"碳资产"和"碳债务"新概念，其单位是碳信用。碳资产是一种额外收益，是可以交易的资产，其价格随行就市，还存在无形的社会附加值，与现金资产、实物资产、无形资产构成企业的四大资产。

6. 清洁发展机制

随着为了减少全球温室气体排放限制各国二氧化碳排放量的国际法案——《京都议定书》的出台，国际社会越来越重视森林吸收二氧化碳的汇聚作用，此后的《波恩政治协议》、《马拉喀什协定》为了鼓励各国通过绿化、造林来抵消一部分工业源二氧化碳的排放，原则同意将造林、再造林作为第一承诺期合格的清洁发展机制项目纳入《京都议定书》确立的清洁发展机制（CDM）。通过在发展中国家实施"林业碳汇"项目，发达国家可以抵消部分温室气体排放量。2003年12月1～12日在意大利米兰召开的《联合国气候变化框架公约》第9次缔约方大会，达成了把造林、再造林等林业活动纳入碳汇项目的一致意见，并为此制定了运作规则。

《京都议定书》后形成的国际"碳排放权交易制度"（简称"碳汇"），是通过对陆地生态系统的有效管理，提高固碳潜力，所取得的成效用来抵消相关国家的碳减排份额。《联合国气候变化框架公约》把"碳汇"定义为"从大气中清除二氧化碳的过程、活动或机制"，将"碳源"定义为向"大气中释放二氧化碳的过程、活动或机制"。发达国家提供资金和技术，在发展中国家开展造林、再造林碳汇项目，产生的碳汇额度用于抵消其国内的减排指标。

"森林碳汇"是指森林植物通过光合作用，将大气中的二氧化碳吸收并固定在植被与土壤中以减少大气中二氧化碳浓度的过程。林业碳汇是指利用森林的储碳功能，通过植树造林、保护森林植被等活动吸收和固定大气中的二氧化碳，按规则与碳汇交易相结合的过程、活动或机制。

2007 年 11 月 9 日，中国成立了中国清洁发展机制基金。基金的宗旨是在国家可持续发展战略的指导下，支持和促进国家应对气候变化的工作。基金管理的目标是通过对基金的运行管理，为国家应对气候变化的工作提供长期的资金支持，并实现基金的保值和增值。基金的管理和使用遵循公平、公正、公开、高效、风险控制和成本效益等原则。中国清洁发展机制基金是国家应对气候变化的一个创新资金机制，并通过基金的使用，为国家应对气候变化提供一个行动机制，为实施国家可持续发展战略和应对气候变化提供服务。

中国清洁发展机制基金的设立为中国的产业发展和结构调整带来了新的挑战与机遇，也为中国的"建设生态文明，基本形成节约能源资源和保护生态环境的产业结构、增长方式、消费模式"增加一个更为广阔的国际、国内一体化的资金和技术支持平台。这一新的驱动机制在引导产业发展模式调整的同时，将使地球生态环境得到改善，全球的生态文明程度也会相应得到提升。建立中国清洁发展机制基金，是中国政府的一项重要举措，也是在应对气候变化国际合作领域的一项创举。

清洁生产机制项目合作行业非常广泛，包括各种可以提高能源效率或利用可再生能源的行业和企业。欧盟等发达工业国通过清洁发展机制向包括中国在内的发展中国家购买碳排放权。从中国企业和政府的角度看，短期内可获得一些资金，促进我国环境友好型产业的发展。但从长远来看，虽然中国的企业暂时得到了资金，但由于中国卖掉了一部分本可属于自己的碳排放权，未来会面临更大的减排压力，可能在国际社会的压力下，大量企业短期内关停转产，造成经济增长减缓，加剧失业。因此，转卖排放权要适度，必须为未来的经济增长提供条件，这是长期利益与短期利益的一种智慧的选择。从全球资源共享的观点来看，欧洲已成为世界上最为活跃的碳交易市场，世界银行也一直是全球温室气体排放权的最大买家，中国也许会成为最活跃的碳指标购进国。所以利用清洁发展机制，购进指标也是一种为中国工业项目扩展排放空间的方式。

中国的企业要借助清洁发展机制基金扩大资金来源、完善环保设施、提高运营水平，注重引进国外先进的节能减排技术，实现主观为企业与客观为地球的统一。将生态文明建设落实到每一个项目中，在清洁发展机制基金的引导下，将节能减排变成企业的自觉行为。

二、建立循环经济体系

美国经济学家波尔丁在 20 世纪 60 年代提出，地球经济系统就像宇宙飞船，是一个孤立无援与世隔绝的独立系统，尽管地球资源比宇宙飞船大很多，人类也会因地球资源耗尽而灭亡。只有尽可能少地排除废物，并实现对地球资源的循环利用，人类才能得以长存。

1. 循环经济的含义

循环经济是一种与环境友好的经济发展模式，它是在可持续发展的思想指导下，按照清洁生产的方式，对能源及其废弃物实行综合利用的经济活动过程。

循环经济要求把经济活动组织成一个"资源—产品—再生资源"的反馈式流程，以"低开采、高利用、低排放"为特征。所有的物质和能源要能在这个不断进行的经济循环中得到合理和持久的利用，以把经济活动对自然环境的影响降低到尽可能小的程度。

循环经济必须符合生态经济的要求，按照清洁生产的要求运行，在指导思想上，循环经济方式必须与以往单纯地对废物进行回收利用方式相区别，要求对物质资源及其废弃物必须实行综合利用，而不能只是部分利用或单方面的利用，要重在经济而不是重在循环。

循环经济和传统的经济运行方式相比，要求把经济活动在不妨碍甚至提高经济效益的前提下，组成一个"资源—产品—再生资源"的反馈式流程，它是一种生态经济和再生产的经济过程，是用经济学、生态学规律指导人类社会所产生的一种经济活动。

循环经济所指的"资源"包括自然资源和再生资源，所指的"能源"包括一般的能源（煤、石油、天然气等化石能源）和太阳能、风能、潮汐能、地热能、生物质能等绿色能源。循环经济注重推进资源、能源节约、资源综合利用和推行清洁生产，把经济活动对自然环境的影响降低到尽可能小的程度。

2. 循环经济的原则

循环经济的"3R"原则是指减量化（Reducing）原则、再利用（Reusing）原则、再循环（Recycling）原则。

（1）减量化原则 循环经济需遵循的"减量化"原则，就是以资源投入最小化为目标，减少进入生产和消费过程的物质量，从源头上节约资源使用和减少污染物排放。也就是说，针对产业链的输入端——资源，通过产品清洁生产而非末端技术处理来最大限度地减少对不可再生资源的耗竭性开采与利用，以替代性的可再生资源为经济活动的投入主体，以期尽可能地减少进入生产、消费过程的物质流和能源流，并对废弃物的产生及排放实行总量控制。在这一过程中，制造商（生产者）通过减少产品原料的投入和优化制造工艺，来节约资源和减少排放；消费群体（消费者）则通过优先选购包装简易、循耐用的产品，来减少废弃物的产生，从而提高资源物质循环的高效利用率和环境同化能力。

（2）再利用原则 "再利用"是指要提高产品和服务的利用效率，产品和包装器以初始形式多次使用，减少一次用品的污染，以废弃物利用最大化为目标。贯彻这一原则，要求人们针对产业链的中间环节，对消费群体（消费者）采取过程延续的方法，最大可能地增加产品使用方式和次数，有效延长产品和服务的时间强度；对制造商（生产者）采取产业群体间的精密分工和高效协作，使产品到废弃物的转化周期加大，以使经济系统物质能量流的高效运转，实现资源产品的使用效率最大化。

（3）再循环原则 再循环是指物品完成使用功能后能够重新变成再生资源。贯彻这一原则，要求人们通过对废弃物的多次回收再造，实现废弃物多级资源化和资源的开发式良性循环，以实现污染物的最小排放。

3. 发展循环经济对中国的意义

面对经济发展中的高消耗、高污染和资源环境的约束问题，中国正在寻求经济增长模式的全面转变，大力发展循环经济，走节约型的生态工业化发展道路。

首先，随着中国经济规模的进一步扩大，土地资源日益减少、水资源紧缺且地区分布极不均匀、森林覆盖率低、矿产资源储量保障率低且消耗严重、生物多样性锐减等资源供需矛盾和环境压力将越来越大，建设节约型社会，发展循环经济已成为必然的选择。

其次，改革开放以来，中国国民经济稳定高速增长。伴随着持续多年的高增长率，是触目惊心的高消耗、高物耗和对环境的高污染、高损害。这种高增长方式是难以为继的。发展循环经济，转变经济增长方式，建设资源节约型、环境友好型社会，这是中国的战略选择。

再次，由于循环经济的技术体系能使所有的物质、能量在不断进行的经济循环中得到合理持续的利用，把经济活动对自然的影响降低到最低限度，做到了对自然资源的索取控制在自然环境的生产能力之内，把废物的排放量压缩在自然环境的消化接受能力之内，从而在根本上解决中国人口、资源与环境的矛盾。

最后，发展循环经济是中国走新型工业化道路的现实途径。循环经济"减量化、再利用、再循环"的"3R"原则，提高了资源利用效率，减少了生产过程中资源与能源的消耗，也就从源头上提高了经济效益、社会效益和环境效益。同时发展循环经济对科学技术发展提出了新的方向和强大需求，必将带来新的科技革命，并推动旧的产业结构调整和产业升级，推动企业和社会用创新的体制与机制来追求可持续发展的新模式。

4. 发达国家大力发展循环经济

在发达国家，循环经济正成为一股潮流和趋势。

德国始终走在世界循环经济前列，早在1972年就制定和颁布了《废弃物处理法》，1991年和1996年又制定和颁布了《包装废弃物处理法》和《循环经济和废物管理法》，把废物处理提高到了发展循环经济的认识高度。美国也是循环经济的先行者，1976年美国就制定和颁布了《固体废弃物处理法》。日本在2000年6月出台了《推进建立循环型社会基本法》，此后又相继制定了一些具体法律，如《家用电器再利用法》、《促进资源有效利用法》、《食品再利用法》、《绿色购买法》、《建筑工程资材再资源化法》、《容器包装循环法》、《废弃物处理法》、《化学物质排出管理促进法》等，要求全社会树立起"零排放"的新型经营理念。

5. 循环经济的不同层面建设

从企业层面来看，最典型的循环经济实例是杜邦化学公司采用的"减量化、再使用、再循环"3R制造法。从区域层面来看，丹麦的卡伦堡工业园是区域生态工业园区的典型。从国家层面来看，大力发展社会静脉产业。所谓静脉产业，就是从社会整体循环出发，大力发展旧物调剂和资源回收产业，只有这样才能在整个社会的范围内形成"自然资源—产品—再生资源"的循环经济环路，德国和日本的社会静脉产业最为突出。

近几年中国循环经济的发展，主要体现在：在企业层面积极推行清洁生产，在工业集中地区或开发区建立生态工业园区，同时有计划、分步骤地在一些地方开展循环经济的试点工作，其中第一批国家循环经济试点单位，涉及湖北、天津、浙江等10个省市。当前，中国发展循环经济的优先领域主要集中在七大行业，通过在电力业、煤炭业、钢铁业、化工业、建筑业、有色金属业、轻工业率先试点，以求在循环经济发展上有所突破。

回应时代
——低碳发展催生绿色企业

生态环境是人类生存和发展的基本条件，随着现代工业的发展，环境污染日趋严重。人们在享受经济发展带给我们的物质生活的同时，越来越眷恋和追求蓝天、白云、绿水、净土。中国中化集团公司一直高度重视环境保护工作，坚持走低碳发展之路，大力提倡节能减排降污增效，把生态文明建设摆在重要位置，积极参与和支持环保社会公益事业，争创资源节约型和环境友好型企业。公司在生产经营活动中勇于承担保护生态环境、推进经济社会可持续发展的历史使命，努力实现经济效益、社会效益、环境效益共赢，为建设生态文明贡献着应有的力量。在"实现低碳发展、推动生态文明、打造绿色企业"的方针下，"十一五"期间，中化集团在节能环保方面累计投入超过 10 亿元，完成节能量 71.83 万吨标煤，COD排放量降低了 85.30%，在保护环境中求发展，在发展的同时保护环境，实现了"科学发展、和谐发展、绿色发展，矢志打造长青基业"的企业愿景。

一、重视环境保护工作，坚持走低碳发展道路

中化集团为国有重要骨干企业，在实业发展进程中，不断加强和探索绿色环保发展机制，在建立健全机构机制，完善各项节能环保管理制度，各级公司均成立了 HSE 委员会和管理机构，各级建立了制度体系和考核奖惩机制，合理配置人员、资源。中化集团始终坚持发展不以牺牲环境为代价，持续改进环境绩效，不断加快产业结构调整和技术升级，不引进、不建设高污染、高能耗的项目、工艺和设备，逐步淘汰落后工艺和设备，促进生态文明，走低碳发展道路，发挥环境保护对中化战略转型的保障、促进和优化作用；不断加强产品全生命周期的环境保护，在产品设计、原料选用、生产加工、包装运输以至于回收利用的各个环节实行清洁生产，将生态文明建设打造成中化的核心竞争力；不断加大环境保护投入，确保污染处理设施正常运转，实现污染物达标排放，严防环境污染事件发生，为企业与社会的和谐发展创造稳定的环境。

二、实现各产业低碳发展，积极提升绿色竞争力

作为涵养多种业务的企业集团，中化在能源、化工、农业、地产等各个业务板块积极开展各层次的技术创新，实现低碳发展。

中化集团自主研制开发的 R134a 等产品作为氯氟烃的替代品，可以有效降低对臭氧层的破坏程度。目前，中化集团已成为国内 ODS 替代物产量和品种最多的企业，每年生产的ODS 替代产品可减少臭氧消耗 4.5 万吨。

沈阳化工研究院的新农药创制与开发国家重点实验室成功创制了烯肟菌酯、烯肟菌胺、

啶菌噁唑、丁香菌酯和唑菌酯等高效、安全、环境友好的农药新品种，促进绿色新农药的研发与应用。同时，积极履行社会责任，承担国家农药行业废水治理攻关项目，农药高含盐废水焚烧技术和生物附载喷射循环床法农药综合废水处理技术两个项目列入科技部"863"计划，为推动全行业的环保工作做出了贡献。

方兴地产把"绿色建筑，节能减排"作为企业重要的战略部署和发展方向。方兴地产于2011年3月30日通过北京环境交易所购买1.68万吨"熊猫标准"的自愿碳减排量，成为"熊猫标准"下的国内首笔碳减排量交易和地产企业自愿减排的排头兵。此次交易的自愿减排量，产生自首个熊猫标准碳减排扶贫项目——云南西双版纳竹林碳汇项目。方兴地产承办了"2011年中国大型公共建筑节能减排高峰论坛"，探讨建筑节能方面的政策、金融支持、技术改善及应用，使我国大型公共建筑走上绿色节能减排的道路。联合国气候变化框架公约第17次缔约方会议在南非德班召开，方兴地产派代表参加德班会议并在边会上播放宣传片并发表演讲，向大会和世界人民展示了中国企业建设生态文明的良好形象。

中化海运船队通过采用先进技术优化航线设计、采用经济航速、加强维护确保设备运转良好以及加强燃油和润滑油的监控等措施，千吨海里能耗逐年降低。目前，船队拥有国内标准最高、规模最大的专业液体化工品船运力量，采用双壳双底不锈钢船组织生产运营，极大提高了船舶运输过程中的安全和环保性能，积极推进海洋生态建设。

中化平原公司热电厂积极开展技术改造，将50MW机组抽凝机组改背压机组，产生0.5MPa蒸汽经汽轮机拖动造气风机同时发电，项目投产后热电联产热效率将由40%提高至80%，年可节约2万多吨标准煤；该公司对水泵电机实施合同能源管理，与杭州安耐杰科技有限公司合作，在循环水系统中对27台未采用变频器的水泵采用ENERGY高效流体输送技术的高效节能水泵替代能耗高的普通水泵，降低"无效能耗"提高输送效率，每年可节约用电2570万千瓦时，折合3000多吨标准煤。

中化涪陵与四川大学合作开发的"湿法磷酸净化技术"成功，被列为"科技支撑计划"，可替代高能耗、高污染的热法磷酸生产高浓度磷酸，同时可提高磷矿石的利用效率，目前已在行业内推广，解决了困扰磷酸行业实现低碳发展多年的问题，提高了行业的清洁生产水平。2011年，该公司又利用HRS技术完成了硫黄制酸低温热回收项目，项目实施后效果明显，年增产中压蒸汽60万吨、低压饱和蒸汽20万吨，年供电量1.66亿千瓦时，节能折2万多吨标准煤。HRS技术在公司30万吨硫黄制酸装置上的成功运用，拓展了HRS的应用范围，为我国实现磷复肥行业节能减排和争取CDM的支持成功地树立了典范，其经济效益、社会效益和环保效益十分显著。

三、推动生态文明建设，履行中央企业社会责任

中化集团作为中央企业，一直以社会责任为己任，大力推进生态文明建设。

集团积极推进生态文明建设，把湿地保护和造林绿化纳入对口支援工作中，投入资金对6180平方米的西藏自治区岗巴县城唯一的、逐渐退化的自然湿地进行了恢复保护，并配套修建广场休闲步行道，配备太阳能路灯、自然草地绿化和休闲混凝土桌椅等公共设施，使县城的生态环境得到有效改善，为保护高原生态环境尽一份力量。

集团积极发展环保产业，在做好本公司节能环保工作的同时，为社会提供能源管理和环境保护相关服务。2011年10月份，成立中化节能环保控股（北京）有限公司，主要开展工业节能与建筑节能等业务，以合同能源管理为主要方式，同时为工业企业提供能源审计、方

案设计、投资咨询、融资服务、项目承包和能效诊断等节能改造的服务，为住宅和办公楼提供综合节能方案，开发大型城市综合社区的绿色低碳整合设计和运营管理方案，为促进中国企业的绿色发展做出贡献。

为了减少农田施肥引起的环境影响，中化集团作为中国最大的化肥产供销一体化企业，开展作物养分需求研究、土壤养分分析，针对不同作物和土壤的各类专用肥料的研制开发，为作物生长提供全面、经济、环保的生长营养套餐解决方案，促进中国绿色农业生产的持续健康发展。

面对资源约束趋紧、环境污染严重、生态系统退化的严峻形势，党的十八大报告中提出建设生态文明，是关系人民福祉、关乎民族未来的长远大计。面对资源约束趋紧、环境污染严重、生态系统退化的严峻形势，必须树立尊重自然、顺应自然、保护自然的生态文明理念，把生态文明建设放在突出地位，融入经济建设、政治建设、文化建设、社会建设各方面和全过程，努力建设美丽中国，实现中华民族永续发展。

把生态文明建设融入经济、政治、文化、社会建设各方面和全过程，既是科学发展、和谐发展的要求，也是科学发展、和谐发展的内容，还是科学发展、和谐发展的保证。这是对人类赖以生存的地球家园的尊重和爱护，是中华文化和谐理念的当代彰显。"五位一体"的总体布局，标志着我们党对经济社会可持续发展规律、自然资源永续利用规律和生态环保规律的认识进入了新境界。中国特色社会主义，既是经济发展、政治民主、文化先进、社会和谐的社会，又是生态环境良好、人与自然和谐的社会。

企业作为生态文明建设的生力军，在从事生产经营过程中，必须将企业效益和生态文明建设有机结合起来，实现共赢发展。中化集团将全面促进资源节约，大力推进生态文明建设，以生态文明建设为引领，在企业发展规划、业务发展模式改革方面坚持走绿色发展之路，不断提高企业资源利用效率，实现绿色发展、循环发展、低碳发展。

循 环 发 展
——提高资源利用效率

　　安徽省淮南市是一座以煤炭开发为基础发展起来的矿业城市，是一座典型的资源型城市。淮南煤矿是百年老矿，1903 年开办近代意义的煤矿，历史上曾是闻名全国的"五大煤都"之一，素有"华东煤都"、"动力之乡"之美誉，淮南矿区是中国东部和南部地区资源最好、储量最大的一块整装煤田。煤种齐全，属 1/3 焦煤为主的多种优质炼焦煤和动力煤，深部出现肥煤、焦煤和瘦煤等，并有丰富的煤层气、高岭土等煤炭伴生资源；煤质优良，具有特低硫、特低磷、高发热量、高灰熔点、黏结性强、结焦性好等优点，有"环保产品"和"绿色能源"的美称。淮南矿业集团是全国第一批循环经济试点企业之一。2007 年，淮南矿业集团被评为煤炭行业首家"中华环境友好煤炭企业"；2008 年被安徽省命名为高新技术企业，是国内煤矿行业的第一家高新技术企业，在国家煤炭工业发展进程中有着重要地位和作用。淮南矿业集团着力推动创新发展，形成煤、电、化、机、环及资本运作为主导的产业布局。2008 年以来，淮南矿业集团提出了建设"生态矿区"的战略决策树立可持续发展的科学发展观，大力发展生态经济。运用生态学理论和循环经济发展理念，合理保护和利用矿产及其伴生资源，实现资源可持续利用，构建循环经济产业链。进一步推进矿区生态环境保护与污染治理工作，最大限度地减少或避免因矿产开发引发的生态环境问题，治理历史遗留的矿山环境问题。把矿区经济发展建立在生态环境可承受的基础之上，在保证自然再生产的前提下扩大经济的再生产，从而实现经济发展和生态保护的"双赢"，建立经济、社会、自然良性循环的复合型生态系统。

一、规划引领转型

　　淮南矿业集团以科学发展观统领循环经济发展全局，编制实施《淮南矿业集团生态矿区建设规划》，以发展先进生产力、保护生命、保护资源、保护环境为核心理念，走资源利用率高、安全有保障、经济效益好、环境污染少和可持续发展的道路。运用循环经济理念，按照减量化、资源化、再利用的原则，大力推进资源循环利用，全面推行清洁生产，形成低投入、低消耗、低排放和高效率的节约型经济增长方式，

　　在发展方向上，走新型工业化道路，切实转变经济增长方式；在生产方式上，以提升资源生产力为导向，优化工业结构，推进集团企业发展清洁生产、节能降耗、综合利用，提高资源利用效率，改善生态环境状况，解决发展中资源制约和环境保护的矛盾；在路径选择上，以优先强化企业已成形的煤电产业为主，延长产业链，建立工业循环经济发展模式。总之，以尽可能小的资源消耗和环境成本，获得尽可能大的经济效益和社会效益，打造资源节约型、环境友好型的新型能源基地。

建立健全淮南矿区循环经济框架体系、政策支持体系、技术创新体系、综合评价体系和激励约束机制；加快工业循环经济建设，使其产业结构趋向合理，经济增长方式得到根本转变。通过提高煤炭回收率、减少地表沉降和促进废物资源化利用，实现资源循环利用最大化、废物排放最小化，最终形成煤电一体化开发与"三废一沉"上下游资源综合利用的循环产业链，使得经济运行质量和效益显著改善和提升，形成具有较高资源利用率和较低污染物排放的工业循环经济体系，建成循环经济特色发展的示范企业。

二、多轮驱动循环经济发展

1. 注重高新技术开发

淮南矿业集团与浙江大学合作研究煤的热电气焦油多联产，被列为国家"863"项目，目前国内外尚无产业化先例；利用矿区煤矸石电厂的电和石灰石资源，形成循环经济基地，被列为安徽省"861"重点项目；矿区三维地震勘探技术的应用，优化了开采设计，节省了工程费用，避免了意外地质变化造成的损失，多回收了煤炭资源，有力地保障了集团公司安全、高效、节约开采，取得了显著的技术效果与经济效益；集团在矿区深井建设、瓦斯治理和利用、"三下"采煤、深井热害治理和地压治理五大技术方面，处于行业领先地位，被命名为煤炭行业唯一的省级自主创新型企业，并拥有自己的博士后工作站，初步形成了企业自身"产学研"相结合的创新体系。

2. 瓦斯综合治理与利用技术研究

集团开展了适应淮南矿区条件的瓦斯综合治理和矿区安全高效开采关键技术攻关，先后创立了卸压开采、煤与瓦斯共采、高倍安全系数矿井设计等瓦斯治理理论，并在淮南矿区进行了广泛实践，初步摸索出了一整套适合淮南煤矿特点的瓦斯治理技术体系；同时，围绕"'十一五'国家科技支撑计划"，努力向深部矿井瓦斯灾害综合治理成套技术和深井、高地压采煤高产高效与瓦斯综合治理技术方向形成突破。

目前淮南矿业集团已经建成了世界第一座低浓度瓦斯发电站，突破了瓦斯利用浓度7%～29%的禁区，已经通过专家鉴定；研究成功了气水二相流低浓度瓦斯安全输送技术，世界首创，受行业委托编制了技术规范，面向全行业发展。另外，瓦斯提纯技术、风排瓦斯利用技术、低浓度瓦斯发电技术等方面，已取得了一定技术成果，并开始逐步进行工业性试验。企业建有国家级的煤矿瓦斯治理工程研究中心，每年召开一次中国（淮南）煤炭技术国际会议。

3. 体制创新，行业领先

矿区实施煤电一体化体制创新，与上海电力、浙江能源均股合作发展电力，无缺煤之忧，无市场之忧，无铁路运力不足之忧，无煤炭和电力行业壁垒之忧，成为"皖电东送"、东向发展、融入长三角战略的重要支撑项目。发展煤电一体化，一方面可以延长产业链，提高产品附加值，增加企业经济效益；另一方面，变输煤为输电，可以减少煤炭运输成本及运输过程中的环境污染和资源损耗。

4. 市矿统筹发展，建立新型地企关系

矿区把新农村建设、城镇化建设、煤矿塌陷搬迁三件事统筹起来，在不压煤的地方，并村入镇、并村扩镇、并村建镇，建设成本三家抬，市矿统筹解决。这样对社会、农民和企业

都有利。农民一次性实现城镇化，彻底改变了居住条件和生活条件；政府有塌陷补偿资金支撑，大量节约新农村、城镇化建设成本，宅基地节约50%以上；煤矿提前解放了村庄压煤量，充分发挥生产能力。市矿统筹的经验和做法具有创新性，为资源型城市和资源型企业的可持续发展摸索了一条符合我国国情的道路。

5. 开展矿区生态修复

遵循自然生态规律，顺应地形地貌之势，对22平方千米的泉九资源枯竭老矿区进行生态修复，宜山则山、宜水则水、宜林则林。总投资100亿元，生态环境恢复面积约占70%，公共设施建设约占30%，建成以"山水林居"为特征的煤矿最佳人居环境和中国煤矿资源枯竭矿区生态环境修复示范区，已被国家列入循环经济试点项目。

6. 矿区水系治理与平原水库建设

在淮河流域水系、沉陷区治理的同时，充分考虑其利用功能，针对远期湖洼地区受开采沉陷后，利用水系、湖洼地和沉陷区形成的大面积积水区域，以最终建成平原水库为目的，因地制宜，宜地则地、宜林则林、宜渔则渔、宜水则水、宜湿地则湿地，适时开展湿地建设，发展湿地经济和生态旅游业。同时发挥河道、沉陷区、湖洼地的蓄水功能，科学调度水资源，丰水时期调蓄洪水，枯水期可以作为工业备用水源，供电厂用水，实现雨洪资源化，为矿区能源基地的开发提供丰富的水资源。

三、培育多条循环经济产业链

淮南矿业集团着力于调整经济结构、转变增长方式，探索符合淮南矿区实际的循环经济发展模式，对煤电开发形成的"三废一沉"（废气、废水、废渣和采煤沉陷）进行综合治理与利用，构建内部小循环。

整个矿区构建循环经济产业链，新井建设废气废水废渣综合利用工程，同步规划，同步建设，同步运营。建成瓦斯发电站8座，装机规模2.4万千瓦；民用燃气已建成6座储配站，输配能力23万立方米，能满足10万户需求，目前用户42525户；锅炉改造先后完成8台28吨；集团选煤厂用水，全部实现闭路循环，现有矿井水处理站12座，矿井水利用率60%以上，到2010年利用率达到90%，每年节约水资源3000万吨以上；建成煤矸石砖生产线6条，规模3.2亿块，2010年底形成8.4亿块能力。

立足于煤电一体化开发，对煤电开发的伴（共）生资源进行资源化综合利用，构建企业循环经济产业链，一个矿井形成一个小循环，整个矿区形成一个大循环，实现节能、降耗、减污、增效的有机统一，实现企业产业的升级转型。最终形成：煤（瓦斯、矸石）—洗选—电—建材—沉陷地综合治理利用的循环经济链。

四、完善技术支撑体系

在矿区生产系统中，通过加强清洁生产的推广和技术水平的提升，降低单位工业增加值的资源消耗强度和污染排放强度，有效促进煤炭、电力生产的可持续发展。

1. 开发应用煤炭洁净开采技术体系

（1）优化矿井设计，有效利用资源　　在矿井设计时，狠抓资源保护的关键环节，加强设计与生产管理，认真进行设计优化。井田划分和采区设置均应尽量以断层带、构造带和煤层变化带等自然界线为界，尽可能减少人为边界。采区设计时，合理选择采区生根系统位置，减少压煤量。如潘一东三采区通过方案比较，生根系统沿断层布置；潘三西一采区 8 煤上山系统靠断层布置，增大了采区西翼走向长度，减少了采区生根系统压煤，从而减少资源损失。

（2）加大采区走向长度和倾斜长度，提升采出率　近年来，随着采煤技术进步和设备升级，有必要进一步加大采区走向长度和倾斜长度，减少采区数量和阶段数量，减少采区阶段煤柱，提升煤炭资源采出率。如新庄孜矿 56 采区，经论证，阶段从 3 个调整为 2 个，工作面斜长从 120 米加大到 180 米，不仅减少巷道工程量，同时减少 1 个阶段煤柱。谢桥矿西翼下部 13-1、11-2、8 煤层进行通采，取消西二采区布置，走向长达 3000 米，实现矿井一翼连续回采，减少大量采区煤柱。

（3）调整工作面布置方式，合理利用资源　新区张集矿（北区）13-1、11-2 煤层开采上限走向变化大，采用走向布置工作面，无法开采一阶段以上可采储量，根据 -600 米以上煤层倾角较小情况，采取布置倾向工作面进行回采，在矿区首次进行倾斜长壁俯采尝试，将切眼尽可能布置在最上限，保证上限可采量的全部回采。同时，随着三维地震勘探技术的广泛应用，新区潘一、潘三、谢桥、张集等矿井综采工作面分别采取平行断层交面线布置、按断层走向旋转布置和根据构造伸长或缩短工作面面长布置等多种方式，尽可能采出构造影响区内的煤量。

（4）跨上山开采方式，减少煤柱损失　实行跨上山开采，能大幅度减小上山煤柱煤量的丢失。新庄孜矿 56 采区实行分组联合布置，在各小联合煤组内，布置底板岩石上山，利用 54 采区的出煤系统和边界回风系统，跨 56 采区上山回采；谢二矿 44 采区走向较短，为减少煤柱损失，也采用跨上山回采。

（5）开展采煤工艺研究，合理选择采煤方法　开展采煤工艺研究，淘汰水采和非正规采煤法，根据煤层赋存情况合理选择采煤方法。谢桥矿大采高综采技术在大倾角煤层工作面成功应用，高瓦斯厚煤层综放开采综合技术研究取得突破，为矿区高产高效矿井建设和资源回收创造了条件。在兴盛型矿井区，煤层厚度在 4.5 米以下时，将采用一次性采全高综采开采；4.5 米以上时，通过瓦斯综合治理，消除突出危险，将采用综放开采。在衰退型矿井区，倾斜煤层以走向长壁炮采为主，煤厚 3.0 米以下时一次采全高；3.0 米以上的非突出煤层或突出煤层消除突出危险后，采用简易支架放顶煤开采。尤其架后放煤掩护支架开采技术，改工作面单点出煤为多点出煤，最大限度地提高煤炭资源回收率，对地质构造复杂、断层多以及不稳定煤层具有较高的适应性。

（6）研究断层、边角煤回收与残采技术　对于复杂地质条件下的断层、边角残余块段煤柱，将继续探索煤与瓦斯突出机理以及与地质构造的关系，减少断层煤柱留设，同时，尽可能采用联合开采的方法，采用灵活性大、适应性强的高效开采技术，进行回采、复采，合理配采，回收边角煤，减少永久煤柱弃置量。

2. 完善"三下"压煤区特殊开采技术体系

淮南矿区"三下"压煤储量达 40.3 亿吨，占矿区总储量的 75%，所占比例极大。因此，必须加大"三下"采煤力度，继续对城镇、铁路、水体下煤炭资源加以开发，提高资源回采率。特别是对于水体下压煤开采和村庄建筑物下压煤处理方面，需要淮河及其支流水系治理和压煤煤炭开发综合考虑，以保护性开发资源促进淮河治理，以统筹优化的煤炭开采促进新农村城镇建设，实现资源开发与环境保护协调发展，最终达到可持续发展的目的。

（1）总结淮河下开采经验，实现矿井高产稳产　淮河自西向东流经衰退型矿井区的孔集、李咀孜、新庄孜和谢李深部井井田上方，造成直接和间接压覆上述四矿的煤层，共计压覆地质储量 2.21 亿吨。自 20 世纪 70 年代开始，原淮南矿务局相继在李咀孜矿、孔集矿、新庄孜矿淮河下进行试采，逐步摸索出水体下开采经验。兴盛型矿井区与淮河及其支流西淝河、泥河等直接相关的矿井 9 对，煤炭储量 105 亿吨，因此，在系统总结淮河及支流水体下开采经验的基础上，不断研究压煤开采和地面综合治理的关系，采取安全维护和合理调整水系的多种办法，才能为煤炭资源的开采创造条件，进一步提高煤炭资源回收率，达到矿井高产稳产和可持续发展的目标。

（2）缩小含水层防水煤柱，进一步提高回采上限　淮南矿区兴盛型矿井区现有生产矿井原设计留设的防水煤柱垂高均在 80 米以上，压煤超过 10 亿吨。在对水体下安全开采方案、回采上限和安全技术措施等进行科学论证基础上，在矿井区 5 对矿井有计划地开展缩小防水煤柱的开采试验，并取得成功，实现安全回采。目前，防水煤柱垂高由 80 米普遍缩小到 60 米以上，最小缩小到 27 米。因此，可以通过与科研院所的强强联合，对具体采区工作面的富水性、上覆岩层结构、岩性、层厚和隔水性能作系统分析研究，进一步提高回采上限。

（3）总结铁路下开采经验，深化铁路下压煤开采　根据国家有关要求，自 20 世纪 70 年代开始在淮南兴盛型矿井区进行铁路下试采，且取得丰富成果。衰退型矿井区内的李一、李二矿铁路煤柱储量约为 1716 万吨，此部分煤炭的开采与否直接影响到老矿区产量及资源的利用。在未来几年应不断推广开采经验，扩大铁路下压煤开采，实现老矿挖潜，使得铁路下采煤和铁路维护技术进一步向综合、安全和快速治理方向发展。

（4）研究建（构）筑物下采煤技术，提高回采率　矿区在建筑物下采煤方面的实践经验相对较少。现已开展村镇下开采技术研究课题，首先要提出可接受的地面建（构）筑物破坏程度控制标准，在这一标准下研究煤炭开采技术方法，进行技术经济比较，并对开采技术方法进行适当的调整（调整开采顺序，限制开采厚度或协调开采等方法），使地面建（构）筑物的破坏程度尽可能降低，同时研究建（构）筑物的加固维修方法，以解放部分建（构）筑物下压煤，提高回采率。

3. 试验开采薄煤层，提高资源回收率技术

我国薄煤层采煤研究始于 20 世纪 60 年代，经过多年的发展，积累了一些经验。薄煤层高效开采对矿区发展和资源有效回收极其重要。淮南矿区薄煤层（薄煤层 1.3～0.8 米和极薄煤层＜0.8 米）资源储量较大，现有 5.07 亿吨，占矿区总储量的 10%。同时，矿区主采煤层瓦斯含量大，突出危险性大，往往通过开采薄煤层，达到保护主采煤层的目的。因此，淮南矿区须针对薄煤层区域赋存特点，进行专项研究试验，提高薄煤层开采效率，提高煤炭资源回收率。

4. 煤电一体化

淮南矿区电力产业发展的总体思路是优化电源结构，发展煤电一体化电厂和资源综合利用电厂、热量分级利用等，将低热值燃料转化为电力和热力，提高煤矸石等低热值燃料发电比例，利用瓦斯发电，积极推进热电联产及热能梯级利用，优化电力结构，保持适度的电力建设规模。淮南矿业集团的电力生产主要依托于煤电一体化电厂和煤矸石综合利用电厂。

电力、煤炭两大行业联营的"煤电一体化"经营模式，可以让煤炭就地或近距离转化，变输煤为输电，不仅可缓解铁路运输的压力，减少运煤对沿途环境的污染，而且拓展了煤炭

产业链，提高了附加值。同时，煤炭供应由配套的煤矿直接供给，减少了燃料采购、供应等中间环节，降低了发电成本。

淮南矿区煤炭含硫量低，燃烧所产生的 SO_2 排放量少，加上机组同步建设脱硫设施，直接排放的 SO_2 数量更少，因此，电厂建设对环境影响相对较小。另外，电厂位于煤矿区，有大量的采煤沉陷区作为电厂灰场用地，可以复土造地，种植植被，产生较好的社会效益和环境效益。

长江三角洲经济的快速发展，对电力的需求也越来越大，在靠近长江三角洲负荷中心的淮南矿区建设煤电项目，不仅可以给经济发达的长三角地区提供充足的电力，也将带动淮南及整个安徽地区经济的发展。在促进煤炭和电力行业发展的同时，也带动了相关产业的联动发展，对增加地方财政收入，增加就业机会等方面都有推动作用，从而缩小安徽和苏浙沪的差距，实现共同发展。

淮南矿业集团走集约化、生态化内在统一的可持续发展模式，把发展建立在社会和生态环境良性循环的基础上，在合理开发与充分利用煤炭资源的同时大力发展生态产业，实现生态、社会与经济协调发展。以优化资源利用方式为核心，以提高资源利用率和减少污染物排放为目标，延长循环经济产业链，发展综合生态效益型产业，实现矿区经济效益、社会效益和生态效益的统一，走高效、节约、生态的可持续发展道路。

生 态 发 展

—— 优化国土空间开发格局

国土空间开发结构的优化，对于生态文明建设具有重要意义。遵循中央的要求，要按照人口资源环境相均衡、经济社会生态效益相统一的原则，控制开发强度，调整空间结构，促进生产空间集约高效、生活空间宜居适度、生态空间山清水秀，给自然留下更多修复空间，给农业留下更多良田，给子孙后代留下天蓝、地绿、水净的美好家园。加快实施主体功能区战略，推动各地区严格按照主体功能定位发展，构建科学合理的城市化格局、农业发展格局、生态安全格局。

国土空间开发
——重新优化发展格局

一、国土空间开发的概念

国土空间是国家主权管辖范围内的地域空间，包括陆地、陆上水域、内水、领海及其底土和上空，是经济社会发展的物质基础。

国土空间开发特指以陆地国土空间为对象，在生态文明的理念指导下，以节约资源、集聚人口和经济为目的，大规模、高强度推进工业化和城镇化的过程。

优化国土空间开发一般指经济比较发达、人口比较密集、开发密度较高、资源环境承载能力开始减弱的区域（如京津冀、长江三角洲、珠江三角洲地区等），通过改变依靠大量占用土地、大量消耗资源、大量排放污染物以实现经济较快增长的模式，把强化生态环境保护作为中心，以加强自主创新能力、促进资源集约利用为手段，使该区域继续成为全国经济社会发展的龙头和参与经济全球化的主体区域。

国土空间是经济社会发展的载体，是一个国家进行各种政治、经济、文化活动的场所，是人们生存和发展的依托。国土空间开发就是以一定的空间组织形式，通过人类的生产建设活动，获取人类生存和发展的物质资料的过程。我国在长达几千年的生产和经营过程中，形成了不同形态的空间格局，如人口的聚集、基础设施的建设、城市的发展等。

当前，我国正处在工业化、城市化步伐加快的过程中，经济结构、区域结构、城乡结构正在发生巨大变化，如何优化国土空间开发格局不仅是加快生态文明建设的问题，更是关系到十几亿人口生存发展的大问题。

二、优化国土空间开发的主要内容

2010年国务院印发的《全国主体功能区规划》（国发［2010］46号，对优化国土空间开发的内容做了明确、详细的规定。

1. 国土空间开发的区域

国土空间划分为优化开发区域、重点开发区域、限制开发区域和禁止开发区域四类主体功能区，规定了相应的功能定位、发展方向和开发管制原则。

（1）优化开发区域　包括环渤海、长江三角洲、珠江三角洲三个区域。

（2）重点开发区域　冀中南地区、太原城市群、呼包鄂榆地区、哈长地区、东陇海地区、江淮地区、海峡西岸经济区、中原经济区、长江中游地区、北部湾地区、成渝地区、黔中地区、滇中地区等18个区域。

　　（3）限制开发区域　　限制开发的农产品主产区主要包括东北平原主产区、黄淮海平原主产区、长江流域主产区等七大优势农产品主产区及其 23 个产业带；限制开发的重点生态功能区包括大小兴安岭生态功能区等 25 个国家重点生态功能区。

　　（4）禁止开发区域　　包括国务院和有关部门正式批准的国家级自然保护区、世界文化自然遗产、国家级风景名胜区、国家森林公园和国家地质公园等。

2. 建立绩效考核评价体系，确保国土空间开发的优化

　　对不同的主体功能区实行不同的绩效考核评价办法。

　　① 优化开发区域的考核将强化对经济结构、资源消耗、环境保护、科技创新以及对外来人口、公共服务等指标的评价，以优化对经济增长速度的考核。

　　② 对重点开发区域，即资源环境承载能力还比较强，还有一些发展空间的地区，主要是实行工业化。城镇化发展水平优先的绩效考核评价，综合考核经济增长、吸纳人口、产业结构、资源消耗、环境保护等方面的指标。

　　③ 对限制开发区域的农产品主产区和重点生态功能区分别采取不同的考核办法：对农产品主产区，主要是强化对农业综合生产能力的考核，而不是对经济增长收入的考核；对重点生态功能区，主要是强化它对于生态功能的保护和对提供生态产品能力的考核。

　　④ 对禁止开发的区域，主要是强化对自然文化资源的原真性和完整性保护的考核。

三、优化国土空间开发可供选择的路径[❶]

1. 实施主体功能区战略，构筑高效、协调、可持续的国土空间开发格局

　　针对我国国土开发存在的问题和着眼于长远发展的需要，按照优化开发区、重点开发区、限制开发区和禁止开发区 4 类主体功能区的要求，规范开发秩序，控制开发强度，引导各地区严格按照主体功能定位推进发展。其中，优化开发人口密集、开发强度偏高、资源环境负荷过重的部分城市化地区；重点开发资源环境承载能力较强、集聚人口和经济条件较好的城市化地区；限制对影响全局生态安全的重点生态功能区进行大规模、高强度的工业化、城镇化开发；禁止开发依法设立的各级各类自然文化资源保护区和其他需要特殊保护的区域。

2. 实施轴带集聚战略，构筑若干动力强、联系紧密的经济圈和经济带发展格局

　　优化我国国土开发格局，必须遵循市场经济规律，突破行政区划界限，形成若干动力强、联系紧密的经济圈和经济带。初步设想，利用区域发展中城际铁路和高速铁路网，在沿海区域分别依托长江三角洲、京津冀地区、海峡西岸经济区、珠江三角洲和广西北部湾经济区打造东海经济圈、环渤海经济圈和南海经济圈，中部地区以武汉城市圈、长株潭城市群、成渝地区和昌九地区为依托打造长江中上游经济带，而西部地区以中原地区、关中地区以及国家能源基地为依托打造黄河中游经济带和沿京广线经济带。

3. 实施城市群带动战略，构筑群龙共舞的区域隆起带发展格局

　　培育建设具有较强竞争力和潜力的城市群是现代城市参与区域竞争的有效途径。目前，我国有各种规模的城市 660 多个，人口在 100 万～200 万的特大城市有 75 个，以这样规模

---

❶ 参见：钟静婧. 多重视角下我国国土空间开发策略及战略格局 [J]. 城市，2011（10）：22-24.

的城市为依托发展城市群，有利于提高城市综合承载能力，比较充分地发挥城市集聚人口和产业的作用，形成新的区域经济增长点，带动区域经济社会发展。除长江三角洲、京津冀和珠江三角洲角三大城市群之外，我国形成了较多具备一定基础的城市群，如胶东半岛城市群、辽中南城市群、武汉城市圈、长株潭城市群、中原城市群、海峡西岸城市群、川渝城市群和关中城市群等。这些城市群发展潜力很大，是未来支撑我国经济社会发展的重要支柱。因此，必须继续把城市群作为优化国土空间开发格局的主体形态，加强培育多个省域及跨省域城市群，通过城市群的带动作用和联动发展实现我国国土空间的优化、合理化。

4. 实施特色城镇化战略，构筑大中小城市和小城镇协调发展的多元城镇体系格局

改革开放 30 多年来，尽管城市人口增加了 3 亿多，但农村人口的绝对数量并没有减少，仍有近 8 亿农村人口。据统计，到 2020 年，我国人口总数将达 15 亿左右，农村人口仍将达 7.5 亿。这充分说明，我国城镇化发展将是一个长期的、渐进的过程。无论是防止城市过于分散带来土地资源浪费的问题，还是避免单个城市规模过大带来的"城市病"，都要从中国的国情出发，坚持走中国特色城镇化道路，按照统筹城乡、布局合理、节约土地、功能完善、以大带小的原则，循序渐进，走出一条符合我国国情、大中小城市和小城镇协调发展的多元化城镇化道路。此外，在推进城镇体系多元化发展的过程中，必须注意保持城镇发展速度与规模的科学合理、因地制宜及适度发展，并树立生态城市的长远建设目标。

5. 实施产业集群战略，构筑产业板块式发展格局

产业集群的形成是产业集聚的结果。具有特色和竞争优势的企业通过空间聚集形成区域化的产业集群，并对区域经济产生乘数效应的贡献。一些劳动密集型、资源依赖型的产业集群开始逐步向中、西部地区转移，以纺织服装、鞋帽等产业为典型；一些技术密集型、贸易依赖型的产业开始向产业链高端转型，越来越多的国内外企业进入研发、设计领域。因此，必须及时把握产业集群的发展及调整动态，加大对关系国家长远发展、带动作用强的重大项目的引进力度，着力推进产业集聚，努力培育和形成支撑经济发展的强势产业集群或者特色产业基地，同时鼓励发展高新技术产业集群，促进低成本型产业集群向创新型产业集群转变，全面提升产业集群对优化国土空间开发格局的支撑作用。

6. 实施交通基础设施网络化战略，构筑高速铁路、高速公路和高速航空为一体的新时代格局

加快建设"四纵四横"铁路客运专线、以客为主的区际快速铁路，积极推进环渤海、长江三角洲、珠江三角洲、长株潭、成渝经济区、中原城市群、武汉城市圈、关中城镇群、海峡西岸城镇群以及呼包鄂、北部湾、环鄱阳湖、滇中城市群等经济发达和人口稠密地区的城际客运铁路和城市间高速公路通道建设。继续强化北京首都、上海浦东、广州新白云机场等枢纽机场以及昆明、成都、西安、乌鲁木齐等主要干线机场建设，构建并完善以枢纽和干线机场为骨干的机场网络。

7. 实施区域发展总体战略，构筑优势互补的区域发展格局

无论是东部、中部、西部还是省际之间，其经济发展的绝对差距在较长的时期内还将继续存在。因此，必须把深入实施西部大开发战略放在区域发展总体战略的优先位置，加大对西藏、新疆和其他民族地区发展的支持力度；加强基础设施建设和生态环境保护；大力发展科技教育；支持特色优势产业发展；全面振兴东北地区等老工业基地，发挥产业和科技基础

较强的优势，完善现代产业体系，促进资源枯竭地区转型发展；大力促进中部地区崛起，发挥承东启西的区位优势，改善投资环境，壮大优势产业；发展现代产业体系，强化交通运输枢纽地位；积极支持东部地区率先发展，更好地发挥深圳经济特区、上海浦东新区和天津滨海新区在改革开放中先行先试的重要作用；加大对革命老区、民族地区、边疆地区和贫困地区扶持力度。同时，进一步加强和完善跨区域合作机制，消除市场壁垒，促进要素流动，引导产业有序转移。

四、开发海洋资源

海洋占地球表面积的71％，拥有陆地上的一切矿物资源，是人类社会发展的宝贵财富和最后空间，是能源、矿物、食物和淡水的战略资源基地。开发海洋资源，是实现国家资源安全的重要一环。

1. 海洋在人类可持续发展中的重要地位

国际社会普遍认为，海洋是21世纪人类生存与发展的资源宝库和实现可持续发展的重要动力源。据统计，海洋和沿海生态系统提供的生态服务价值，远远高于陆地生态系统所提供的价值。全球88％的生物生产力来自海洋，海洋可提供的食物量远远大于陆地可提供的食物量。渔业的产出效益明显高于农业，海产品蛋白质含量高达20％以上，是谷物的2倍多，比肉禽蛋高50％。海洋石油和天然气产量分别占世界石油和天然气总产量的30％和25％，成为石油产量中的重要组成部分。合理开发海洋资源，对于保障海洋生态安全、缓解资源约束状况、促进经济增长方式转变、保障人类的可持续发展有重要作用。

2. 开发海洋资源，建设海洋强国

我国是海洋大国，合理开发海洋资源，可为我国经济社会发展寻求到唯一的资源接替区，提供新的资源和发展空间，实现由主要依靠陆域发展向陆海联动发展转变，进而突破陆域资源紧缺的局限和制约，有效弥补和缓解我国陆域经济发展面临资源不足的压力，确保整个国民经济又好又快发展。

开发海洋资源，也是我国实现国民经济战略性调整、转变经济发展方式的需要。经过多年的发展，海洋经济理念已发生了深刻变化。海洋经济的发展正在从量的扩张向质的提高转变，向海洋要资源、要速度、要效益已成为当今世界的共识。随着海洋高新技术的发展，使大规模、大范围的海洋资源开发逐渐成为现实。开发海洋经济，就是要在全面提升海洋渔业等传统产业的同时，大力发展高附加值的新型临港重化工业和高新技术产业，促进科学技术在海洋经济领域的应用。通过开发海洋经济，不仅可以降低生产成本、促进环保水平的提升、进一步提高资源综合利用率，而且还能通过大力发展高附加值的重化工业和海洋生物医药等高新技术产业，培育新的经济增长点，带动相关产业的发展，进而推进经济结构的战略性调整，实现经济增长方式转变。

开发海洋资源，更是提高我国对外开放水平、适应全球海陆一体化开发趋势的需要。目前，世界范围的资本、信息、技术大流动，经济重心在逐步转移，海洋经济的发展和各行各业的进步，已经使产业结构、科技格局、贸易态势和文化氛围发生划时代的演变，世界经济必将在更大范围、更广领域、更高层次上开展国际竞争与合作。在全球陆海一体化开发的大趋势下，置身于太平洋经济圈的中国，必须审时度势，高度重视经略海洋，抢占发展先机，形成开拓海洋产业、发展海外贸易、促进经济技术合作与交流的重要推力，不断提高对外开

放水平。开发海洋资源，不仅可以充分发挥海洋的优势，运用两个市场、两种资源，通过全方位开放，聚集外引效能，增加经济外向度，促进海洋产业中技术密集型和高新技术产业的发展；而且还可依托海洋经济渗透力强、辐射面宽、对陆地经济的拉动作用强的特点，增强对内陆的辐射力，通过联合开发拓展辐射能量，形成相互增益的发展态势，带动内陆腹地经济发展，是优化沿海与内陆之间的资源配置，拉动内地经济发展的最佳选择。

开发海洋资源，对于实现经济社会可持续发展具有重大意义。当前，人类面临着陆地资源匮乏、环境恶化、人口膨胀三大难题的困扰，迫使人类社会发展越来越依赖于对海洋的开发利用。开发海洋资源，有助于我国缓解环境污染、人口膨胀、能源危机等资源枯竭性问题，不断增强可持续发展能力，为实现经济社会可持续发展提供重要保障。

开发海洋资源，是建设海洋强国、维护国家海洋权益的迫切需要。进入 21 世纪以来，以争夺海洋资源、控制海洋空间、抢占海洋科技"制高点"的现代国际海洋权益斗争日趋加剧。海洋划界争端、海洋渔业资源争端、海底油气资源争端、深海矿产资源勘探开发以及深海生物基因资源利用的竞争更加激烈。可以预见，未来海洋权益的斗争将超出以往控制海上交通线、战略要地和通过海洋制约陆地的范畴，成为关系到民族生存、国家发展的战略性争夺。开发海洋资源，可以顺应时代潮流，通过实施海洋强国战略，把发展海洋经济作为推动我国经济社会发展的一项重要任务，进而抢占 21 世纪国际竞争的制高点，不断增强我国的综合经济实力，提高国防现代化水平，为有效维护国家的海洋权益，早日实现中华民族的伟大复兴打下坚实的基础。❶

3. 海洋生态文明示范区和海洋保护区建设

海洋生态文明建设是我国生态文明总体建设的一个重要组成部分，对于我国提升可持续发展能力、转变发展方式、向海洋进军有重要意义。建设海洋生态文明示范区，才能统筹海洋经济发展与合理开发海洋资源、保护海洋生态环境，打造经济发展与海洋资源、海洋环境和海洋生态相协调的海洋空间开发格局。

2013 年，山东省的威海市、日照市、长岛县，浙江省的象山县、玉环县、洞头县，福建省的厦门市、晋江市、东山县，广东省的珠海横琴新区、徐闻县、南澳县，共 12 个市、县（区）成为我国首批国家级海洋生态文明建设示范区。设立海洋生态文明示范区，目的在于加强污染物入海排放管控，改善海洋环境质量；优化沿海地区产业结构，转变发展方式；强化海洋生态保护与建设，维护海洋生态安全等。

在海洋保护区建设上，我国的以海洋自然保护区、海洋特别保护区、海洋公园为主体的网络体系初步形成，面积达 3.3 万平方千米，共建成 210 多处典型海洋生态系统、珍稀濒危海洋生物、海洋自然历史遗迹及自然景观等海洋保护区，其中国家级海洋自然保护区 33 处、国家级海洋特别保护区 22 处、国家级海洋公园 19 处，有效缓解和控制了海洋生态系统的恶化。

---

❶ 参见：郭军，郭冠超. 对加快发展海洋经济的战略思考［J］. 环渤海经济瞭望，2010（12）：3-7.

五 城 同 创
——推进新型城镇化进程

晋江市位于福建东南沿海，泉州市东南部，晋江下游南岸，是闽南金三角的核心，有"泉南佛国"、"海滨邹鲁"的美誉。晋江为福建省综合实力最强的县市，也是中国经济最发达县市之一，其综合竞争力2012年位居全国百强县（市）第五位，全国4个科技进步示范区之一，综合创新能力列全国县级市第6位，福建省公共文明指数测评名列县级市第一。2013年，晋江完成地区生产总值1355亿元，公共财政总收入182.75亿元。近年来，晋江市的新型城镇化建设取得了巨大的成就，2014年5月12日，习近平在《改革情况交流》第19期《福建晋江推进新型城镇化试点工作》上批示："眼睛不要只盯在大城市，中国更宜发展中小城市及城镇，要总结这方面的经验，积极培育推广先进经验。"新型城镇化进程，不是新一轮的"造城运动"或"灭村运动"，核心是解决好人的城镇化，注重城乡的生产和生活差异，让城市更像城市，农村更像农村。晋江的未来是"美丽的晋江、幸福的城市"、"宜业、宜居、宜商"、"生态好、百姓富，商务成本低，社会公平、公正，文化得到很好的传承"。

一、晋江新型城镇化的背景

1. 经济发展状况

晋江的工业化，是从乡村工业发展来的，可以说是发源于农村，发展于农村，繁荣于农村，但没有造就出一个与经济规模、发展水平相称的城市，却反过来影响了工业化自身水平的提升。城市化滞后于工业化，成为制约发展的主要矛盾。因为城市化滞后，对招商引资、项目落地、引进人才、三产发展、人居环境等方面都有着影响，包括资本的外移、税源外流等许多问题的产生。这些问题与城市功能不够完善、城市平台支撑乏力有关，有的甚至是密切相关、互为因果。

首先，影响了高新技术产业的引进培育。晋江的产业体系中，劳动密集型独大，占了近90%，鞋服也独大，占了半壁江山，而高新技术产业、高附加值产业却相对缺乏，主要是人才和土地的制约。晋江的城市现状对高端人才没有吸引力，难以引进高端人才，也就难以引进高新技术的企业，包括晋江现在很多品牌企业的高管，都是住在厦门、工作在晋江。在这种情况下，发达城市对要素的集聚更有吸引力，辐射面更广、辐射力更强。如果不加快城镇化的步伐，晋江就会有被边缘化的危险。

其次，影响了第三产业的发展壮大。2013年年底，晋江的第三产业比重才达31%左右，其中主要原因是城市的现状制约了三产的发展。三产主要是生产性服务业和生活性服务业。

生产性服务业是为产业发展作配套的，包括物流、金融、工业设计等；生活性服务业是为生活作配套的，包括餐饮、住宿、家政服务等。这些都要有良好的城市平台作为依托，才能做大做强。比如，在金融区建设中，原来的区域仅是银行的集聚区，但缺少商务和生活的配套，而且周边在几年前还有很多农田，甚至可以看到农民牵着牛行走在街区边上，这种情况是不可能吸引更多金融企业入驻。

再次，土地紧缺成为制约发展的瓶颈。晋江历来就是人多地少、资源短缺，这才造成了众多人漂洋过海、外出谋生。随着经济的发展，企业越来越多、人越来越多，加上用地开发相对无序，导致用地更为紧张，发展空间受限，现在土地开发强度已高达到 44.7%，已经接近临界值了。要打破这个瓶颈制约，就要通过加快城镇化转型、盘活低效用地，走集约节约的新路。

2. 城市形态

晋江原来的城镇建设比较粗放、无序，不仅品味不高，也无法发挥集聚带动的功能。晋江的城市化发端于农村地区，改革开放初期，当时利用"三闲起步"，大力发展乡村工业，发展后厂房扩大了，自建房、乱建房也多了，起步的时候，觉得这样扩张很快、很好，但到现在要改建，才发现成本很高，旧厂房、旧房子密度大、违建多、杂乱无章、产权复杂。农村地区通过发展乡镇企业和民营企业，每个镇都有自己的产业，形成"一镇一品"，中心城区反而没有优势，但各镇也形成不了太大的优势，聚不够而散有余，中心城区、中心镇的集聚辐射功能都不够强。导致了"城市不像城市、农村不像农村、有钱的看不出有钱、有文化的看不出有文化"的问题，乡村工业化带来的这种城市化之后的状况，在晋江极为典型。

3. 社会结构

社会结构主要是人口的变迁、人口结构的变化。一方面是外来人口的大量集聚。随着产业的快速发展，晋江的外来人口已达 130 万人，超过了 107 万的本地户籍人口，目前常住人口已经达 205 万人。这么多的外来人口工作和生活在晋江，就必须考虑他们的需求，公共服务、住房保障、教育等要跟上。在这个问题上，晋江政府和企业做得比较好，就是让这些外来人员享受同城待遇，让他们进得来、留得住、融得入。另一方面是本地人口的非农化，随着农村工业化的快速推进，晋江涌现出很多农民企业家，也有很多农民到工厂打工，真正从事农业生产的越来越少。2002 年，晋江就在全市范围内，取消农业户口、非农业户口的二元户籍管理模式，试行户口登记管理一体化，超前全国 12 年。但这部分农村居民，虽然仍生活在农村，但生活方式已经彻底改变，希望改变农村生活形态，享受城市生活，这部分人的需求必须在城乡统筹、城乡一体化时予以重视。

4. 文化特质

晋江是古代海上丝绸之路的起点之一，置县已有 1296 年的历史，历来都是泉州府的首邑，有南音、掌中木偶和高甲戏等民间文艺，有"安平桥"、世界仅存的摩尼教遗址——"草庵"等文物古迹，晋江还是全国 18 个千人进士县之一，出过 1853 个文武进士，有文科状元 8 人、武科状元 3 人，16 位出任宰相。中原文化、海洋文化、闽南文化、华侨文化、宗教文化在晋江得到融合，铸就了独特的地域文化和人文特质。这种文化很有必要在城镇化中得到很好的传承，不能在大规模的城市改造中丢了自己的根脉和特色。晋江的人文特质也为加快新型城镇化提供了基础和条件。晋江人的开放胸襟使得晋江更加包容、兼济，越来越能容纳外来人员、外来文化。晋江人无论身在何方，都以桑梓为先，以乡情为重，很多华侨和本地企业家，积极带头捐资助学、扶危济困，经常以各种形式回馈家乡和社会。这是晋江极大的一笔财富，包括物质财富和精神财富。晋江慈善总会募集成立 12 年，善款就超过 20 亿元，近十几年来华侨捐资每年都超亿元。

二、晋江新型城镇化的做法

当前，晋江发展战略是以"五城同创"打造晋江升级版，"智造名城、环湾新城、幸福康城、生态绿城、人文之城"体现了新型城镇化的内涵要求。

1. 外来人口市民化

新型城镇化核心是人的城镇化。在晋江，一是本地农民的就地市民化，二是外来人口的本地化、市民化。晋江近几年对待外来人员的做法，取得了极大的成功。晋江对外来人口的主要做法就是进的来、留得住、融得入。

"进的来"主要实行两项制度，一个是 2011 年在福建省率先是实行的"居住证"制度，目前已经办理 110 多万张，最初是享有 22 项待遇，后来提高到 28 项，2014 年又提高到 30 项，包括社会保险、医疗互助、义务教育等，仅教育一项，2014 年 9 月开学后，就有 19.6 万外来工子女在晋江就读，占学生总数的 60%；另一个是户籍制度，已经全面放开，不设门槛，实行"先落户、后管理"政策，只要符合落户条件的先接受落户，再跟进计划生育等各项管理，通过设立集体户管理，无房也可以落户，2013 年来已有 11629 人转入。

"留得住"是通过就业、住房、社保和公共服务等多方位保障，让外来人口在晋江安居乐业。主要是住房保障方面，现有廉租房、公租房、经济适用房、企业员工宿舍、安置房和人才房 6 种多元化住房保障体系。特别是安置房，地点好、质量好、价格适宜，晋江出台优惠政策，政府、银行、企业、个人四级联动，解决按揭贷款，搭建服务平台，简化过户手续，创造条件让外来工购买安置房，安居下来。在全省率先做出"三不"承诺，决不让一名务工人员子女失去接受义务教育的机会、决不让一名务工人员因恶意欠薪领不到工资、决不让一名务工人员维不了权，让外来人口没有后顾之忧。

"融得入"是从文化上入手，着力营造政府、企业、社会为一体的关爱外来务工人员良好氛围，让外来人员融入企业和学校，融入社区和社会，让他们有归属感，成为"新晋江人"。目前，当选为"两代表一委员"（各级党代表、人大代表、政协委员）的外来人员多达341 名。"融得入"更重要的是心理的归属问题，这很大程度跟个人成长经历、环境变化有关，外来人员子女生在晋江、长在晋江、学在晋江，很容易就有归属感。

2. 城乡发展一体化

晋江的发展从乡村工业化起步，是草根经济、内生型经济，城镇化发展过程中有城市不像城市、农村不像农村一说，其实这是一种低层次的城乡不分、城乡一体。在新型城镇化建设中，晋江提出了推动同城同步，解决城乡发展一体化的问题。

（1）推进城乡建设一体化　晋江把全是 649 平方千米作为一个整体，统筹规划、统筹建设，"全市一城、一主两辅"。一个主城区，还有安海、金井两个辅城中心形成的晋西、晋南区域。同时统筹建设交通、水利、电力、环保等基础设施，特别是注重城乡道路公交、供水污水管网的对接，让市区、镇区农村一个样。

（2）推动城乡的待遇均等化　体现在"三个率先实现"：率先实现城乡低保、新农合、城乡居民养老、救助、优扶等的城乡一体化；率先实现公办普通高中免收学费；率先实现规划建设、配套设施、公共服务、社会治理城乡一体化，从而保障农民享有市区居民一样的待遇。晋江城乡低保的受益对象超过2万人，新农合参合率达99.9%，城乡居民养老保险累计参保62.2万人，有12万名60周岁以上居民开始按月领取养老金。

（3）就地城镇化、就近居民化　现在生产方式变了，生活方式也要改变，晋江通过加快城中村改造，着重抓好"五个环节"：帮助农民转化为市民。和谐拆迁，让利于民，4年拆了1100多万平方米；优先安置，比如五店市四周，除了万达广场，都是安置房，都在最好的地段；盘活资产，农民可以选择"7个换"来盘活资产，包括换安置房、商务办公楼、店面、商场、SOHO、现金、股权等，这些都能保值增值；养老保障，除了新农保外，晋江还在全省率先实行被征地人员养老保险即征即保；就业扶持，通过就业培训、就业奖励、就业服务。3年来就有9万多人在片区改造中由农民就地转为市民。

3. 城市建设现代化

如果说空间是城市的"形"，那么功能就是城市的"神"。建设现代化城市，就要力求神形兼备，既要美观，又要实用。为此，晋江突出品质品位，做到以下5个注重。

（1）注重规划先导　城市规划非常重要，它是城市发展的重要指导性依据，如果把城镇化比作火车头，那么城乡规划就是轨道，推进城镇化，关键在于发挥规划的轨道作用，只有轨道修得科学、精密、合理，才能保证城镇化朝着正确的方向发展，晋江在"全市一城、一主两辅"的发展格局下，把以人为本、环湾向湾、尊重自然、传承历史、绿色低碳理念融入城市规划全过程。

（2）注重成片改造　成片建设不是贪大求快，而是成片建设才能有更多的空间来进行整合、规划、建设。2010年来，全市共成片改造了16个组团、片区，相继实施352个重点城建项目，推进41条道路功能完善、景观提升和立面综合整治，每年提升城镇化率2个百分点，每年盘活低效用地1万亩。几年来，"围困"中心城区的棚户区不见了，低矮破旧的危房不见了，垃圾污水不见了。教育、卫生、文体、市政配套、社会福利5个系列的资源得到整合，中心城市的辐射带动力显著增强。

（3）注重功能完善　城市建设、城市改造的目的，归根到底是为了群众的利益，落实到具体的就是群众得到了什么好处。在改造建设中，晋江更加注重人的感受和需求，将2/3以上的空间用于公园绿地、基础设施、公共配套和安置房建设，商业开发用地仅占1/3，实现了"一降两增三提升"，即市区建筑密度下降，公共配套和生态空间增减、人口承载力、经济承载力和防灾减灾能力大大提升。例如市中心的梅岭组团区域经过改造，建筑密度由16.27%下降到10.42%，原来是杂乱无章的民房和零零星星的店面，没有什么公共配套，现在有各种各样的商业形态，公共配套、生态空间增加到3327.7亩，原来的店面每平方米为1万~2万元，现在增加到3万~5万元，原来人口2万多，现在可容纳25.6万。

（4）注重生态优先　30多年的快速发展，对生态造成了很大的破坏，尽管前几年各级政府一直在抓，但成效不明显，主要是没有形成统筹抓的局面。近年来晋江注重统筹统一、整体联动，成立了生态办，设立工业污染、农业污染、拦污截污、河道整治、流域绿化、环卫保洁6个专项整治小组，构建大环保格局，然后实施"整删、植绿、清水、治污、减排"五大工程："整山"就是串联晋江市域山脉，构建纵横交错的生态廊道；"植绿"就是每年新增植树造林1万亩，近3年新建、扩建20个公园，市区绿化覆盖率达42.65%，当前正计划推进一个万亩田园风光项目；"清水"是由 7 位市领导牵头推进晋江 14 条流域综合治理，集中力量控制污染源，加快河道清淤整治、截污系统和污水处理系统建设，改善市域水环境；"治污"就是深化工业污染防治和节能减排，建筑饰面石材行业全面退出转型，建陶行业完成清洁能源替代，印染、皮革等行业加快退城入园；"减排"就是完成建陶行业清洁能源替代，引导企业开展节能、余热利用、水回用综合改造等。同时，晋江不断完善制度。一是工业、农业、生活三大污染源排查销号制度，这个制度是先在全市排查污染源，然后整治，验收后才可以销号，整个过程在媒体上公示；二是建立打击污染违法行为联席会制度，主要由环保、农业和公检法部门参与，并组建生态法庭，对破坏生态的案件快处快办。

（5）注重机制创新　落实一把手抓城建、四套班子抓城建、成建制抓城建、统筹统一抓城建，特别是在每个组团、片区改造中，坚持"七个同步"，即同步推进项目策划、规划设计、征地拆迁、手续报批、招商选资、安置建设、公共配套，通过强化统筹、交叉运作，极大地提高了效率，提升了品质。

4. 产城互动紧密化

产业是城镇化的支撑，人口跟着就业走、就业跟着产业动，没有产业支撑的城镇，建得再漂亮也是"空壳"。晋江目前不怕没有产业支撑，但如果不加快城镇化，产业就不能很好的转型，还有可能出现产业空心化、城市边缘化的危险，必须加快产业和城市的互动、联动、融合。

在存量提升上，结合城市改造，推动 126 家优质企业退城入园、52 家企业转型转产、229 家低效污染企业淘汰出局，实现产业集约集聚、转型升级。政府出台了 20 多份鼓励扶持政策，近 3 年累计投入政策扶持资金 19.75 亿元支持企业创新转型，推动"晋江制造"向"晋江智造"转变。

在增量优化上，结合推进省级服务业综改试点工作，着力布局和培育工业设计、文化创意、现代物流、金融等生产性服务业，以及文教卫生、商贸流通、旅游休闲、娱乐健身、餐饮住宿、市政服务等生活性服务业，培育壮大新型业态，引领产业高端发展，提升城市能级。近年来，引进了 8 家国家级科研机构；先后布局了鞋业鞋材、食品、五金机电、建材家居等 8 大专业市场，引进传化、普洛斯、菜鸟公司等一批物流龙头；建成中小企业科技服务平台、生产力促进中心、纺织鞋服人才培养和技术研发中心等创新载体；培育了洪山文创园、三创园等三大文化创意园区"、5 个专业化特色园、1 个金融聚集区和一批高端商业综合体，加快培育新型业态。3 年仅批发零售额就翻了一番多，金融租赁、融资担保、小额贷款、民间借贷公司等一大批金融机构入驻金融聚集区运作，金改先行区效应初步显现。2013年，晋江市完成三产增加值 425.1 亿元，增长 11.8%，增幅首次超二产。

正是这样的产城联动，带动了产业的提升、结构的优化、人才的聚集，完善了城市功能，提升了城市品位，也推动了总部回归、企业回迁、税源回流、人气回升。3 年来共有232 家企业总部、销售中心回归，回归税源 20 多亿元，形成了新常态下的新特征、新动力、新增长。

5. 城市文化特色化

在加快城镇化的背景下，千城一面、乡愁难寻，这已成为海内外中国人的心病。许多地方大拆大建，一些传统标志性建筑正在被毁灭，一些特色的历史文化街区被高楼大厦所淹没，全部为已经没有特色风貌的建筑和街区。

晋江在推进新型城镇化进程中，特别注重保护传统建筑，保留闽南元素，保存乡愁记忆，守护城市的根，守住文化的魂，避免千城一面。对于传统文化的保护、传承和发扬光大，分为固态、活态和业态三个方面。

"固态保护"是针对一些有形的东西。在城市改造时，没有简单地大拆大建，而是分 3 类保护：对于历史和文化保护较好的古村落，给予整村保护；对于有一定规模的古建筑群，就像五店市，给予成片保护；对于体现民风民俗的单体建筑，给予局部保护。

"活态传承"是针对一些无形的东西，特别是非物质文化遗产。晋江有南音、布袋木偶戏、水密隔舱福船制造技术（一项造船技术）3 项世界级的遗产，有高甲、万应茶、安海嗦啰嗹、东石灯俗 4 项国家级遗产，对这些遗产，从传承人培育、活态表演、场地保障等入手，强化保护和传承。设立了 30 多个闽南文化生态保护区展示点，在 30 多所中小学里推动文化遗产的"活态"传承，目前正筹建设立一所闽南语文化发展研究院。

"业态提升"是文化作为产业来发展、提升。文化是有生命力的，文化的生命力不仅在于本体的维护，更在于效用的发挥，要让文化资源活起来，就要把它们用起来。晋江努力将非物质文化遗产转化为文化产品、文化产业，寄保护传承于产业化之中。东石的木雕、灵源万应茶、木偶头像等都可以走产业化的路子。

晋江市核心区中的五店市传统街区实施保护性开发就非常具有代表性。这块占地 252 亩的文化保护区，位于寸土寸金的黄金地段。如果出让给房地产商搞开发，最低可获得 10 亿元的土地出让收入。晋江不但没有卖，相反还投入了 2 亿多元进行保护性改造。五店市传统街区的改造，通过保存传统街巷肌理格局、特色建筑等载体，传承高甲戏、木偶戏、南音及其他民俗遗风等非物质文化遗产，并引入现代管理模式，集中展示闽南文化，留住乡愁记忆。如今，这里已是众多晋江市民及旅游者的踏访之地。

同时，晋江还注重延续城市的山水格局、特色风貌、人文习俗，注入历史元素、闽南元素、华侨元素。晋江委托清华大学历史文化名城保护中心开展晋江市传统民居建筑（群）保护与利用总体规划的编制工作，结合五店市历史文化街区的保护经验，成片保护陈埭涵口、灵源灵水、龙湖檀林、龙湖衙口—南浔、金井塘东、金井福全—石圳—溜江、深沪科任、东石玉记、安海九房、永和旦厝十大古建筑群，以此实现城市发展与文化保护双赢的局面，让市民望得见山，看得见水，记得住乡愁。

既要建城，更要守乡；既要创新，也要传统。晋江期待的城乡面貌，要让年轻人感到时尚，让老年人感到怀旧，让外地人感到很"闽南"，让归国的华侨感到很"乡土"。

三、晋江新型城镇化的经验

1. 理念新

"晋江经验"新在尊重规律、顺乎民意、所谋所为，一切从实际出发。旧区改造不搞大拆大建，城市街道不见光怪陆离，种树绿化不栽名贵苗木。今天的晋江已成为创业热土、温馨家园，少有所教、老有所乐，本地人有根的归宿、外来人无"水土不服"。晋江还创新了征迁户的补偿机制，群众可选择以土地换取安置房、商务办公楼、店面、商场、SOHO、现金、股权"七个换"。

2. 标准高

一是规划编制起点高。不照抄照搬、依样画瓢，而是对本地自然禀赋、人文资源、产业结构等各种要素进行综合利用，功能布局科学合理。

二是建设标准高。不建则已，建就建好，把每个街区组团、每幢建筑当作精品打造，街头巷尾，房前屋后，整洁美观。到了晋江，外地人觉得很"闽南"、华侨觉得很"乡土"、老人觉得很怀旧、年轻人觉得很时尚。

三是管理水平高。产业环保、城市排污、交通疏导、商贸购物、医疗教育、休闲健身、村居养老，设施完善配套，服务质优、价廉、便捷。

3. 重特色

一是突出人的城镇化。以满足居民物质文化需求为根本。晋江外来人口有 130 多万，"新晋江人"已超过"老晋江人"，新老晋江人生活在共同的家园，享受同样的市民化待遇，情感更是深度融合。

二是全域化发展。一个市一座城，建设规划、基础设施、产业布局、公共服务，均实现城乡统筹，无缝对接。

三是生态优先。虽然晋江寸土寸金，但划定的生态涵养和禁止开发区域面积占全市总面积的 30.5%。绿色城市名副其实。

四是文脉相传。当地的古民居、古建筑群、祠堂庙宇、古树、古桥、古驿道、古渡口、古码头，均作了精心保护，修旧如旧，既可感受现代时尚，又可回望悠悠历史，新旧并存，相得益彰。

四、晋江新型城镇化的一些新思路

1. 充分释放人的活力和潜力

新型城镇化是人的城镇化，要让农业转移人口更好地融入和融合进城市。一是推进户籍制度改革，继续修订完善户籍制度和居住证政策。村和社区的接受、管理以及许多后续工作要加大力度研究和统筹，要用开放的心态、发展的观点来看待和解决诸如计生、综合治理、管理成本等问题。二是推动公共服务全覆盖。在公共服务方面，要让城里、农村一个样，外来和本地的一个样。在新型农村合作医疗中，以家庭为单位参保、异地接续等问题，要打破原有的限制，积极探索外来人员与留守家属分别参合的机制。三是破解市民化成本障碍。据测算，一个外来人口转进来、市民化的成本约 17 万元，多了这百万新晋江人，包括基础设施的建设和维护、公共服务上的社会管理、社会保障、保障房、教育投入等的财政投入就要增加，这是一个必须深入探索解决的问题。

2. 不断提升城市的品质品位

要加快推动城市现代化建设步伐，让晋江更美、更靓、更有吸引力。一是加快"多规融合"改革。把不同规划融合在一起，至少要做到四规融合，包括经济社会发展规划、城乡总体规划、土地利用总体规划和生态系统规划。这些规划融合统一，以利于统筹全市空间资源，实现一张图作业。二是深化城市综合管理改革。通过深化网格化管理，以信息化技术来提升城乡管理水平。三是深化生态文明机制改革。要强化统筹、系统地做，构建大环保、大生态格局，要出台生态体制改革实施意见，开展生态资源普查，摸清生态家底，然后划定红线，明确开发区域。四是推进文化传承和体制改革。通过盘点各类文化资源，出台文化资源保护制度和措施，来守护城市的根、文化的魂，要坚持"保护为主、合理利用、传承延续"的原则，重点的还要有实在的载体，包括人、建筑、文艺作品等，通过这些载体，讲好晋江故事，传承历史文脉。五是推进镇级小城市改革。对于国家的新型设市模式试点，积极争取与人口规模、晋江实力相适应的经济社会管理权限，争取国家和福建省的实行吸纳人口补助和用地指标单列管理（或调低农保率10％），并给与享受福建省镇级小城市相关政策待遇。通过这样的改革，给小新型城镇化带来更大的发展机遇和空间。

3. 加快推动产业的提质提效

要强化产业支撑，不能让产业空心化、城市边缘化，就要坚持产城互动、产城融合。一方面是提升工业园区。过去的概念是园区是园区、城市是城市，工业是有污染的，要集中到没有人的地方去，现在除高能耗、高污染的产业外，其他产业进园区集中处理后，完全可能做到无污染，这就不用把"产"和"城"脱离开来，可以把产城乡融合在一起，既是工业区，也是生活区，更可以是生态区，是一个复合型社区。目前龙湖镇鞋服时尚园区，就开始了在这方面的实践，探索如何让产业和城市联系得更密切。另一方面，是发展新型业态。在城市功能更完善的同时，一些产业也在不断发展壮大，包括文化创意、商贸物流、总部会展等。

4. 全力保障城建的投资融资

人、地、资金是新型城镇化的三个重点要素，资金的筹划、保障是一个普遍性的难题，必须在机制上创新。一是城建的统筹运作机制，要强化5个统筹，包括招商、规划、征迁标准、土地出让、资金调度；并落实"8个同步"，即同步推进项目策划、规划设计、征地拆迁、手续报批、招商引资、安置建设、配套建设、文化传承，通过快速的运作，缩短资金的使用周期。二是除了财政投入外还有积极向上争取政策性的补助资金，这么大范围的城市更新，融资是很难的。为此晋江要出台社会投资回报和权益转让管理办法，探索引进社会资本，以公私合作、公家与民营合作的形式来加快建设。

蓝色国土
——海洋产业打造新的经济增长极

　　福建省石狮市拥有良好的海洋自然资源条件，近年海洋产业发展态势良好，规模不断提高，取得良好的经济效益和社会效益。党的十八大报告中提出了"建设海洋强国"宏伟目标，福建省、泉州市相继出台多项海洋产业发展规划和扶持政策。2012年福建海洋经济发展规划获国务院批准，同年10月福建省先行颁布《福建省海洋新兴产业发展规划》，11月《福建海峡蓝色经济试验区发展规划》全文公布，《福建省海洋经济发展试点总体方案》编制完成，2013年全面启动海洋经济发展试点工作。一系列规划和方案的出台为石狮市海洋产业发展提供了强大的政策合力。为充分发挥石狮的海洋优势，石狮市先后出台《支持和促进海洋经济发展八条措施》、《中共石狮市委、石狮市人民政府关于加快发展海洋经济建设海洋经济强市的实施意见》着力提升海洋经济，提出海洋经济强市目标。

一、石狮市海洋产业发展现状

　　石狮市海洋具备海洋产业快速发展的良好自然资源条件，海洋生产活动日趋活跃，海洋产业发展取得良好经济效益与社会效益，在国民经济中的地位显著提升，但是也面临较大的转型压力，各级海洋经济政策的推出为石狮市海洋产业提供了千载难逢的大好机遇。

1. 海洋自然资源条件良好

　　石狮市地理位置优越，坐落于福建省东南沿海地区，三面环海，北临泉州湾，南临深沪湾，东临台湾海峡与宝岛台湾相望，是连接东海与南海交通要道上的重要枢纽。石狮市海岸线长64千米，拥有岛礁54个，行政管辖下的毗邻海域面积为968平方千米，具备海洋经济发展的港口资源、滨海旅游资源和海洋生物资源。石狮山海交融，碧海银滩，拥有丰富的旅游资源，属亚热带海洋性季风气候，滨海旅游业发展条件得天独厚。石狮市沿海建港的自然条件良好，目前拥有的深水良港主要有3个：石湖港、祥芝港和永宁港。同时，石狮市海域所属的东海区海洋生物资源丰富，拥有多种名优渔业资源，主要海洋生物达3000多种，浅海面积近47万平方千米，适宜建设大型海洋牧场，养殖条件优良，为石狮海洋产业特别是海洋生物医药产业的发展提供了重要的原材料和资源保障。

2. 海洋产业规模不断壮大

　　2000年以来福建省海洋经济迅速崛起，海洋经济产值占国民生产总值比重整体上升1倍以上，石狮市海洋产业规模也实现了快速提升。近年石狮市不断加强海洋传统产业技术改造，高度重视产业结构调整，培育新兴海洋产业，全方位发展海洋产业，取得良好成绩。

2012 年石狮市海洋经济总产值高达 115 亿元，同比增长 13.8%；其中，80 余家水产品加工企业 2012 年实现产值 22.1 亿元，水产品加工业年产值、海产品年捕捞量均占泉州市的 50% 以上，水产品年产量位居福建省第二位；海洋渔业产值占全市农业产值的 90% 以上，荣膺福建省渔业十强县市；生物医药年产值达到 10 亿元；石湖港口货物吞吐量 2534 万吨，集装箱吞吐量超 70 万标箱。2013 年，全市拥有机动渔船 1467 艘，12 万总吨，功率 27 万千瓦。海洋捕捞年产量近 40 万吨。其中，主要经济鱼类蓝圆鲹、鲐鱼居多，约占 70%。全市水产苗种场 12 家（紫菜、鲍鱼）69.2 亩；海水养殖面积 1154 公顷，产量 32389 吨；淡水养殖面积 36 公顷，产量 294 吨。成立渔业专业合作社 39 家，其中从事水产养殖的 21 家，从事渔业服务的 18 家。古浮和源、顺盛被评为泉州市级、省级农民专业合作社；海星公司、芙蓉、顺盛合作社获得无公害产地认定；石狮市古浮紫菜协会成功注册"古浮紫菜"为地理标志证明商标。水产加工企业实现产值 31.68 亿元，增长 16%。目前拥有水产品加工企业 87 家，形成水产品深加工生产线 100 多条、冷冻水产品加工生产线 30 多条，其中 2 家省级农业产业化重点龙头企业、3 家省级水产产业化龙头企业，3 家获准对欧盟注册水产品企业，获得 ISO 9000、HACCP 体系认证分别有 7 家企业。水产品加工企业不断深化功能产品研发、低值鱼类利用、管理体制创新，100 多种产品畅销欧美、澳洲、日本、东南亚、中国港澳台等国家和地区以及全国各地市场。

3. 临港工业集群快速发展

近年石狮市大力发展祥芝、鸿锦、永宁和高新技术开发区四大临港工业基地，港口、园区与城市快速融合，以集群化、集约化和高端化为导向，依据新型工业化的要求，引导发展技术密集、关联度高、带动能力强的海洋战略性新兴产业，建立了以港口为核心的临海工贸物流集聚区，初步形成了以港口物流、精细化工、电子科技、纺织服装、五金机械为主的产业集群，并进一步培育了一批具有国际竞争优势的临港重化工业与海洋新兴产业集群。

4. 海洋新兴产业实力强劲

石狮市已被确定为全省海洋生物医药和保健品研发生产基地，培育了以华宝为龙头的海洋生物化工企业链群，开发生产 N-乙酰-D 氨基葡萄糖系列共 25 个产品投放国际市场，年出口创汇 3 亿元，2012 年新增水产品深加工生产线超过 10 条。明祥食品公司采用先进的生物工程技术提取海藻功效成分，开发出兼具营养和保健作用的新型海藻健康饮品，年产值达 2 亿元。石狮市海洋生物医药产业规模与技术优势逐年凸显，海洋新兴产业展现出强劲的发展势头。

5. 海洋科技实力持续提升

福建拥有一大批涉海科研机构和高等院校，在迈向海洋经济强省的过程中，海洋科教支撑能力明显增强。石狮市以此为依托，海洋科技实力也持续提升。石狮市政府承担的"石狮生态渔业与特色深加工技术示范与推广"省级科技项目，被省政府确定为全省现代农业（水产捕捞与加工）示范点。海洋产业企业与高等院校科研院所积极合作，共同构建了以企业为主体、市场为导向、产学研结合的富有石狮特色的自主创新体系，目前共设立海洋生化、海产品精深加工、海洋通信、特色养殖业等 10 多个技术研发中心，5 个海洋产业教育培训基地。目前氨基葡萄糖衍生物、海藻健康饮品等产学研合作成果已取得良好的经济效益。

6. 海洋生态环境保持良好

石狮市坚持把海洋生态环境建设作为生态文明建设的重要内容，不断加大海洋生态环境建设投入，使海洋生态环境保持了较好水平。石狮近岸海域划定为 9 个环境功能区，分解下达任务，实施海洋生态修复，实施以退草还林（红树林）还滩（滩涂养殖）为主要内容的生态修复工程，积极除治破坏近海生态环境的互花米草，保护滩涂湿地、红树林和自然生态环境，海洋生态文明建设水平不断提升，从而保证了海洋经济的可持续发展。

二、石狮市发展海洋产业的做法

1. 育龙头、创品牌

（1）做强海洋生物医药　以海洋药物、生物制品和功能食品等为重点，扶持壮大龙头企业华宝，带动海星、万弘等其他海洋生物企业，提高规模效益。一是推动华宝公司的"医药级高纯度氨基葡萄糖盐酸盐生产项目"通过福建省海洋经济创新发展区域示范项目中期评估并已获得补助资金 1050 万元。二是推进海星公司的"鱼鳞鱼皮萃取胶原蛋白肽及系列产品"项目入选 2013 年度福建省海洋经济创新发展区域示范支持项目。三是争取福建万弘海洋生物科技有限公司的海洋多糖多层复合包装膜的关键技术项目入选 2014 年福建省海洋经济创新发展区域示范项目，逐步培育具有较强竞争力的海洋生物医药产业。

（2）发展海洋工程装备　一是引导造船企业做大做强，海博和福祥恒辉两家造船厂获得福建省"十佳渔业船舶修造企业"荣誉称号；二是扶持以飞通电子为龙头的船舶通信、防撞、信息系统优势企业，飞通公司的"海洋船舶声呐探测装备项目"已通过福建省海洋经济创新发展区域示范项目中期评估并已获得补助资金 763 万元；三是支持飞通公司开发北斗卫星系统终端设备，飞通是福建省唯一一家被授予国家北斗终端级服务"北斗导航民用服务资质证书"的企业，石狮市正争取飞通通讯设备有限公司的海洋船舶北斗卫星系统终端设备成果转化及产业化项目入选 2014 年福建省海洋经济创新发展区域示范项目。

（3）打响滨海旅游品牌　一是规划建设祥芝渔港风情特色小镇，拟建成一个集文化旅游、滨海休闲、创意产业为一体的闽南活力观光度假渔港，目前正在进行古浮湾美食街及大山屿旅游开发项目前期工作；二是规划建设黄金海岸滨海度假区，拟建成以休闲旅游为主的现代化滨海城区，规划有海滨浴场、沙滩泳池、度假酒店公寓等综合配套服务设施的"欢乐海洋"已在建设中；三是推动永宁镇加快文化旅游名镇建设，永宁老街入选第五届"中国历史文化名街"，永宁城隍庙闽台民俗文化街区建设和永宁古卫城修复有序推进；四是继续办好闽台对渡文化节暨蚶江海上泼水节和永宁古卫城暨城隍文化节，历届吸引海内外数万人参加，逐步打响石狮滨海旅游品牌知名度。

2. 促转型、激活力

（1）加快现代渔业转型　一是加快发展标准化池塘养殖、浅海设施养殖、工厂化养殖等，加快转变渔业发展方式。石狮市有标准化池塘养殖面积 400 多亩，主要养殖石斑鱼、锦绣龙虾、"四大家鱼"；开展浅海筏式鲍鱼吊笼养殖 100 万粒鲍鱼苗、"金牡蛎 1 号"葡萄牙牡蛎高效养殖 200 亩；拥有工厂化养殖单位 9 家，养殖品种包括鲍鱼（育苗）、石斑鱼、南美白对虾、梭子蟹等。二是积极发展水产品精深加工、产地市场和冷链物流，推动水产加工转型升级。全市拥有水产冷冻库 44 座、库容 10.8 万吨，零散冷藏车约 250 辆，水产品加工企业 87 家、专业户 1000 多家，水产品深加工生产线 100 多条、水产品年产量 38 万吨，位居全省第 3 位。三是扶持发展远洋捕捞，缓解近海捕捞压力。石狮市港顺和领航两家远洋渔业有限公司获批农业部渔业船网工具指标 15 个，目前已有 6 艘远洋渔船获得国际渔船安全证书，远赴北太平洋公海生产。争取福建天海远洋渔业有限公司申报非洲坦桑尼亚渔业合作项目、海富（福建）渔业有限公司申报非洲马达加斯加渔业合作项目获得批准实施。四是支持种业发展。重点培育鲍鱼、紫菜等优势品种种业，石狮市共有 6 家紫菜育苗场和 8 家鲍鱼育苗场，年育紫菜苗 150 多万贝壳、鲍鱼苗 4500 多万粒。

（2）推进海洋科技创新　一是推动平台建设。依托泉州市海洋生物加工产业技术创新战略联盟，开展海洋科研公共服务平台建设工作，增强企业核心竞争力。在泉州市海洋生物加工产业技术创新战略联盟工作交流会以后，联盟单位之间就产业技术、融资等发展问题进行深入交流。二是培育科技项目。积极组织企业申报科技计划项目，推进产业科技创新。推荐"泥东风螺工厂化规模化育苗关键技术研究"项目、"鱼鳞提取胶原蛋白活性肽关键技术研发"项目申报 2014 年度国家中小企业创新基金项目；推荐"渔船高精探鱼设备研发与应用"项目申报 2015 年国家港澳台科技合作专项项目；推荐中宝海洋科技有限公司等 3 家企业申报福建省星火科技计划项目等。三是开展信息服务。为对接省市建立的星火科技 12396 信息服务平台，开展相关科技信息服务，推动地方产业发展，推荐组织海洋生物科技产业园区申报泉州市星火科技 12396 信息服务站点。

3. 建设施，夯基础

（1）规划建设"二园"　加快推进石狮市现代海洋产业园和石狮市海洋生物产业发展基地两个平台项目的建设，《石狮市海洋生物科技园区控制性详细规划》于 2014 年 3 月 28 日经泉州规划局组织专家评审通过。1～7 月份，石狮市现代海洋产业园累计完成投资 12.01 亿元，石狮市海洋生物产业发展基地累计完成投资 1.51 亿元。

（2）加快港口及配套体系建设　石狮梅林一级渔港 1～7 月已累计完成年度投资 680 万元，正在进行基础施工；依托石湖、梅林、华锦等港口优势，发展内外贸集装箱、大宗原材料的航运物流。2013 年石湖港口货物吞吐量 2350 万吨、集装箱吞吐量 111.6 万标箱。

（3）完善疏港体系建设　规划建设港口引航基地，加快推进沿海大通道锦江段、泉州绕城高速蚶江互通、石湖疏港路（共富路）等输运交通项目，提高港区集疏运能力。加快石湖港 5 号、6 号 10 万吨级泊位建设，1～7 月已累计完成年度投资 800 万元，在石湖港后区同步建设集装箱拖车停放、维护和后勤服务基地。规划建设海运总部大厦。

4. 重养海，护环境

（1）切实保护海洋资源　一是严禁挖沙采砂等破坏海洋生态环境行为。2014 年来共组织巡查海岸线执法活动 14 次，巡查行程 490 千米，查获非法采砂 1 起，罚款 5 万元整并责令其停止非法采挖海砂行为。二是严格执行伏季休渔制度，出台工作方案，颁发休渔责任状，加大巡查频率，全市渔船进入伏休期，严格控制了近海捕捞强度。三是开展增殖放流活动，放流鲈鱼苗 9 万尾，黑鲷苗种 47.6 万尾。

（2）有效防止海洋污染　一是加强近海海域水质监测。委托国家海洋局厦门海洋环境监测中心站开展石狮市近岸重点海域水质监测、海洋环境趋势性监测、石狮市集控区海洋环境监测及近岸海域应急监测与预警，不断提高海洋环境监管的能力与水平。二是进一步强化近岸海域环境整治和保洁常态工作，拨出 42 万元近岸海域环境专项整治补助资金，共组织 1397 人次清理垃圾 264.5 吨，效果和群众满意度较好。三是切实做好陆源污染物入海排放控制，共出动执法人员 2000 多人次，检查企业 1000 多家次。四是完成古浮湾面积约 30 亩的大米草清除整治工作。

（3）**着力完善海洋应急管理体系**　一是抓好汛期海洋渔业防台风安全管理。落实各项责任制，提早部署好各项防汛准备工作；开展汛前渔业安全隐患排查整治和渔港、渔排停泊点损毁工程修复检查，督促排除险情与安全隐患；开展渔业安全生产应急演练，内容包括海上求生、海上急救、消防演练、救生艇筏操纵等项目。二是加强沿海防护林建设。完成沿海防护林林分修复补植 145 亩，抚育 400 亩，进一步提高沿海防护林的防御能力。三是加强海岸线和海岛巡查。四是完善海上综合保障体系建设。加强海上搜救救助志愿者队伍建设，完善海上应急处置和抢险救助等综合保障体系建设。五是健全海洋气象预警防御系统。积极稳妥地开展以气象灾害监测预警为核心的气象监测、预警预报、气象综合服务体系建设，有效地提升海洋灾害监测预警和预防能力。

5. 强支撑，促保障

（1）**组织支撑**　市领导高度重视，各级各部门加强组织协调，每月召开海洋经济重大项目"月调度"会议，由市主要领导主持，挂钩市领导具体牵头，协调解决项目问题，逐项落实到位、责任到个人，明确时间节点，阶段攻坚逐步推进老难问题得到解决，确保全市海洋经济重大项目顺利推进。

（2）**资金支撑**　一是设立石狮市海洋经济发展专项资金 1 亿元，重点支持海洋经济重点产业、海洋经济科技创新、海洋经济公共服务平台和涉海基础设施等领域项目建设。二是积极牵线项目业主与银行，搭建平台，推动银企对接，帮助石狮市现代海洋产业园项目、石狮永宁滨海旅游项目等项目与国开行对接，积极解决项目资金问题。三是积极争取上级资金支持，已完成福建省 2014 年预算内投资补助资金、福建省 2014 年远洋渔船更新改造项目、福建省海洋经济发展补助资金多个专项项目申报工作。四是创新金融服务，开展"助保贷"业务，海洋经济产业、小微、涉农企业只需提供 2% 助保金和不低于贷款额度 40% 的抵（质）押或保证，即可申请 500 万元以下贷款，市政府首期风险补偿资金 2300 万元，启动至今已获批授信 28 笔、合计 1.1 亿元。推动民生银行海洋产业金融泉州中心在石狮落户发展，启动至今已获批授信 5.9 亿元，涉及海洋渔业、水产品加工、冷库、水产品批发市场等方面。

（3）**用地支撑**　一是优先安排园区用地指标，对于海洋战略性新兴产业，且符合产业园区布局规划和集约用地条件的项目，可按不低于所在地工业用地出让最低标准的 70% 确定出让底价，给予石狮华宝海洋生物扩大生产项目用地优惠 1928 万元；二是摸清农转用、用海、用林需求，对涉及大面积用海、用林等项目及时向上协调争取指标；三是完成石湖港物流基地、PTA 二期工程、石狮东峰盛水产加工项目、石狮市巨帝北洋钓具有限公司开发高端钓具项目等一批省市重点海洋经济项目以及科技园区道路基础设施及入园项目的用地报批；四是完成飞通通讯设备有限公司的海洋信息化装备技术研制与产业化建设项目土地挂牌出让和石狮正源水产科技开发有限公司水产品、冷冻调理食品综合项目的用地位置调整和重新挂牌出让；五是将祥芝渔港风情小镇建设列入石狮市低效土地再开发利用的试点。

（4）**项目支撑**　一是推进 15 个福建省 2014 年海洋经济重大建设项目，其中，在建项目 9 个，2014 年计划投资 29.25 亿元。1～7 月份，已累计完成计划投资 18.79 亿元，完成年度计划 64.25%。二是推进临海能源方面项目建设。鸿山热电厂二期项目 2014 年计划投资 28.9 亿元，1～7 月已完成投资 17.9 亿元，完成年度计划 61.94%；石狮市鸿峰环保生物有限公司的将军山风电场项目已完成可行性研究报告。

（5）数据支撑　启动海洋经济运行监测与评估系统建设，目前正开展石狮市涉海单位清查，为今后的监测与评估系统能力建设打下基础，为福建省海洋经济管理提供数据支撑。

三、加快发展石狮市海洋产业

1. 强化海洋要素保障

（1）强化重大项目建设　加大力度推进15个省海洋经济重点项目建设力度，积极协调解决项目建设过程中遇到的各种问题，确保项目顺利进行，全面完成年度投资计划。加强业务指导，简化审批程序；用好用足国家、省出台的各项优惠政策，做好用地、用海、用林保障。

（2）强化园区平台建设　重点做好石狮市现代海洋产业园和石狮市海洋生物产业发展基地的推进工作，及时做好园区与城市规划、土地规划、路网规划的对接调整。创新思维，突出特色，打造亮点，体现科技、人文、景观色彩，打造园区发展品牌。

（3）强化项目扶持力度　继续积极向上级争取项目、资金扶持海洋企业发展，提高海洋龙头企业的带动能力和辐射能力，增强企业联动性，带动海洋生物科技企业的发展壮大。充分利用各种平台的引线搭桥作用，加强项目合作。

2. 发展海洋特色产业

（1）发展现代临海工业集群　以高新技术开发区、祥芝、鸿锦和永宁四大临港工业基地为重点，引导发展技术密集、关联度高、带动能力强的海洋战略性新兴产业，建立以港口为核心的临海工贸物流集聚区。创新现代物流运行机制，推进港口物流业发展。

（2）发展水产品深加工产业集群　进一步做大做强明祥、铁民、正源等本地水产品加工龙头企业，带动中小企业的发展，形成产业集群；利用石狮市原料区域及渔港、交易市场等资源优势，优先考虑在祥芝国家中心渔港附近，建立水产加工集中区，统一进行水产品加工、废弃物综合利用、废水处理等，形成规模化、集约化的水产加工产业格局。

（3）培养海洋生物产业集群　要进一步加强海洋生物科技园区建设，做好招商引资等工作；加大对海洋生物科技园区科技型企业的扶持力度，依托华宝海洋生物化工等新兴海洋科技企业，重点开发以海洋生物多糖、海洋生物蛋白为主要功效成分的原料药及制剂、藻类饮料保健品、胶原蛋白粉、饲用多肽添加剂等产品，促进海洋功能性物质、药品及保健品的产业化，培育具有自主创新能力的高科技龙头企业，形成现代化海洋生物医药产业集群。

（4）发展现代海洋服务业集群　发展海洋金融服务业、涉海商贸服务业、海洋信息和科技服务业和涉海咨询服务业等。指导银行创新服务方式和金融产品，更好地服务海洋企业；利用泉州海洋职业学院等院校的力量，依托海洋产业龙头企业、省海洋生物医药和保健品研发生产基地平台，加快培养海洋人才。继续开展海洋经济运行监测与评估系统建设。

（5）发展海洋工程装备业集群　扩大修造船生产能力。鼓励有条件的造船厂建造高技术、高附加值、具备远洋航行能力的船舶，吸引外地客商来石狮造船；要打造船舶配套系统及零配件生产体系。要充分发挥优势，加强海洋渔业北斗卫星通信系统建设，强势迈入中国北斗卫星导航产业先进行列。

3. 推进海洋生态保护

（1）加强海域使用管理　持续加强对海岸线和海岛的日常巡查，严厉打击非法采砂，严格控制近海捕捞强度，加强沿海防护林建设。

（2）加强海域污染治理　开展全市主要污染物总量减排工作和小流域污染综合治理工作，建立海漂垃圾整治责任制，积极筹措并落实整治资金。

（3）加强海域防灾减灾　持续做好海洋工程监督和管理工作。完善海洋气象、风暴潮、赤潮、海啸等海洋灾害预警防御系统，充分发挥联合机制，加强与海事处、沿海镇政府等多部门的联合行动，进一步加大海洋保护力度。

生 态 话 题

—— 高效生态农业突破传统局限

　　生态农业是生态产业的主体部门，对整个国家现代化的实现有重要作用。随着全球农耕面积的急剧扩大，农业生态成了地球上的主要生态类型，对现代农业提出了新的要求。"高效生态农业"是发展农业的主要形式，从源头上保证食品安全。

生 态 农 业
——统一农业生态和经济系统

一、生态农业的含义及其发展

1. 生态农业的概念

生态农业是指在保护、改善农业生态环境的前提下，遵循生态学、生态经济学规律，运用系统工程方法和现代科学技术，集约化经营的农业发展模式。生态农业是一个农业生态经济复合系统，将农业生态系统同农业经济系统综合统一起来，以取得最大的生态经济整体效益。它也是农、林、牧、副、渔各业综合起来的大农业，又是农业生产、加工、销售综合起来，适应市场经济发展的现代农业。

2. 生态农业的发展与变迁

生态农业是工业化发展到一定阶段，当人们意识到由于工业手段运用到农业领域导致农业环境恶化、农产品质量下降、人们的身体健康受到威胁，甚至食品安全开始成为社会的一大问题时而出现的一种试图在当前科技发展的基础上返回原点的农业，即希望运用原生态手段修复农业生态环境、生产原生态的农产品，完成从农产品质量到农产品数量再到农产品质量的回归。但这种回归过程不是简单的回复过程，而是螺旋式上升的过程。即农产品数量增加基础上把追求农产品的质量作为发展目标，追求较高农产品数量基础上的较高农业经济效益、生态效益和社会效益的统一。

早在100多年前，西方国家就出现了生态农业这一名词，但一直到20世纪90年代，随着我国经济的健康快速发展，工业化水平的提高，生态农业才逐步纳入我国农业发展的战略规划中，成为指导农业发展的重要模式。

生态农业以生态学理论为主导，运用系统工程方法，以合理利用农业自然资源和保护良好的生态环境为前提，因地制宜地规划、组织和进行农业生产的一种农业，被认为是继"化工农业"之后世界农业发展的一个重要阶段。其主要途径是通过提高太阳能的固定率和利用率、生物能的转化率、废弃物的再循环利用率等，促进物质在农业生态系统内部的循环利用和多次重复利用，以尽可能少的投入，求得尽可能多的产出，并获得生产发展、能源再利用、生态环境保护、经济效益与社会效益相统一等综合性效果，使农业生产始终处于良性循环的系统中。它不单纯着眼于单年的产量和经济效益，而是追求经济效益、社会效益、生态效益的高度统一，使整个农业生产步入可持续发展的良性循环轨道。

生态农业不同于一般农业，它通过生态方式不仅避免了"化工农业"的弊端，而且通过适量施用化肥和低毒高效农药等，突破了传统农业的局限性，但又保持其精耕细作、施用有机肥、间作套种等优良传统。可以说，生态农业既是有机农业与"无机农业"相结合的综合体，又是一个庞大的综合系统工程和高效的、复杂的人工生态系统以及先进的农业生产体系。从另一角度来讲，我国的生态农业包括农、林、牧、副、渔和某些乡镇企业在内的多成分、多层次、多部门相结合的复合农业系统，因为生物体的集合与其物理和化学环境组成了生态系统，生态系统是大而复杂的生态学系统，有时包括成千上万生活在各种不同环境中的生物种类。

20 世纪 70 年代我们采取的主要措施是实行粮、豆轮作，混种牧草，混合放牧，增施有机肥，采用生物防治，实行少免耕，减少化肥、农药、机械的投入等；80 年代创造了许多具有明显增产增收效益的生态农业模式，如稻田养鱼、养萍，林粮、林果、林药间作的主体农业模式，农、林、牧结合，粮、桑、渔结合，种、养、加结合等复合生态系统模式，鸡粪喂猪、猪粪喂鱼、鱼塘泥作果树的肥料等有机废物多级综合利用的模式。

生态农业的生产以资源的永续利用和生态环境保护为重要前提，根据生物与环境相协调适应、物种优化组合、能量物质高效率运转、输入输出平衡等原理，运用系统工程方法，依靠现代科学技术和社会经济信息的输入组织生产。通过食物链网络化、农业废弃物资源化，充分发挥资源潜力和物种多样性优势，建立良性物质循环体系，促进农业持续稳定地发展，实现经济、社会、生态效益的统一。从这一角度来讲，生态农业又是一种知识密集型的现代农业体系，是以生态经济系统原理为指导建立起来的资源、环境、效率、效益兼顾的综合性农业生产体系。

二、生态农业的特征及发展模式

1. 生态农业的主要特征

与传统农业和有机农业不同，生态农业是在传统农业和有机农业的基础上出现的一种模式，这一模式集合了原来农业发展过程中农业本身的优势，又采用了有机农业的某些方式。所以生态农业具有独有的特征。

（1）综合性　生态农业强调发挥农业生态系统的整体功能。由于农业作为一个系统，其发展不但要受本系统内部诸多要素的制约，而且也会受到其他系统的影响甚至控制，如生态系统、水系统等。所以农业系统在运行中也就必须遵循系统理论的特点和要求。系统是由相互作用和相互依赖的若干组成部分结合的具有特定功能的有机整体，而系统内诸要素之间、系统要素与系统整体之间的相互联系、相互作用，形成了特定的结构。以大农业为出发点，按"整体、协调、循环、再生"的原则，全面规划，调整和优化农业结构，使农、林、牧、副、渔各业和农村的第一、二、三产业综合发展，并使各业之间互相支持，相得益彰，提高综合生产能力。

（2）多样性　我国地域辽阔，各地自然条件、资源基础、经济与社会发展水平差异较大，所以生态农业的发展也就不可能千篇一律。各地根据本地区的情况，确定适合本地的生态农业模式是其基本常态。也就是说，各地可在充分吸收我国传统农业精华、结合现代科学技术的基础上，以多种生态模式、生态工程和丰富多彩的技术类型装备农业生产，使各区域都能扬长避短，充分发挥地区优势，各产业都能根据社会需要与当地实际协调发展。

（3）时代性　生态农业是在我国工业化水平发展到一定阶段产生的战略模式，所以其就不可避免地带有了时代性的特征。现在发展的生态农业既不同于西方国家百年前的状况，也不同于我国传统农业发展时期的状况，全球化和科技的进步已经使农业发展进入了一个新阶段。在这种形势下，我国农业的任务与发展背景都发生了相应的变化。我国的生态农业进入了新的历史发展时期，我们肩负着应对世界经济全球化挑战的艰巨任务，肩负着生态环境建设的历史任务，肩负着快速发展农村经济、促进农村社会经济可持续发展、全面建设小康社会的历史任务。

（4）高效和可持续性　发展生态农业，目的是既能维持产量的稳定，又能够提高产品的质量，以保证人们的需求。所以，要求生态农业必须通过物质循环和能量多层次综合利用和系列化深加工，实现经济增值，实行废弃物资源化利用，降低农业成本，提高效益，最终避免有机农业带来的弊端。而要实现这种高效目的，保证生态农业的可持续发展就成为一个必须解决的问题。因为可持续性要求使自然资源基础保持在某一水平，使未来世代至少能够获得与当代同样的产出，所以就要求再生性资源的更新能力不能够下降，非再生性资源或其储量能够稳定，或能得到其他资源的有效替代。因此，在发展生态农业的同时，必须能够保护和改善生态环境，防治污染，维护生态平衡，提高农产品的安全性，变农业和农村经济的常规发展为持续发展，把环境建设同经济发展紧密结合起来，在最大限度地满足人们对农产品日益增长的需求的同时，提高生态系统的稳定性和持续性，以增强农业发展后劲。

2. 生态农业的发展模式

地区不同、环境不同，生态农业的发展模式也有所不同。但生态农业的发展理论和发展规律却是人们必须遵循的。

（1）时空结构型　这是一种根据生物种群的生物学、生态学特征和生物之间的互利共生关系而合理组建的农业生态系统，使处于不同生态位置的生物种群在系统中各得其所，相得益彰，更加充分地利用太阳能、水分和矿物质营养元素，是在时间上多序列、空间上多层次的三维结构。其经济效益和生态效益均佳。具体形式有：果林地立体间套模式、农田立体间套模式、水域立体养殖模式，农户庭院立体种养模式等。

（2）食物链型　这是一种按照农业生态系统的能量流动和物质循环规律而设计的一种良性循环的农业生态系统。系统中一个生产环节的产出是另一个生产环节的投入，使得系统中的废弃物多次循环利用，从而提高能量的转换率和资源利用率，获得较大的经济效益，并有效地防止农业废弃物对农业生态环境的污染。具体有种植业内部物质循环利用模式、养殖业内部物质循环利用模式、种养加工三结合的物质循环利用模式等。

（3）时空食物链综合型　这是时空结构型和食物链型的有机结合，使系统中的物质得以高效生产和多次利用，是一种适度投入、高产出、少废物、无污染、高效益的模式类型。

从其作用方面看，三种模式类型各有所长，但也有一定的缺陷和不足，不同地区只有按照本身的情况采取不同的模式，才能真正发挥生态农业的效用，使生态农业成为农业发展的主流模式。

三、生态农业建设的基本路径

1. 转变观念，走"混合饲养型耕作制"之路

生态农业建设，重要的是需要变革传统的旧的农业观念，改革单一的"谷物大田耕作制"，走"混合饲养型耕作制"之路。

从世界各国现代农业的发展历程和当今世界各国的现代农业发展的现实看，绝大多数国家的现代农业走的是"以蛋白质为纲"的发展路线。而落后的传统农业大都走的是"以粮为纲"的发展路线，传统的畜牧业则是以游牧业、亦耕亦牧的形式作为补充。

高效生态农业除了具有规模化、标准化、信息化特征之外，生态化与可持续性成了现代农业必须具有的特征。因此，与种粮养猪相比，以人工牧草为基础的草食畜牧业则更容易实现高效生态农业的这种功能与目标。可持续高效生态农业由绿色农业、白色农业和蓝色农业组成，其生态的真正含义在于一个农业生态系统必须是植物、动物、微生物三者的平衡，种植方面，为了保持土壤肥力，尽量追求种植多年生植物。绿色农业包括农林畜牧及其食品加工业（还包括非化学纤维业）等；白色农业包括食用菌、菌体蛋白、微生态制剂及其食品加工、发酵蛋白饲料加工业等；蓝色农业包括海洋渔业、海洋养殖种植、河湖养殖种植及其水生动植物食品加工业等。

从我国的现状看，要发展可持续高效生态农业，必须大力发展人工牧草，改造传统农业。人工牧草含有高蛋白或含有可以通过微生物转化为高蛋白的纤维素和木质素。我国长期以来，由于对草业的忽视，缺乏人工牧草的开发利用，无法以草为基础形成产业链，选择了一条以粮为纲的"谷物大田制耕作路线"。许多西方发达国家不仅重视草种的改良与培育，还以草为基础形成了以蛋白质为纲的"混合型耕作制"，以苜蓿为代表的草地产业已成为重要的支柱产业。西方发达国家的先进的耕作制度极大地推动了畜牧业的发展，奠定了现代农业的基础，同时还向草食畜牧业及其深加工产业链上转移了大量的劳动力。

以"大田耕作制农业"为主导致了我国农业生产的两大错误。一是用"粮食安全底限"来混淆"食品安全底限"概念，其实，粮食只是食品的组成一部分，过分强调粮食安全底线，导致了追求粮食而忽视农业经济效益的现象。粮食复种指数的提高，不得不连年翻土耕作，导致土壤肥力下降，带来了一系列农业生态问题。除大豆外，其他粮食的蛋白含量很低，通过猪将植物蛋白转化为动物蛋白，不仅效率低，而且还造成了极难解决的面源污染。二是把天然草原错误地当成发展畜牧业的优势。天然草场往往只具有保护脆弱生态环境的生态意义，而不具有经济意义。所以，发达国家的现代畜牧业几乎全部采用人工牧草和饲用农作物或用草本、木本的豆科与禾本科牧草组合成营养全面的饲料。我国目前的现状是一方面确保粮食种植面积并不断提高单产，而另一方面却大量养猪，无谓消耗粮食，"猪"与"粮"形成了尖锐的对立和矛盾，"粮多肉贱"与"粮少肉贵"的交替使得"猪粮足安天下"变得极其困难。这种错误的食品供给结构不仅造成了资源的浪费还造成了大规模的面源污染。所以，应该及时改弦更张，变"粮食安全观"为"食品安全观"；变"食粮畜牧业"为"食草畜牧业"，大力发展人工牧草，选择一条以蛋白质为纲的正确发展路线。

从生态平衡的角度考虑，我们也必须改革单一的"谷物大田耕作制"，走"混合饲养型耕作制"之路，把农业生态系统中的生产者、消费者和分解者之间的物质循环与能量转化过程，联结成一个动态的、平衡的过程。"混合饲养型耕作制"是"以蛋白质为纲"，把农田生态系统和畜牧业生态系统结合起来，实行以食品加工业为导向的农业结构的调节机制。

随着人们生活水平的日益提高，人们生活需求的结构和质量也在发生变化。今后要满足小康和富裕生活的动物性产品市场需求，必须大力发展优质蛋白饲料的生产，必须把饲料行业建设成为发达的现代化产业。在某种意义上可以说，不发展牧草就没有现代畜牧业、就没有真正意义上的食品加工业，因此，耕作制度变革是具有伟大历史意义的饲料革命。

2. 正确处理良种和土壤的关系

良种与土壤是生态农业建设的主要元素。生态农业建设必须把良种和土壤作为一个整体系统考虑，自觉地回归到"水土肥种、密保管工"上来。

世界可耕地的平均有机质含量是 2.4%，美国可耕地的平均有机质含量是 5.0%，而我国可耕地的平均有机质含量仅为 1.3%，相对贫瘠，又加上复种指数接近 3，连年连季过量施用化肥，导致土壤板结，有机质的缺乏使化肥的利用率仅有 35％ 左右，这不仅导致作物缺乏营养，更使土传疾病流行。因此，即使再优秀的品种也迅速退化，难以高产优质。要想使农业达到"优质、高产、高效、生态、安全"，就必须把良种和土壤作为一个整体系统考虑，自觉地回归到"水土肥种、密保管工"上来，不要一味地、盲目地追求良种、追求化肥。根据发展高效生态农业的要求，我国应该大力发展"有机无机生物复合肥料"，并且要使这种有机无机生物复合肥料的有效氮磷钾达到或超过 30％ 以上、有机质含量达到或超过20％（其中有机物要含有 1/4～1/3 的腐植酸），还要有一定数量的微量元素，这样的肥料才能保证"优质、高产、高效、生态、安全"并促进农业生态的良性循环。

我国每年产生的农业废弃物约 40 多亿吨，其中畜禽粪便排放量 26.1 亿吨，农作物秸秆7 亿吨，处理率不足 25％，农业废弃物不能有效和及时地处理与转化，既污染了环境又浪费了资源。处理后城市生活污水淤泥以及造纸黑泥、淀粉、味精、甘蔗等加工的废料均是很好的原料。为了从根本上解决农业可持续问题，北京生态文明工程研究院的专家们建立了有机无机生物复合肥料的技术体系，即根据根际土壤微生态学、植物营养学、植物生理学原理以及高效生态农业的基本概念，利用大量的农作物秸秆、畜禽粪便和造纸草泥等农业废弃物为原料，用纤维分解菌并辅以细菌激活素和固氮、解磷、解钾菌快速腐熟、高温发酵、除臭、低温烘干后，加入氮、磷、钾和钙、镁、硫、锰、锌、铁、硼、铜、钼等多种微量元素生产肥料。它既有无污染、无公害、肥效持久、壮苗抗病、改良土壤、提高产量、改善作物品质等优点，又能克服大量施用化肥、农药带来的环境污染、生态破坏等弊端。有机生态肥既提高了土壤的有机质含量，又解决面源环境污染，实现了资源的有效利用，确保了农业生态系统的良性循环，符合我国生态农业、效益农业的发展方向，是高效农业、绿色无公害农业的理想有机肥，有广泛的应用前景。

3. 发展菌草业

循环利用工农业废弃物，结合当地的农业生态适宜度，种植人工牧草，发展菌草业，扩展食品多样性。菌林矛盾实际上是菌业生产发展与保护生态环境的矛盾。为了解决香菇生产原料问题，我国的生态技术专家提出了用野生资源极为丰富的芒萁、五节芒等野草来代替阔叶树生产香菇的设想。用芒萁、类芦、五节芒等野生草本植物栽培香菇试验首次获得成功。并在此基础上形成了菌草和菌草技术体系，它解决菌业生产中的"菌林矛盾"和"菌粮矛盾"、菌业发展与环境保护的关系，为可持续发展的生态菌业——菌草业的发展提供科学依据和生产技术。发展生态菌草业可以有效地利用自然资源和生物资源，对于高效生态农业有重要的意义。

4. 发展微生态与微生物产业

充分利用可再生资源（农作物秸秆和农产品加工剩余的废弃物如木质素、纤维素等）发展微生态与微生物产业，尤其注重发展发酵蛋白产业，扩充蛋白质来源。中国专家研究的菌体蛋白饲料生产方法可将各种薯类、籽实类、糠麸类、渣粕类、饼粕类、草粉和秸秆粉、一些畜禽粪便也可生产出蛋白含量高、营养丰富的饲料。如果用植物粗蛋白含量较高的人工牧草（如篁竹草、桂牧 1 号、合欢、锦鸡、柠条等豆科木本或禾本），通过微生物发酵工程生产出美味可口的食品，不断丰富人类食品来源，还可以通过这些多年生植物形成可持续发展的农业生态系统，那将是人类和地球的福音。

5. 发展白色农业

白色农业是指微生物资源产业化的工业型新农业，包括高科技生物工程的发酵工程和酶工程。与绿色农业相比，白色农业的可控性、规模化、工厂化、标准化更有着无比的优越性。此外，白色农业的发展对于资源的高效利用、循环经济、生态化等有着极其重要意义，因为它增强了一个生态系统平衡必需的"生产—消费—分解"过程的分解环节，这往往是绿色农业最不重视的环节。白色农业的发展可将已断裂的农业生态链条连接起来，形成真正的可持续性高效生态农业。

6. 发展蓝色农业

蓝色农业是指在水体中开展的水产农牧化活动，包括所有近岸浅海海域、潮间带以及潮上带室内外水池水槽内开展的虾、贝、藻、鱼类的养殖业。

我国有 1.8 万多千米的海岸线，近海的大陆架有 2 亿亩。我国南方河湖面积广大、淡水资源丰富。藻类和浮游生物，不仅是鱼类的食物，有些也是人类的食品。我国的水产养殖量虽然占世界的一半以上，但是现在也遇到环境污染的挑战，造成了巨大损失。究其原因，主要原因是工业污染和饲料投放污染。如果大规模发展多年生人工牧草，既可以减少每季翻耕所带来的水土流失、减少向河流海洋的表层土壤的污染排放，又可以通过投放利用人工牧草加工（或发酵）生产的无公害饲料，提高水产渔业食品的安全程度。

海洋和河湖的农牧场化，其基本生产资料离不开饲料和肥料，人工牧草则是生产渔业饲料和海洋种植肥料的最好选择。将人工牧草作为江河湖海的农牧场化生物质源，可形成陆地与海洋河湖的良性生态循环，避免近海的有机污染，促进蓝色农业的可持续发展。

7. 发展家庭农场

家庭农场是以家庭成员为主要劳动力，从事农业规模化、集约化、商品化生产经营，并以农业收入为家庭主要收入来源的新型农业经营主体。

我国种养结合家庭农场是伴随着生态农业的兴起及发展而产生的，在农业部确定的 33 个农村土地流转规范化管理和服务试点地区，已有家庭农场 6670 多个，在促进现代农业发展方面发挥了积极作用。

我国的农业区大都为典型的种养结合区，种植业和养殖业形成物质能量互补的生态系统和农业系统，组成了一个良性循环。在中国当前农业生产条件下，家庭农场非常适合实行种养结合模式，能够及时调整种养比例，充分合理地利用农业资源，使农业系统中的食物链达到最佳优化状态，从而提高农业生态系统的自我调节能力，达到经济效益、生态效益、社会效益三者的有机统一，促进生态农业的发展。

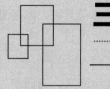

三位一体
——林草牧的草食畜牧业促进高效生态农业发展

中国农业的根本出路是走"以蛋白质为纲"的高效生态农业之路,"林草牧三位一体"的"湖南草食畜牧业发展模式"的探索,为中国生态农业的发展提供了一条新路。

一、变革旧观念

畜牧发展,草是基础。北方草地普遍超载,虽然南方草山草坡资源比北方牧区草地具有更大的开发潜力,但南方也只有江南地区和四川盆地地区不超载,其他区域均超载十分严。因此,在今后若干年内,中国草食畜牧业的发展潜力最大的是江南地区和四川盆地地区,提出"湖南模式"正逢其时。

创建"湖南模式"的关键就是"以蛋白质为纲",走林草牧三位一体的道路,因地制宜地建立各种"人工草场",保护并培育出更好的生态环境,在为草食畜牧业奠定饲草基础的同时,使企业效益和区域经济都获得可持续发展。现代草地的可持续性种植结构:草地的可持续发展要求将养畜造林有机地结合起来;将一年生和多年生作物、草本作物和木本作物结合起来,改变过去在一块农田中单纯种一种大田作物,尤其是一年生谷物的耕作方式。中国社会科学院世界经济与政治研究所的农业经济专家学者建议,木本作物、多年生作物的比重,应当不少于50%。草食牲畜的饲料资源应当更多地依赖多年生和木本作物。例如,俄罗斯利用松针粉作饲料;美国利用山杨和柞树作饲料;日本利用阔叶树木片和橡子粉团作饲料;韩国利用刺槐和银白杨作饲料;印度有专门供采集橡子和树叶的饲料林地;印尼开发出"三层饲草体系"模式,牛饲料中灌丛和木本饲料约占14%~32%;澳大利亚用桉树叶做饲料;澳大利亚、墨西哥、菲律宾大量种植银合欢(*Leueaena glauea*),并加工银合欢粉以其粗蛋白高而引起国际市场极大的兴趣;葡萄牙、匈牙利、墨西哥等国家还利用橡宝和一种多年生木本豆科作物 *Proropis sppde* 的荚果作饲料。在这种可持续发展所要求的草食牲畜牧草生产结构中,往往木本作物和多年生作物的比重不少于50%。这一观念有助于:①保护现有森林和山地,并与国家目前所推行的退耕还林国策不矛盾;②可极大限度地利用现有丘陵山地,又避免出现大面积水土流失的人为的生态灾难;③可发挥湖南山地多、雨水多、木本饲料植物青绿期长、利用年限长、生物产量高(同等面积的饲料林产量可比草本高2~4倍)、生物量高、生产潜力大的气候优势,发展木本饲料行业,真正形成北方无法比拟的"湖南模式"。

一般而言,人工种植的豆科和禾本科牧草粗蛋白质的含量要比野生的豆科和禾本科牧草分别高 10％～15％和 5％～8％，且其单位面积产量要高出 3 倍以上。世界现代畜牧业中，当人均草场面积少于 0.5 公顷时，木本饲料作物占的比重可达到 50％以上。对比而言，目前湖南所有的人工草场均为草本植物，"所得蛋白质少于当所得"；再者，非木本草场在牲畜践踏后更容易造成水土流失，仅几年的光景，有些规模化高山牧场已呈退化之势。这应该引起高度重视！

二、"湖南模式"的木草混合种植结构

1. 木草混合种植结构

根据湖南的地理气候状况，湖南的草地资源可分为三类：第一类为"中亚热带高山草地"，如桑植的南滩牧场、慈利的南溪牧场、城步的南山牧场等；第二类为"中亚热带低山丘陵草地"，如汨罗市、平江县、湘阴县等县市；第三类为"中亚热带环洞庭湖平原区草地"，如君山区、屈原农场、华容县等环湖区。

针对湖南的草地，中国社会科学院世界经济与政治研究所世界农业经济研究中心专家认为：第一类"中亚热带高山草地"若尚无翻耕，且有针叶松或桉树等，千万不要砍光烧光，造成水土流失，带来生态灾难，应对饲用树种进行论证，留下可作为木本饲料的树种，并将其针或叶加工成饲料添加物；若已全部翻耕应按如下方法操作：所选豆科灌木应为"锦鸡属"（柠条、小叶锦鸡儿等）、紫穗槐、多花木蓝；所选禾本科应为多年生黑麦草（二倍体）、多花黑麦草（四倍体）、苋菜、串叶松香草、聚合草、狐茅、狼尾草、象草、苇状羊茅、鸭茅、无芒雀麦、草地早熟禾、草芦，以及美国引进品种篁竹草等。所选豆科牧草应为：白三叶、杂三叶、红三叶、降三叶、百脉根、桂苜 1 号、紫花苜蓿和草木樨。豆科牧草越冬率在 90％～98％以上的有百脉根、红三叶、白三叶；禾本科的有鸭茅、黑麦草等。

以上这些草种适应力强，生长迅速，鲜草产量高，尤以鸭茅、草芦、多年生黑麦草、篁竹草、百脉根和白三叶等牧草表现突出。

可按等高线将"锦鸡属"（柠条、小叶锦鸡儿等）、紫穗槐、多花木蓝每带两行，行距为 1 米左右，带距为 6～10 米或 10～20 米，间混种豆科或禾本科牧草；在混播草场中的豆科牧草可多用百脉根，它比白三叶更耐践踏。

第二类"中亚热带低山丘陵草地"应采用豆科木本银合欢（又称白合欢）、紫穗槐、多花木蓝、锦鸡儿等带间与株间间作、套种禾本科、豆科等放牧牧草（如银合欢等豆科木本套种伏生臂型草、苋菜、聚合草、串叶松香草、大黍、亲青绿黍、虎尾草、非洲狗尾草、苇状羊茅、鸭茅、紫云英、球茎草芦、鸭茅或东非狼尾草等）模式，形成豆科灌木和禾本科等牧草混合牧场。银合欢被誉为"蛋白之库"，一般选用萨尔瓦多型。具体做法是：按等高线条种，即按 60～80 厘米的行距条播，出苗后间苗，每隔 20 厘米留一株壮苗，也可按行距 1 米左右、株距 20～25 厘米密度穴播，播种量为 20～30 千克/公顷（即 1.33～2 千克/亩）。若供放牧使用，则采用带状条播，每带 2 行，行距 1 米，带距 6～10 米或 10～20 米，带间及株间间作、套种适宜当地的禾本牧草。

另外，也可选用：①豆科灌木"圭亚那柱花草"和串叶松香草、大黍、毛花雀稗、伏生臂型草、盖氏虎尾草、紫云英、鸭茅、草苇（草芦、金色草苇、园草芦）、非洲狗尾草等混播。"圭亚那柱花草"又称巴西苜蓿、热带苜蓿；②多年生豆科蔓藤性草本植物"大翼豆"、串叶松香草与非洲狗尾草、青绿黍、盖氏虎尾草、大黍、臂型草、紫云英、鸭茅、草苇（草芦、金色草苇、园草芦）、俯仰马唐、宽叶雀稗、柱花草；③多年生豆科匍匐、缠绕型草本

植物"大结豆"与球茎草芦、苇状羊茅、鸭茅、草芦（*Phalaris arundinacea* 草芦、金色草芦、园草芦）、棕籽雀稗、臂型草、篁竹草、桂宜 1 号、黍属牧等高大牧草混播。

第三类"中亚热带环洞庭湖平原区草地"应采用：①多年半直立豆科灌木"圭亚那柱花草"、多年生草本豆科牧草"百脉根"、非洲狗尾草、紫云英、扁穗牛鞭草（重庆高牛鞭草、广益牛鞭草）、丛生型草本植物苇状羊茅、鸭茅、篁竹草、桂宜 1 号、芒草；②将多年生草本蔓生豆科牧草绿叶山蚂蟥与多年生豆科蔓藤性草本植物"大翼豆"一起再与大黍、篁竹草、桂宜 1 号、芒草、毛花雀稗、紫云英、非洲狗尾草、球茎草芦中的 1～2 种混播。

2. "湖南模式"的牧草管理方法

（1）利用养殖粪便为各类牧草配制专用肥　将养殖粪便发酵后生产专用肥，促进生态良性循环，如生产木本豆禾牧场专用生态肥、豆科牧草专用肥、白三叶与黑麦草混播山地草场专用肥、1 年生多年生黑麦草专用肥、禾本科牧草专用肥，为各类牧草生长提供所需的大中微量元素，提高土壤有机质含量，改良土壤结构，大幅度提高木本豆禾牧草的产量、质量和草场的可持续性，这无疑为湖南的无公害畜牧业的发展提供了生态化的土肥基础。

（2）草地建植与维持管理　①全垦地面处理（一般不采用该方法，以免大规模水土流失）。即用人力或机械对地面完全开垦，一般适用于坡度小于 25°的草地。当地表植被为比较低矮的野生草本植物时，直接进行全垦。地面植被以灌木或比较高大的宿根性草本植物为主时，则首先砍去地上植物部分，并挖出其根部，再行全垦。在坡度大于 25°时，沿等高线作水平带状开垦。②点垦地面处理：在不毁坏现有植被的基础上，先将木本豆科牧草带状种下，并形成对土壤流失的拦阻能力后，再按全垦法套种禾本牧草。③家畜宿营法建植。家畜宿营法是指家畜放牧归来，在计划改良的天然草地或人工草地上过夜，利用家畜践踏和排泄的粪尿清除天然植被，并在宿营最后一天撒播牧草种子用以建植人工草地或改良人工草地。

（3）放牧与刈割的草种选择　适合放牧利用的豆科灌木为锦鸡儿属（柠条等）；适合放牧利用的草种有白三叶、百脉根、多年生黑麦草、鸭茅和早熟禾；适合林下草地种植的有白三叶、鸭茅、狼尾草、芒草、象草、苇状羊茅和早熟禾；适合刈割利用的有紫花苜蓿、山地黑麦、小黑麦；放牧刈割兼用的有草芦、苇状羊茅、意大利黑麦草、杂种黑麦草、美国引进的篁竹草。要特别提醒的是银合欢不适合放牧，只适合脱毒青贮和加工成木本饲料。

（4）木本与草本饲料的处理　木本饲料的处理：低矮灌木嫩芽可直接放牧；其他可人工采割后，粉碎后微贮或青贮；烘干做成粉状；水解糖化做成饲料酵母粗饲料。

一般说来，木本饲料要与其他饲料配合，比例视具体情况再确定。草本饲料的处理割草后草产品的调制与加工：湖南夏季高温湿润，牧草生长过剩，制备干草困难，因而通常进行青贮。青贮原料中糖分含量不宜低于鲜重的 1.0%～1.5%。禾本科牧草含糖较多而粗蛋白较少，是容易青贮的原料；豆科牧草含糖较少而粗蛋白较多，较难青贮，因而不宜单贮，应采取混合青贮或调制成半干青贮料。

（5）围栏轮牧　实践证明架设围栏（可用水泥杆拉直铁丝或用"柠条"、"花椒树"、"鸟不蹬"等植物组成围栏）可以节省劳力及减轻牧工的劳动强度；可以合理划区轮牧，将轮牧区与休闲区分开；有助于科学管理草地；有助于防止家畜疾病的传播。为了合理实行轮牧，根据某群家畜数量、轮牧周期、小区放牧时间及频率等，将一定面积的草地划分为 6～8 个小区实行轮牧，围栏区划轮牧是建植优良的人工草地、合理利用草地、管理家畜的有效途径。

（6）用无毒植物保护剂防治病虫害　山区草场主要的病害是白粉病，多发生在红三叶，有时也可见于白三叶染病株，禾草锈病依年份不同也有不同程度的发生。对轻度发病的地块可采用刈割、重牧等措施，以防止大面积蔓延。对面积不大但感染严重的地方要焚烧、翻耕消灭病源，大面积感染病要采用化学防治的方法，最好用"低聚糖植物保护剂"或"苦参素植物保护剂"。

（7）合理利用草地的刈割技术　牧草的刈割：适时刈割的牧草可以青饲，也可以晒制干草和制作青贮以备冬春饲料缺乏时利用。在确定适宜的刈割时期时，除考虑当年的草地产量和营养物质收获量外，还应考虑刈割时期对下一茬或下年草地产量的影响。在开花期刈割的牧草，下一茬或下一年能得到最高产量。刈割高度：人工草地牧草的适宜刈割高度为5～6厘米，粗大牧草、高大的杂类草，割草高度可提高到离地面10～15厘米刈割。在使用机械割草时，当风力达到5级以上时应该停止割草，风小时应逆风割草。

为了提高割草场质量和改变割草场退化的趋势，必须建立合理的轮割和培育制度。轮割制度就是与放牧场、休闲场结合轮流管理。割草以后，利用再生草放牧，可以达到自然培育家畜的效果。对草场可2～3年轮换1次或休闲1次，但每次割草后要立即施肥。

源 头 控 制

——生态农业保证食品安全

　　生态农业，顾名思义生态环境要良好，生态在前，农业在后。而国内搞的许多生态农业，大都没有考虑生态要素，而仅仅停留在喊口号阶段。在理想的生态环境条件下，农业中的各种元素是能够循环起来的，生态是平衡的。农业生态失衡是最近半个多世纪以来发生的重大事件，发达国家走过了工业化农业的弯路，投资到健康的成本越来越大。美国利用工业化办法生产食品，食品价格低廉，他们用来购买食物的费用占总收入的11%，但用来购买药物和用于医疗的费用则高达17%，这就是工业化农业带来的生态与健康代价。鉴于此，很多有识之士开始重新思考农业，试图恢复生态平衡的农业模式。作为有6000多年农业文明历史的中国，生态农业或有机农业能否在中国大地上遍地开花呢？山东省平邑县蒋家庄的弘毅生态农场的实践提供了有益的启示。以蒋高明教授为首的研究团队认为，人类与自然的关系正出现了一系列的变化，人们的信任出现了前所未有的危机，地球生命正遭到来自自私的人类恶意攻击，全球在变暖、生物多样性在消失、食物安全受到影响。他们在山东蒋家村带动所在村落、乡镇、县域，发展生态循环型有机农业，利用生态学和生物多样性原理经营农业，为人们提供安全放心的粮食、蔬菜、肉蛋等食物，为农民制造就业机会，为农业高校学生创造就业岗位。弘毅生态农场的出现，就是为了远离农业面临的危机，以全新的面貌从事科研、教书育人、农民致富，并带动新农村建设，是在科研力量武装下，在粮食安全与食品安全的源头寻找人类社会或农业可持续发展的道路，让生态文明由理论变成现实。

一、弘毅生态农场产生的背景

　　一个理想的生态农业模式，应当是相对合理的，是自然平衡的。生态农业模式，追求的是无虫害、无病害、少草害的环境，即农田生态系统中的物种还存在，但由于生态平衡和适当人工干预带来的效益，没有一个物种能够爆发成灾，相应地保持了农作物的优势种群。如果实现了这些目标，则生态农业是将产量维持、环境保护、健康保护、生物多样性维护、人类安居、就业等一系列复杂问题简单化的，理应得到社会的认可和政府的支持。但现实是健康的农业生态系统收到了极大的挑战。

1. 丰富的生物多样性

　　农田是在自然生态基础上，通过人类努力改造而来的，主要来自森林、湿地或草原。有的改造过程漫长，如山东、河南一带的农田就利用了四五千年，有些则比较年轻，如东北的松嫩平原只有不到半个世纪的历史。美国的农田历史大多在两三百年之间，远远低于中国的农业开垦历史。如果仔细观测，农田中还保留着很多自然要素，如乡土树种、杂草、害虫、益虫或益鸟，部分中小型野生动物等，那些在偏远山区的农田自然要素更多。人类种植的谷物，如小麦、水稻、玉米等都是长期选育的结果；饲养的动物，如猪、鸡、牛、狗、猫等，是由野生动物驯化而来。除了人类可食的物种外，农田多样性越丰富，其系统越稳定。但当前由于石化农业的发展，生物多样性减少。

2. 农田湿地

农田湿地主要为鸟类或各种动物提供饮用水源，同时起到灌溉之功效。可惜的是，当前农田湿地消失严重。中国北方农村曾经的池塘、"涝洼地"，即使常年土壤湿润的地方也打不出水来了。土地联产承包后，农民种地积极性调动起来后，庄稼活很快就不够干的了，土地遂显得紧缺，那些"涝洼地"就成了农民待垦的"荒地"。农民深挖排水沟，并从远处运来沙土堵住泉眼，再垫上厚厚的土，湿地变干了。仅仅几年功夫下来，中国北方村子里的大小池塘"蒸发"了，季节沟渠也被整平了，河道两边的天然植被也被砍光种上了庄稼和杨树，在城镇周围的土地则被沥青水泥封闭了。乡村土地多了，但湿地消失了，干旱的天数多了。

在全国范围内，乡村湿地的消失触目惊心。在北方，河北省过去 50 年来湿地消失了 90％，即便侥幸存留的湿地，八成以上也变成了污水排泄场所；陕西关中一带 30 多个县，几十年来消失上万个池塘；在南方，中国最大的淡水湖鄱阳湖，水域面积从最高 4000 平方千米减少到不足 50 平方千米。因湿地消失，干旱几度由北方转移到鱼米之乡的江南，如 2007 年，鄱阳湖大旱，湖畔城市上千万人遭受饮水危机。

3. 本地森林与农田防护林

本地森林是鸟类和部分小型动物的栖息地，现在益鸟没有了这些庇护地，除害虫只有用农药。那些虫媒花植物如苹果、梨、油菜等传花授粉也很困难，要么采用人工授粉，要么面临减产。

4. 土壤和肥料

健康的土壤、高的有机质、少农药或零农药是农业持续发展的前提。中国内地粮食主产区土壤有机质从最初的 20％下降到 1％～2％，这个过程经历了几千年，现在还有继续下降的危险。有机肥对维持高度平衡的细菌与真菌多样性，维持土壤动物具有非常重要的作用。没有有机肥，一味使用化肥，造成土壤板结、酸化、土壤生物多样性严重下降，病害也就接踵而至了。长期使用化肥，除造成土壤板结外，还造成土壤酸化，严重酸化的我国北方某些耕地土壤 pH 值由大于 7 下降到小于 5。

一个地区的生态条件越好，天敌昆虫和鸟类就越多，对农药的依赖就越小。在海南省澄迈县，当地种植咖啡基本不打农药，种植水稻仅打两遍农药，远低于内地农区（农区玉米打五六遍农药；果树打 20 多遍农药），这主要得益于其良好的自然生态。因此，恢复生态平衡，让农业中的元素循环起来，充分调动农业中的各种要素，可在健康的环境下，生产健康的食物。

5. 农膜

农业的发展应该是没有农膜覆盖，去除病害。农膜短期提高效益，但危害是巨大的。其主要危害在于，农膜在自然界无法降解，大部分被农民在地头焚烧，低于 800℃燃烧农膜，会释放二噁英等严重的致癌物质。采用农膜覆盖方法生产食物，就是一边生产食物，另一边制造疾病，必须从源头杜绝这种现象继续发生。

二、弘毅生态农场从事农业生产遵循的原则

1. 尊重所有物种生存的权利

"害虫"和"杂草"是人类冠以自己不希望的物种身上的贬义词。作为物种，"虫"和"草"同我们人类一样，有着生长、生存、繁殖，享受阳光、空气、水分和食物的基本权利。在弘毅生态农场，他们用生态平衡的方式管理生物多样性，利用物种的天敌来控制恶性膨胀种群的扩张，利用物理与生物方式相结合的方法管理物种。他们彻底告别了农药和除草剂，将曾经对农田造成危害的物种当作资源利用起来，促进农业生态系统的平衡。

2. 保证耕地的高生产力，用地更要养地

化肥可以在短期内提供作物需要的养分，但是过量使用化肥会损伤耕地，化肥中不含土壤内的动物和微生物生长需要的养分；农膜虽然在短期内提升了土壤温度，但农膜焚烧会产生致癌物；高毒性农药的使用，使许多长期近距离接触的人们患上了各种疾病。在 30 年前，农民听都没有听说过的癌症，现在发病率很高，至今农民们还不知道得癌症的根本原因是环境恶化造成的。他们要将被农民焚烧的秸秆等废弃物通过大型反刍动物转化，产生大量的有机肥，再返回农田，从而保持土壤的水、肥、气、热，和土壤生物多样性；用有机肥养地，让耕地变黑、固碳。弘毅生态农场拒绝使用转基因种子，拒绝转基因产品进入食物链。"杀鸡取卵"的转基因技术，将对耕地生产力造成新的威胁，绝对不是可持续的做法。

3. 充分利用现有能源

鼓励农民充分利用家门口的能源，而远离煤炭、天然气，甚至电力，尽量减少温室气体排放。中国农民是全球最勤劳的人群之一，而今富裕起来的农民，开始与城里人一样，大量使用煤炭、液化气、电力，这是社会进步的象征，也是环境恶化的开始。他们利用秸秆、粪便进行生物发酵，产生沼气，可以供农民做饭、取暖、照明之需。瑞典、瑞士人可以将沼气装进轿车、公共汽车里驱动发动机，他们也已成功将沼气通入农户。国家大量开采更多的煤炭，并且建设高坝来发电，还利用太阳能、风能甚至高风险的核能发电，殊不知，电力的缺口会因富裕的农民而不断扩大，引领农民利用家门口的传统生物质能才是大势所趋。

4. 固碳

引领农民将二氧化碳等温室气体埋葬在耕地里。我国有 18 亿亩耕地，这些耕地除了基本满足 13 亿人吃饭问题外，还有一个巨大的功能就是可将困惑人类的温室气体埋葬在地下。现在如果恢复了生态循环，植物秸秆固定的碳，还有大部分粮食中的碳，经过人类和动物消费后，再通过有机质还田途径，从大气抽取聚合并固定在土壤中。如果他们经过 10～30 年努力，将土壤有机质提高一个百分点的话，则意味着每年有 10 亿～30 亿吨的二氧化碳埋葬在土壤里。耕地固碳是利用有机质养地，是提高作物产量的副产品。中国有大量的农民，勤劳的农民如果充分动员起来，对温室气体减排的作用将是巨大的。耕地固定碳的潜力到底有多大需要生态科学家用第一手的数据来说话。

三、弘毅生态农场的成效

当美国等西方国家纷纷推进"高投入、高产出、高污染、高补贴"的农业，同时国内也有很多鼓吹者推崇这种模式的时候，蒋高明的团队却坚持"低投入、高产出、零污染、负排放"的农业。也许有人认为他们搞的是乌托邦式的农业，但他们坚信其走的这条路子才是可持续的。

他们同时还要带动农民，让土地上产生更大的效益。首先，他们拿出了 2～3 年时间给大自然一个调整的机会，在等待过程中产生的损失，弘毅生态农场负责承受。他们用生态学的办法，打败"大农药、大化肥、除草剂、添加剂、农膜、转基因"6 项技术之和，其效益还要翻倍，乃至翻 3～5 倍，实现土地增值增效。

弘毅生态农场就是这样一个研究型农场。这是一个科技型农场，是一个技术含量很高的农场。在这里，研究员、教授、硕士生、博士生、博士后、留学生、清华本科生等都与农民一起做试验。他们要向土地要效益，向生物多样性要效益。他们杜绝急功近利，相信人民群众的力量，相信消费者的判断能力，更相信物种的力量。他们知道，人类即使非常有能力，但集中全球的财富，集中全球的科学家，也不能制造出像苍蝇这样小小的一个物种。实际上弘毅生态农场是名副其实的有机农场，当生态这样的词汇在商品社会贬值的时候，他们宁愿回过头来使用生态这个词汇，而不用"有机"这个术语，因为有机毕竟是生态过程的一个小小环节，尽管他们的产品也经过了国家的有机认证。

在生态平衡的农业系统内，害虫已不危害，病害基本不会发生，养分能够循环，杂草只要人勤快一些就能够从源头得到控制。这样的生态农业，要求人不离土就能够就业、生活、养老，他们不需要外界输入食物，相反农民还为城市人群生产了健康的食物和制衣的原料。这样具有良好前景的生态农业为什么没有发展起来呢？这是因为，生态农业承担了环境保护、人类健康、技术传承、农民就业、大学生就业的各种压力，如果单依靠市场，政府将大量的经费补贴到破坏环境的现代农业上面，生态农业就被打压。没有好的回报，只能劣币去除良币，最终加大了健康成本，造成医院与制药厂的火爆。这在全球都是一样的。

弘毅生态农场的核心思路是充分利用生态学原理，而非单一技术提升农业生态系统生产力，创建"低投入、零污染、高产出"农业，实现农业可持续发展。试验农场摒弃化肥、农药、除草剂、农膜、添加剂、转基因 6 项不可持续技术，增加生物多样性，从秸秆、"害虫"、"杂草"综合开发利用入手，种、养、加结合，实现元素循环与能量流动，生产纯正有机食品，推动城市社区支持农业；增加农民收入，带动农民就业；最终实现耕地固碳。

在弘毅生态农场，采取"物理＋生物"方法控制虫害，试验区彻底实行零农药、零化肥、零农膜覆盖，不用转基因技术，虫害控制量从 2009 年开始时的 0.45 千克/天下降到 2012 年的 0.02 千克/天，每盏灯年捕获量从 33.8 千克下降到 2.4 千克，与此同时天敌鸟类如燕子、麻雀大量回归，瓢虫、食蚜蝇、螳螂等天敌益虫大量出现，害虫几乎没有机会对作物造成危害。

在现代农业模式下，山东农民种植三季（小麦或大蒜、西瓜、玉米），纯收入不足 1000 元/亩，而弘毅生态农场的有机农田亩净收入 5000 元/亩。经过 7 年有机肥还田，在坚持"六不用"（不用化肥、农药、农膜、除草剂、添加剂、转基因）前提下，该农场已成功将低产田（600 千克/亩，玉米小麦周年产量）改造成吨粮田（1028 千克/亩），充分显示了生态循环农业的强大威力。

日前，弘毅生态农场年养牛 123 头（其中基础母畜 63 头），养鸡 2000 只、养鹅 1200 只，种植有机粮食 100 亩、有机蔬菜 5 亩、有机果园 5 亩。弘毅生态农场总部面积 20 亩，含牛舍 2.32 亩；本地树群落 8 亩（林下养鸡、鹅），人工湿地 4.8 亩；另有生态绿地 5 亩，定位研究站及活动面积 2.09 亩；诱虫灯控制面积 500 亩；带动大学生、农民全年就业 20 人。弘毅生态农场使用的耕地不足 150 亩，且为低产田，如果发展现代农业，根本不可能带动农民和大学生就业，农田污染与地力下降不说，市场低迷的农产品，已使很多农民放弃耕作，进城打工去了。弘毅生态农场的做法，就是让农民进城去做的工作回到农场，让农业回归农业，让元素循环起来，让生态平衡起来，人不要干动物的活（如传花授粉），不要继续破坏生态平衡（如喷撒农药赶跑了益虫、益鸟）。

弘毅生态农场通过过硬的有机食品得到市场认可，最终证明生态学不是软道理。有机食品产业如果做真、做大、做强，既能满足消费者对安全食品的基本需求，又带领农民保护生态环境，还能实现耕地固碳、减少温室气体排放的远期目标。目前，弘毅生态农场的农场产品通过国家有机食品认证，通过专业销售网络配送到全国各地。

实验开展 7 年来，已带动农场所在地蒋家庄村 10 户农民，开展秸秆养牛 160 头；带动蒋家庄以及周围村、乡镇等发展林下养鸡 3 万只；养蛋鸭 300 只；养笨猪 150 头；成立了由农民组成的"山东平邑乡土生态种植专业合作社"；带动蒋家庄建设户用沼气 130 户；带动蒋家庄村容整治街道 1500 米。带动山东、河南、河北、内蒙古、甘肃、浙江、江苏、广东、中国人民解放军总装备部某基地等企业家、农民、军人从事有机农业，在全国累计推广有机农（草）业面积约 14.5 万亩，充分展示了科研示范作用。

四、弘毅生态农场食品销售模式

安全食品是生产出来的，不是监督出来的。最彻底的监控是良心监控，即在生产过程中兑现其承诺，这就对生产者提出了非常高的要求。如果不添加那些有害物质，是无论如何也检测不出来的。弘毅生态农场也在积极推出自己的销售平台，即"六不用"产品，即不用农药、化肥、除草剂、添加剂、农膜、转基因。其中，农场产品会根据农产品收货时节而调节，所有产品均在当地粗加工，产品有玉米面、玉米碴；小麦季目前为面粉、全麦面粉、麦仁、面条。根据农场发展，陆续推出豆类产品及其他易于储存及运输的产品；如豆类、蔬菜和柴鸡蛋，视销售情况扩大规模。

弘毅生态农场根据消费者需要，凭诚信经营，不以盈利为最终目的，有多少能力办多少事，不欺骗消费者，以品牌赢得市场。这是"打铁还需自身硬"的一种做法，是从自身做起的一种模式。目前，这种模式已经赢得了北京、浙江、辽宁、江苏、广州、山东甚至台湾省的部分消费者。

弘毅生态农场的发货方式也很简单，可根据客户自身需求，分为物流和快递两种。在量少时他们安排快递发货，达到一定量后经客户同意安排物流。两种货运方式他们均能争取低价、速度，快递默认申通快递，物流则根据不同地区选择。有需要的消费者可仔细阅读产品说明，若不确定可先选择品尝。每个客户在第一次选择产品时只要不大于一个采购单位，弘毅生态农场默认为品尝，直接发货。品尝产品弘毅农场采用货到付款的方式。这种模式，如果在小范围获得成功，完全可以在全国发展会员，采取统一的严格的标准，实现以生产者严格自律的安全食品生产与销售模式。

消费者单纯迷信有机认证，商家给你的肯定是"牌子真、东西假"的产品。而坚持严格按照有机标准生产费用增大，这也加大了有机农业推广的难度。另外，国内流行的有机认证标准是有问题的，强调一点化肥不能使用，企业在实施起来根本做不到，只好偷用。其实，欧盟、美国和日本的有机标准是允许使用少量的化肥和农药的。弘毅生态农场的标准是最严格的，采用的是"六不用"，即化肥、农药、农膜、除草剂、添加剂、转基因。其实，如果允许使用哪怕 1/4 的化肥，其余的不用，则有机农业的成本就会大大下降了——因为产量基本保证了。

形态创新

——生态工业打造工业新生态链

发展生态工业，是建立生态经济体系的最重要一环，对整个国家生态现代化的实现有重要作用。 生态工业能促进信息流、人流、物质流、能量流等的合理运转和系统的有序发展，协调工业部门的生态、经济和技术关系，使资源能够多层次地循环和综合利用，提高能量转换和物质循环效率，进而实现工业的生态效益、经济效益、社会效益的有机统一，加快生态工业化的步伐。

和 谐 共 生

——生态工业实现物质和能量的多极持续利用

一、生态工业经济的含义及结构

1. 生态工业经济的概念

生态工业经济就是按生态经济原理和知识经济规律所组织起来的基于生态系统承载能力，具有高效的经济过程及和谐的生态功能的网络、进化型工业，它通过两个或两个以上的生产体系或环节之内的系统来使物质和能量多级利用，高效产出或持续利用。

2. 生态工业经济结构

从生态工业经济结构的角度看，生态工业是模拟生态系统的功能，建立起相当于生态系统的"生产者、消费者、还原者"的工业生态链，以低消耗、低（或无）污染、工业发展与生态环境协调为目标的工业。而生态工业经济结构指通过法律、行政、经济等手段，把工业系统的结构规划成"资源生产"、"加工生产"、"还原生产"三大工业部分构成的工业生态链。

（1）资源生产部门　相当于生态系统的初级生产者，主要承担不可再生资源、可再生资源的生产和永续资源的开发利用，并以可再生的、永续的资源逐渐取代不可再生资源为目标，为工业生产提供初级原料和能源。

（2）加工生产部门　相当于生态系统的消费者，以生产过程无浪费、无污染为目标，将资源生产部门提供的初级资源加工转换成能够满足人类社会生产和社会生活所需要的工业品。

（3）还原生产部门　是将社会生产过程和社会生活过程中所产生的各种副产品再资源化，或无害化处理，或转化为新的工业品等。

二、生态工业经济的共生性及其特征

1. 生态工业经济的共生性

共生是自然界普遍存在的一种现象。尤其在生物种群中，不论是低等生物还是高等生物，共生现象是普遍存在的。自从有了人类，人类与自然界就构成了一个复杂的共生系统。

共生性也是生态工业经济的最基本特征。生态工业是按照工业生态学及复合生态系统的原理、原则与方法，通过人工规划、设计的一种新型工业组织形态。工业企业生态系统则主要指由工业企业以及赖以生存、发展的利益相关者群体与外部环境之间所构成的相互作用的复杂系统。在工业企业生态系统中，工业企业之间、企业集群之间以及产业园区之间能够遵循自然界中的共生原理，实现企业、企业集群、产业园区之间的互利共生，使经济效益、社会效益实现最大化，同时使利益双方或多方均受益，并形成企业共同生存与发展的生态共生链与生态共生网络。

2. 生态工业企业的共生要素

由生态学中的共生及其构成要素推理，工业企业生态系统的企业共生要素主要由共生单元、共生环境和共生媒介（或者共生模式）构成。

（1）共生单元　构成共生系统的基础，它是构成工业共生体的基本能量生产和交换的单位，是形成工业共生关系的物质条件。在工业生态系统中，构成共生体的共生单元是各类企业、企业集群、产业园区。如在工业企业集团内，则以各相关企业为集团共生单元；在企业集群间，则是以在集群分工前提下的各关联企业为共生单元；在存在着两个以上产业园区的区域范围，共生单元就是产业园区。

（2）共生环境　构成共生系统的外部条件，是共生单元以外的所有因素的综合。构成工业企业共生体的共生环境包括自然地理环境、市场及经济环境、政治法律环境、科技文教环境、社会环境等。这些外部环境，一定程度上决定了生态工业经济的存在与发展。

（3）共生媒介　或共生模式，是共生单元之间以及共生体与共生环境之间发生共生关系的纽带与桥梁，也是共生体进行能量、信息、价值或产品或服务交换的具体形式。

3. 生态工业企业共生的主要特征

工业生态系统中由工业企业等共生单元组成的共生体作为开放式的人工系统，主要具有以下特征。

第一，系统性与融合性。由工业企业等共生单元组成的共生体是开放式的人工系统，其系统性是十分明显的。其系统性表现为整体性、层次性、相关性、动态性等形式。同时，共生体内部的企业之间还具有不断相互融合的趋势与特征，并在融合的过程中，通过原有技术的改进和新技术的运用，不断提高共生体内各企业的环保水平，满足共生体生态化发展的要求。

第二，合作性与竞争性。在工业企业共生体中，共生单元之间不是简单的共处，也不是企业之间副产品或废物的初级交换，而是按照一定的机制与模式，实现共生体内企业之间的全面合作，包括降低原材料消耗、提高清洁生产的技术水平、工业副产品的充分利用等；共生体内企业之间不仅包括合作，而且还包括竞争，通过竞争，在市场经济规律的作用下，优胜劣汰，不断创新，使工业企业的运行逐渐走向生态化的设定目标。

第三，互利性与互动性。在工业企业共生体中，企业作为共生单元发生作用与联系的动力源是企业双方的互利与共赢。为了实现互利共赢的企业经营目标，工业共生单元之间必须实现物质能量的不断交换。能量交换反映的是不同企业之间的互动关系，也就是说，互动是实现企业互利的其本前提。为了实现互利目标而进行的互动，必须按照设定的低消耗、低成本、原生态趋向的原则进行，其中原生态趋向是企业共生体可持续获利的基础性条件。按照企业双方主动或被动等性质，企业间共生的互动关系可以划分为"主动—被动"、"主动—主动"、"主动—顺动"、"顺动—被动"等关系。无论何种互动关系，都必须符合生态化发展的大趋势。

第四，协调性与动态均衡性。通过共生单元之间的相互协调，达到某种程度的均衡是共生体的内在属性。协调包括共生单元之间能量转换过程中的数量协调和质量协调等。如企业之间的供应链上每个环节的投入产出实质是数量协调层次，质量协调强调的是协调的效率。协调的过程是由不平衡→平衡→新的不平衡→新的平衡的动态过程。同样，这一特征也是以共生体的生态化为原则，协调是在生态发展的前提下的协调，均衡是以自然生态环境承载力的范围内的均衡。

三、生态文明的工业经济建设的基本路径

1. 走生态工业化道路

由于中国目前经济社会发展整体上还处在资源耗费型、环境损害型的状态，在工业化过程中，资源、能源消耗持续增长，以煤为主的能源结构长期存在，工业污染排放日趋复杂，控制环境污染和生态退化的难度加大，未来环境与发展的矛盾将更加突出。为解决资源环境约束的矛盾，必须建立与经济发展相适应的资源节约型和环境友好型国民经济体系，走生态工业化道路。生态工业化是在新的历史条件下体现时代特点，符合中国国情的工业化道路。生态工业化是在传统工业化走到"增长的极限"转而寻求"增长质量"的产物，是发展观由"工业发展"转向"生态发展"的产物，因此生态工业化道路是资源节约的、环境友好的和以人为本的。

2. 建设生态工业园区

生态工业园区建设是实现生态工业的重要途径。生态工业园区通过园区内部的物流和能源的正确设计、模拟自然生态系统，形成企业间的共生网络；甲企业的副产品（或工业垃圾）成为乙企业的原材料；乙企业的副产品（或工业垃圾）又成为丙企业的原材料……如此环环相扣，实现园区内企业间能量及资源的梯级利用，实现园区内的工业生产所造成的排放、污染等在自然生态系统自净力可控制的范围之内。

3. 发展在生态文明理念指导下的产业集群

产业集群是指在特定区域（主要以经济为纽带而联结区域）中，具有竞争与合作关系，且在地理上相对集中，有交互关联性的企业、供应商、金融机构、服务性企业以及相关产业的厂商及其他相关机构等组成的特定群体。

产业集群超越了一般产业范围，形成了在特定区域内多个产业相互融合、众多企业及机构相互联结的共生体，从而生成该区域的产业特色与竞争优势。产业集群及区域合作模式的选择实质是共生理论在产业链接与区域合作中的应用。产业集群生态共生理论的核心是模仿自然生态系统，应用物种共生、物质循环的原理，设计出资源、能源多层次利用的生产工艺流程，目标是促进产业集群与环境的协调发展，通过合理开发利用区域生态系统的资源与环境，使资源在产业集群内得到循环利用，从而减少废弃物的产生，最终实现产业与环境的和谐。

通过发展以生态文明理念为指导的产业集群，可以加快以生态文明为目标的工业经济建设进程，并在此前提下，提升区域经济合作成效。

首先，通过降低产品成本。产品成本的降低，其本质是社会经济资源的节约；社会经济资源的节约则是生态文明建设的重要内容。产业集群是以产业为纽带而形成的各个园区之间的联结，而各园区内企业间是一种互利共生的合作关系。

从园区内部看，园区内各企业间通过建立工业共生网络，实现副产品和废物的交换，将上游副产品和废物变为下游企业的原材料，因资源再利用的价格一般低于原生资源，这就降

低了企业投入要素的价格，同时企业卖出副产品和废物不但得到额外收入，还减少了对环境的污染，降低了环境治理成本。由于园内企业的地理位置接近，降低了企业的采购成本、运输成本、库存成本等，园内企业共享基础设施也降低了一定成本。

从园区外部（即产业集群）看，根据社会分工的原理，X 园区的产品往往构成 Y 园区的主原料。由于各园区内充分实现了以生态系统的自净能力平衡为基础的发展模式，因而集群内部也实现了产业发展与生态系统自净能力的平衡。从而构建了以生态文明建设为前提的工业经济发展模式。

另外，从交易费用看，园内企业集聚从而具有了产业集群的市场交易特性。由于园内特有的生态产业链，园内企业间的相互协作使得任何一个企业的投资都呈现出资产专用性的特征，如地理位置的专用性，有形资产的专用性，人力资本的专用性等，这种特性在某种程度上减少了园内企业的败德行为（如违约），降低了企业间信息成本、搜寻成本、谈判成本等。这种长期的相互沟通与合作，逐渐在企业间形成一种互信机制，互信基础上的合作与交易大大降低了交易费用。

其次，拉动区域经济发展，提高区域竞争力。产业集群中的生态工业园一般是围绕当地资源（原材料）展开，园区通过延伸产业链，补充新的产业链等能吸引更多的企业入园，也能带动当地相关产业发展。因此，生态工业园区建设必然成为带动区域经济发展的经济增长点，生态工业园区建设及当地相关产业发展则能提供较多的就业岗位，缓解地方就业压力。同时，生态工业园区的产业空间集聚，也有利于区域产业结构调整和发展，实现区域范围或企业群间的资源最佳循环利用和实现污染"零排放"。园内企业的合作和相互依存，使园区企业间产业链更加紧密。园区之间的合作与竞争也是壮大了区域经济实力的有效途径。加上集群体制优势和整体协调优势，必然使区域竞争力得到极大提高。

科学发展

——新型工业化拉开生态工业大幕

工业化是现代化的必由之路,是人类文明进程不可逾越的历史阶段。在科学发展成为时代主题的今天,面对经济全球化和新科技革命带来的机遇和条件,秉承生态文明理念,走新型工业化道路,有效规避传统工业化带来的资源、环境等问题,以更快的速度、更高的质量完成工业化的历史使命,是我们落实科学发展观,促进经济社会又好又快发展的必然选择。聊城作为山东省西部的一个相对欠发达市,近年来,通过加强生态文明建设,坚持走新型工业化道路,取得了经济发展和环境保护互促共赢的良好成效。

一、立足实际部署推动科学发展

聊城市位于山东省西部,冀鲁豫三省交界。现辖 8 个县(市区)、1 个国家级经济技术开发区、1 个高新技术产业开发区和 1 个旅游度假区,总面积 8715 平方千米,总人口 604万。改革开放以来,聊城和全国全省一样,经济社会取得了长足发展。培植起有色金属、农机装备、造纸纺织、食品医药、能源化工、新能源汽车等优势产业,发展起信发铝业、祥光铜业、时风机械、泉林纸业、鲁西化工、中通客车、东阿阿胶、凤祥食品等一大批在全国同行业名列前茅的大企业集团,打造出中国"江北水城·运河古都"的城市品牌,创建为国家历史文化名城、全国优秀旅游城市、国家卫生城市、国家环保模范城市、国家园林城市、全国双拥模范城,实现了由传统农区向新兴现代化城市的转变。同许多发达地区走过的道路一样,聊城在工业化的起步阶段,发挥劳动力、土地等生产要素的低成本优势,率先发展的是劳动密集型、资源密集型的传统工业,在为聊城市经济社会发展作出历史性贡献的同时,也因其高能耗、高污染、粗放式带来了很大的资源和环境压力。2006 年,聊城的节能和减排两项指标排名在山东省 17 个市中双双排第 16 位,并由此带来了一系列社会矛盾和问题,特别是因环境污染引发的群众上访事件逐年增多。

根据党的十七大提出的"建设生态文明"和党的十八大提出的"建设美丽中国"的战略部署,聊城市委、市政府在深入调查研究的基础上,认识到面对新的形势和任务,面对人民群众新的期待和要求,如果沿用传统的发展模式,资源难以为继,环境不堪重负,发展约束将越来越大,必须按照建设生态文明的要求,走新型工业化道路,实现经济发展与环境保护的协调推进。为此,市委、市政府确立了"东融西借、跨越赶超,建设冀鲁豫三省交界科学发展先行区"的目标任务,主要目的是抢抓国家将聊城纳入中原经济区、山东省加快建设省会城市群经济圈、打造山东西部经济隆起带等重大机遇,在生态文明理念指导下实现科学发展、跨越赶超,力争到 2015 年全市地方财政收入翻一番、突破 200 亿元,规模以上固定资产投资累计完成 6000 亿元,城镇化率达到 50% 左右,节能减排确保完成省下达的任务。在此基础上,"十三五"继续跨越赶超,力争在"十三五"末达到全省平均水平,与全省同步提前全面建成小康社会。这一决策部署得到全市广大干部群众的一致拥护,各级各部门围绕实现东融西借、跨越赶超的目标任务,加快转调创步伐,大上优质项目,推进科技创新,狠抓节能环保,形成了绿色发展、循环发展、低碳发展的良好局面。

二、多措并举加快经济转调升级

作为经济欠发达地区,加快发展是最大的任务,而这个发展必须建立在转调创的基础之上。为此,聊城坚持扩大优质增量与优化存量结构并举,着力培植产业新优势,努力构建更具竞争力的现代产业体系。

1. 大力发展循环经济

立足聊城传统工业、重化工企业较多的实际,聊城围绕资源高效循环利用大上项目,发展起一批循环式生产的企业、产业和园区,创造了新的经济增长点。同时,围绕资源的循环利用和高效产出,合理布局企业,优化资源配置,建立各具特色的循环经济产业链,以循环型企业壮大循环型产业、以循环型产业带动循环型园区、以循环型园区引领循环型社会,使循环经济成为聊城经济的特色,涌现出一批发展循环经济的先进典型。祥光集团拥有年产高纯度阴极铜 60 万吨的能力,他们依托世界上最先进的节能环保技术,最大限度地提高资源利用效率,不但实现了"三废"零排放,每年带来经济效益 36 亿元,而且从废料中提取金、银、铂、钯、铋、碲等稀有金属,年可回收金 20 吨、银 600 吨、其他稀有金属 1000 吨,年可新增销售收入 3.63 亿元、利税 4000 万元,成为十大"国家环境友好工程"之一;祥光铜业生态工业园区被授予国家生态工业示范园区的称号。信发集团投资 16 亿元,自主研发建设了 200 万吨赤泥综合利用项目,不仅可把氧化铝生产过程中产生的尾矿赤泥"吃干榨净",而且可实现销售收入 22.5 亿元,利税 5.9 亿元;泉林纸业投资 106 亿元建设 150 万吨秸秆综合利用项目,在利用秸秆生产本色纸制品之后,还利用制浆黑液制造木素有机肥,这种肥料富含腐植酸以及多种矿物元素,可以有效改良土壤、提高土壤肥力、减少化肥用量,年可减少秸秆无序存放产生的水体污染 COD 196 万吨,减少秸秆燃烧产生的二氧化碳 150 万吨,减少木材使用 270 万立方米,为农民带来 7.5 亿元的秸秆收入,生产有机肥 60 万吨,增加产值 9.6 亿元。

2. 拉长产业链条

近年来,聊城市注重引导企业拉长产业链条,向精深加工和终端产品发展,每拉长一个环节,增加一次资源利用深度,拓展一次增值空间。重点抓好年主营业务收入过千亿元的 4 个产业园区建设。

(1) 信发循环经济千亿产业园 依托信发铝业集团,大力发展铝及铝加工产业,目前已发展起金属粉末、铝板带箔、汽车配件等铝深加工企业 100 多家,并引进了用于高速列车和飞机制造的铝合金深加工项目。全市形成了以铝土矿、氧化铝、电解铝、铝合金、型材、高精度铝板带箔、铝合金精密铸件等产品为主的铝产业链条。

(2) 祥光铜业生态工业千亿产业园 依托祥光铜业集团,新上 32 万吨铜导体及电气化铁路架空导线项目,目前该产业园已创建为国家级生态工业示范园区。全市形成了以铜冶炼、高密度铜合金板带、铜箔、精密铜杆管线、接插件、管组件、电子元件和超高压交联电缆等产品为主的铜加工产业链条。

(3) 化工新材料千亿产业园 依托鲁西化工,重点发展煤化工、盐化工及石油化工,提高化工产品科技含量和附加值，打造精细化工千亿产业园。

（4）新能源汽车千亿产业园　中通集团建设了年产 3 万辆新能源和节能型客车项目，时风集团建设了年产 20 万辆电动汽车项目。同时，在纺织行业中形成了以棉花加工、纺纱、印染、织造、家饰用品等产品为主的纺织产业链，在医药行业中形成了以大瓶液体、软袋液体、针剂、固体制剂等产品为主的制药产业链，在木制品深加工中形成了以中高密度板、贴面板、装饰板、强化木地板、家具等产品为主的密度板产业链条。

3. 做大做强现代农业和现代服务业

在稳定粮食生产，用不到全国 1‰ 的土地生产了全国 1％、全省 1/8 的粮食，产量突破百亿斤的基础上，以打造富有地方特色的优质农产品品牌为抓手，大力发展生态农业及农产品深加工业。建设了重点建设全国新增千亿斤粮食产能规划聊城项目区、凤祥集团总投资 12 亿元的现代化养殖及禽肉加工基地、嘉华公司投资 3.6 亿元的大豆加工等项目。目前，全市无公害、绿色、有机农产品品牌和地理标志保护产品达到 302 个，基地面积达到 380 万亩；全市蔬菜产量达到 1440 万吨，居山东省第 1 位。充分发挥聊城的区位交通和文化旅游优势，投资 49 亿元规划建设了 1 平方千米的中华水上古城，建成后将成为全国独一无二，集历史文化、观光娱乐、休闲度假、文化创意等为一体的文化旅游区；投资 53 亿元建设了 10 平方千米的马颊河（世界运河之窗）生态旅游度假区，以展示世界著名运河两岸的建筑和风情为特色，在度假区内游览就相当于周游世界；规划建设了徒骇河沿岸 10 千米长的世界运河（建筑）博览园，将建设成为展示世界运河文化的长廊、凸显"江北水城·运河古都"城市特色的重要区域；总投资 100 多亿元建设了占地 4800 亩的农产品物流交易中心，是全国规模最大、功能最全的现代农业发展综合服务体，促进了服务业比重、规模和质量的迅速提高，服务业占生产总值的比重突破 30％。

三、科技创新注入强大发展动力

科技创新最具爆发力、最具含金量、最具跨越赶超的现实性。近年来，聊城通过加快运用高新技术和先进适用技术改造传统产业，大力发展战略性新兴产业，提高了经济发展的质量和效益。

1. 加快建设科技创新平台

坚持开放式发展科技，与国内外 200 多家高校院所建立了产学研合作机制，在引进、消化和吸收的基础上不断提高自主创新能力。全市共建设市级以上工程技术研究中心 116 家，其中省级 20 家，国家级 2 家；国家级企业技术中心 7 家，省级 37 家；全市共有重点实验室 35 家，其中国家农作物种质资源国家重点实验室 1 家、省级 6 家、市级 28 家。2009 年，科技部批准"聊城有色金属材料及制品产业基地"为国家火炬计划特色产业基地。中国有色金属工业协会授予聊城为"中国有色金属新城"。以市经济开发区为依托，由中南大学、聊城大学和信发集团、祥光铜业、中色奥博特合作，组建了聊城有色金属研究院。投资 6 亿元的西安交通大学聊城科技园、规划面积 16 平方千米的九州国际高科技园正在加快建设。2011年，聊城获得"全国科技进步先进市"称号。

2. 努力提升传统产业的科技含量

重点引进、开发对产业发展具有重大影响的共性技术、关键技术和配套技术，提高产品开发和深加工能力。"十一五"期间，市财政拨出 2 亿元设立科技发展基金，鼓励支持企业用新技术、新工艺改造传统产业。发挥企业技术创新主体作用，鼓励企业加大研发投入。通过财政补贴、贴息、奖励等措施，引导企业实施技术改造，争创高新技术企业，申报国家和省重大科技项目。全市累计完成技术改造投资 1614 亿元，年均增长 32.14％。共有 8 项涉及节能环保的科研项目通过了省级以上科技成果鉴定，分别达到国际领先水平和国际先进水平。鲁西化工集团原是传统的化肥企业，自 2008 年开始积极采用高新技术嫁接，一手抓传统化肥产业的转型升级，一手抓新兴化工产业的发展，形成了较为完整的煤化工、盐化工以及煤盐结合一体化发展的综合性化工产业结构，化工产品占企业生产的比例由过去的 5％发展到现在的 55％。

3. 大力发展战略性新兴产业

积极发展生物医药、新能源、节能环保、高端制造、新材料等战略性新兴产业，中通客车集团投资 11 亿元，建设了年产 2 万辆新能源客车项目，承担了三项国家"863"计划节能与新能源汽车重大专项项目，拥有 30 多项新能源技术专利。鑫亚集团投资 10 亿元，建成了国内最大的欧IV标准的发动机电喷系统生产项目。冠洲集团投资 15 亿元，新上了年产 1 万吨高性能稀土钕铁硼永磁材料项目，产品广泛应用于计算机、雷达、卫星跟踪、航空航天等高科技领域，被西方国家列为对中国禁运的战略功能材料，具有极高的科技和军事价值。明康安托山公司投资 26 亿元，新上年产 320 万套稀土永磁无铁芯电机项目，产品与传统电机相比，无需任何铁芯材料，减少铜材 50％以上，体积减少 50％，节能 30％以上，具有重量小、功率大、无磁阻、性能优等特点，广泛应用于航空航天、军事、化工、电力等领域。战略性新兴产业不断壮大，正在成为聊城经济的新优势。

四、强化节能减排确保天蓝水碧

聊城把节能减排作为经济发展中的"硬约束"，在山东省下达目标任务的基础上，自我加压，主动调高节能减排目标，取得了良好成效。

1. 加大淘汰落后产能力度

"十一五"以来，严格落实国家产业政策，加大重点行业落后产能淘汰力度，累计关停小火电机组 38.3 万千瓦，淘汰落后立窑水泥熟料产能 80 万吨，全面取缔"十五小"和"新五小"企业，关停了 5 条 5 万吨以下草浆生产线、6 条 5000 吨以下酒精生产线和 20 多家治污设施不能稳定达标的企业。综合利用行政、市场等多种手段，使全市 50 户重点用能企业、130 户重点排污企业实现了达标生产。

2. 大力实施重点用能企业节能技术改造

信发集团电解铝项目采用国内先进且最成熟的大型预焙槽技术、电脑智能控制、模糊控制技术、超能相输送技术、电解烟气净化回收技术，具有技术起点高、环保达标的优势。集团电解铝单位能耗 13300 千瓦时/吨，氧化铝综合能耗 417.5 千克标煤/吨，优于国家和行业标准。鲁西化工集团大力实施节能技术改造和创新，引进先进节能技术，提高能源利用效率，2012 年单位合成氨综合能耗为 1.353 吨标煤，比 2006 年降低 0.131 吨标煤。山东中华发电有限公司聊城发电厂通过生产过程能量优化等节能技改项目的实施，2012 年比 2006 年供电能耗每度电节约 12 克标煤，按年总供电量 140.5 亿千瓦时计算，相当于节省了 16.87 万吨标煤。

3. 抓好重点减排工程建设

几年来，为全面完成主要污染物减排任务，全市累计投入环保资金 246 亿元，共实施污染物减排工程 309 个；在 60 余家市控以上重点工业污染源建设了污水治理"再提高"工程或污水深度处理工程；投资 10 亿多元建设了 12 座污水处理厂，全市污水集中处理率达到 90％以上；规划建设了 13 处人工湿地，流域内污染负荷不断降低。目前，卫运河、马颊河、徒骇河 3 条省控重点河流均实现了"有水就有鱼"的水质改善目标。同时，加大了对燃煤电厂脱硫工作的监管，全市 29 家燃煤电厂投资 18 亿元配套建设了脱硫设施，城区大气质量稳中有升。

4. 搞好清洁生产审核

2006 年以来，累计组织 80 余家企业参加了清洁生产审核师培训，22 家企业自愿实施了清洁生产审核，对 92 家企业实施强制审核，并全部通过了评估验收。企业通过开展清洁生产审核工作，共产生清洁生产方案 3000 余个，累计投入资金 12 亿元，年可削减 COD 3471吨，削减 SO_2 4975 吨，节电 9348 万千瓦时，节约蒸汽 20 万吨，节水 3402 万吨，减排废水654 万吨，节煤 24.3 万吨，节约原辅料 3.87 万吨。

经过全市上下的共同努力，在保持农业全省领先和加快发展服务业的同时，聊城规模以上工业主营业务收入由 2006 年的 1407 亿元发展到 2012 年的 6677 亿元，翻了近两番，总量在全省的位次由第 12 位上升到第 7 位；而同时期生态环境得到有效保护和持续改善，节能减排综合排名由双双全省第 16 位上升至第 10 位和第 3 位。2009 年和 2013 年，连续两次代表山东省在国家海河流域水污染防治工作核查中获得第一名；2011 年，聊城获得了国家环境保护模范城市的称号；2012 年 10 月，由农工党中央环资委、中国生态道德教育促进会、北京大学生态文明研究中心等单位联合主办的中国（聊城）生态文明建设国际论坛在聊城召开，与会领导和专家学者对聊城的工作给予了高度评价。聊城将深入贯彻落实科学发展观，更加注重生态文明建设，更加自觉地走好新型工业化道路，推动经济社会又好又快发展，为实现中华民族伟大复兴的"中国梦"做出新的、更大的贡献。

绿色复兴
——生态工业变革资源型城市

鹿泉市是河北省石家庄市"一河两岸三组团"中的西组团,面积603平方千米,居住人口50万,被誉为省会"西花园",也是河北省经济发展先进市。几年前,鹿泉却是建材和污染大市,"小建材"高峰时达166家,虽然因此跻身全国百强县(市),但能耗高、污染重、产业单一等问题接踵而至,背上了大气污染的沉重包袱,埋下了"一业独大"的潜在风险。近年来,鹿泉坚决主动调整水泥建材业,通过持续不断地"凿深井",使这座城市犹如"浴火凤凰"成功"涅槃重生",实现了绿色崛起。鹿泉围绕放大紧临河北省会主城区的区位交通和山水资源优势,以调结构、转方式为主线,确定了建设"休闲新区、经济强市、幸福鹿泉"的奋斗目标,将鹿泉全域作为省会主城区的有机组成部分,把各项工作纳入省会的"大盘子"中统筹谋划和实施,不断寻找、创造新的优势和增长点,走出了一条资源型城市绿色转型的新路径。

一、统筹转型升级, 实现绿色崛起

1. 推进产业转型升级,首先要做好"减法"

鹿泉市摒弃单纯政府赎买、行政推动的方式,出台了"关小上大,等量替代"为核心的16条政策,加快淘汰立窑"小水泥",合理建设旋窑"大水泥"。同时健全"政府主导、市场调节"的利益导向机制,选准"政府能承受、企业能接受、社会能认可"的利益平衡点,梯次深入展开了"壮士断腕,拆窑留磨"、"背水一战,拆磨清仓"、"断尾求生,脱胎换骨"的"三大战役"。到2014年3月,彻底拆除了24家企业的43台磨机、696座料仓,实现了水泥粉磨企业全行业退出。

2. 在做好减法的同时,把压减过剩产能的减法做成"加法"

整合关停企业腾出的土地,成功建设了47.8平方千米的省级物流产业聚集区。按照"规划引领、基础先行、产业跟进、产城融合、统筹发展"的思路,确定了以汽车商贸物流为主,以建筑产业化、建材物流、农产品交易为辅的"一主三辅"产业发展方向。集4S专营、世界名车展览、整车组装等于一体的国际汽车城项目正在推进;以生产加工建筑构件为主的"建筑工厂"项目正在对接;由福建商会牵头,总投资30亿元的华北建材物流园项目正在建设。通过出台一系列激励政策,昔日热衷"采石头"的"水泥迷"们,在经历转型阵痛后陆续有了新目标。万通建材变身焊丝、乙醚添加和小额贷款3家企业,长缘建材投身食品包装、乳品加工,白云岩采石转产现代农业,越来越多的"灰老板"做起了"绿文章"。通过改革的思维、创新的思路、市场的办法,让这些"麻雀"变"金凤凰",让"两高一低"

变"两低一高"，使传统产业在改造升级中重新焕发生机和活力。

3. 把发展新兴产业的"加法"做成"乘法"

环境是发展的核心要素和根本保证。鹿泉市围绕打造省会生态屏障，大幅增绿量、科学"添色彩"。近年来，年均植树 250 万株，森林覆盖率增加到 39.23%，5 万亩的西山森林公园成为省会"绿色氧吧"，荣获全国绿化模范市、省级园林城市和省人居环境进步奖，打造了山清水秀的新鹿泉。与此同时，该市从最初治理庸懒散虚，到一站服务、全程代办，再到深化改革、简政放权，一步步打造了程序最简、时间最短、服务最优的投资环境，提升了聚集优质资源要素的能力，放大了发展新兴产业的乘数效应。2014 年上半年河北融投纳税同比增长 216%，鹿华热电纳税同比增长 160.3%，科林电气纳税同比增长 46.4%，远东通信纳税同比增长 84.6%。

二、"园中园"成为集约高效的项目建设新平台

鹿泉市委、市政府在项目建设上既坚持招大引强，又突出集约高效，在两个省级开发区内积极探索"园中园"模式，由政府或牵头投资商统一规划、统一基础设施、统一优惠政策、统一生活配套，根据产业定位以商招商，入园企业按规划建设研发、生产、办公场所，既减轻了企业负担，细化了产业链分工，形成了互补协作和整体竞争优势；又提高了政府土地投资强度，促进了节约集约利用，形成了产业聚集效应。

鹿泉市积极鼓励已落户企业充分发挥自身信息渠道、商务渠道、人脉资源等多种优势，以商招商、产业招商，以工业地产为载体，一家企业搞建设，多家企业来经营，实现了"以一引多、集聚发展"的良好效果。在成功引进泸州老窖集团华北基地项目后，继而吸引郎酒、洋河大曲、汾酒、牛栏山二锅头等知名酒企接踵而至，带动了酒类包材、仓储物流等上下游产业发展。坚持利用市场思维，注重发挥政府、市场、企业三方各自优势，扬长避短，创新建设管理方式，形成了政府主导政企共建的新模式，既破解了中小企业发展的融资、土地和成本三大瓶颈，又产生了规模集聚效应，实现了互促共赢。在不断完善园区硬件设施的同时，还着力加强园区的软环境建设，在对国家、省、市支持产业发展的政策梳理汇总的基础上，分别在税收优惠、资金扶持、科技创新、品牌建设、人才激励等 8 个方面为"特区"量身定制了相关优惠扶持政策；实施首问首办负责制、一次性告知、限时办结等制度，尽全力打造"程序最简、办事最快、时限最短、服务最优"的政务环境。

目前鹿泉市共有福建中小企业科技园、光谷科技园、泸州老窖华北基地、绿岛物流园、鹿岛 V 谷等一批"园中园"项目，打造了一批园区内的"特区"，走出了一条集约高效的项目建设之路。光谷科技园仅一年时间引进电子信息企业 13 家，相当于过去 8 年间全市该产业引进企业数量的近 1/3。预计项目竣工后，将实现产值、利税的"双丰收"。福建中小企业科技园一期 8 万平方米，21 座标准厂房如期竣工，并成功引进了福建、江苏、浙江、北京等省内外 23 家企业入驻。

三、以项目建设促产业绿色转型

鹿泉市按照"惜土如金"的原则，把有限的资源用到收益性项目上，通过"亩产效益"评价机制，将亩产总值、亩产税收为主的"亩产效益"作为重要衡量指标之一，从而促进经济增长方式从粗放到集约、从量的扩张到质的提高转变，对现有企业扶优扶强一批、培育提高一批、清理重组一批。严格执行园区内项目投资的"亩产及格线"，对圈而不建或达不到

约定条件的项目，坚决启动收回程序。

摒弃"捡到篮子都是菜"的旧观念，随着项目准入评价推进制度的实施，引进了恒大、雨润、珠江啤酒、康师傅饮品等一批优质项目，7家相关企业列入省"三个一百"领军企业。2014年上半年，纳税超百万元企业达到160家。在鹿泉市经济开发区，不到323亩的光谷科技园内，聚集了16家电子信息企业，其中有的企业"亩产税收"甚至超过百万元。其中，石家庄京华电子实业有限公司，亩产税收达到了近60万元。河北鹿泉绿岛经济开发区内的君乐宝乳业有限公司，亩产税收达46万元，名列全市企业"亩产税收"排行榜前茅。

通过持续不断建大园区、引大项目，鹿泉形成"一业引领"、"四轮驱动"的产业新格局。目前，每个新兴产业都有支撑带动的项目或企业。如电子信息业，基地内有同辉电子、远东哈里斯等企业，基地外有光谷一期、二期。特别是电科导航项目，发展前景非常广阔。休闲服务业，不仅引进了众诚体育、西部长青等一批休闲度假项目，而且聚集了众多总部经济项目。装备制造业，共有科林电气、中友机电等64家企业，产业规模也持续扩大。轻工食品业，目前已经聚集了珠江啤酒、康师傅饮品、洛杉奇食品、稻香村等一批知名品牌，投资50亿元的泸州老窖灌装基地相继建成。君乐宝乳业已经扛起了河北乳业的大旗，力求发展成为"中国营养健康乳制品企业领先者"。

四、以机制促转型

将差异考核变"要我调"为"我要调"。把资源环境等考核指标比重提高到70%，"污染上、干部下"。同时，打破"一把尺子量到底"的传统考核方式，实行差异化考核办法，结合产业基础和发展定位，对全市13个乡镇（区）分别设置不同的考核指标和权重，大大调动了转型升级、绿色崛起的主动性。特别是对传统建材业集中的乡镇，轻总量、重质量、轻速度、重转型，卸下"GDP包袱"，激发了早调整、快转型的内生动力。围绕吸纳就业抓项目。该市制定了"以土地换就业"政策，将"项目建成后优先录用当地人员"作为要件写入招商合同中，尽最大可能吸纳当地青壮年和回乡大学生就业。通过政府引导，破解群众就业和企业招工"两难"问题，2014年新投产项目共吸纳当地劳动力1.2万人。围绕壮大村集体实力抓项目。新建收益性项目投产后，每年拿出税收地方留成部分的一定比例奖励村集体，按照项目占地一定比例匹配用地指标用于发展集体经济，将项目建设、企业发展和村集体收益挂钩，充分调动了村一级支持项目建设的积极性。

通过持续不断地调结构、上项目、抓发展，鹿泉产业结构已由水泥一业独大转变为休闲服务、电子信息、轻工食品、装备制造"四轮驱动"新格局，经济发展呈现出"三降三增"的喜人局面：一是建材业税收占比由最高时的52%降到了9.3%，四大新兴产业税收占比增加到了65%；二是工业用电量从2007年的24.6亿千瓦时降到2013年的22.6亿千瓦时，降低2亿千瓦时，财政收入却由10亿元增长到24.4亿元，实现了翻番；三是由于淘汰落后和过剩产能，累计58家规上企业清零（40家水泥、12家采石、5家造纸、1家钢铁），但通过新上项目的补充，规上企业总数由前几年的188家增加到了209家。

绿 色 转 型
——生态服务业改变产业结构

　　服务业是国民经济中的一个重要产业，服务业的发展标志着一个国家经济的发展水平，加快生态服务业建设，符合服务业在资源耗费、环境保护等方面的特殊性，对生态文明建设有重要作用。

优 化 结 构
——生态服务业大力发展

一、服务业与现代服务业含义与特征

1. 服务业及其基本特征

一般认为，服务业即指生产和销售服务商品的生产部门和企业的集合，是现代经济的一个重要产业。服务业是服务产品生产和经营的行业，主要是指农业、工业、建筑业以外的其他行业。通常人们往往把第三产业称为服务业。服务业的主要职能是利用设备、工具、场所、信息或技能为社会提供各色各样的服务。

与一般物质商品相比，服务业具有以下特性。

第一，非实物性。服务产品不同于一般商品。通常情况下，服务产品是以非物质的形态出现在市场上的，除非服务包含在商品当中的部分服务业产品（如旅游业中的部分产品）。由于服务产品的无形性，决定了服务业的发展避免了物质资源的大量耗费，为节约社会、经济资源创造了前提，同时也为减少环境污染创造了前提。

第二，不可储存性。服务的不可储存性主要表现在两个方面：一是服务产品的生产、销售、消费是同时进行的，时间上和空间上都具有不可分离的性质；二是因为服务产品是以非物质形态出现在市场上的，因而不可能像物质产品一样可以储存起来。这一特征表明，在服务业的产品生产和消费过程中，并不产生或很少产生废弃物。

第三，明显的差异性。服务产品差异性极其明显，同一服务产品，在不同的时间、不同的地点、不同的消费者、不同的服务人员中均具有明显的差异。如同样是黄山风景区的旅游产品，对游客（消费者）来说，因时间的不同而表现出不同的欣赏价值，春、夏、秋、冬各不相同。

第四，生产、交换、消费的同时性。通常情况，服务产品的生产、交换、消费过程在时间与空间的结合上是重叠的，其既是服务产品的生产过程，也是其流通过程和消费过程，因而具有环节少、资金周转快的特点。

2. 现代服务业及其基本特征

现代服务业主要是指那些依托电子信息等高技术和现代管理理念、经营方式和组织形式发展起来的，主要为生产者提供服务的部门。它不仅包括现代经济中催生出来的新兴服务业，如信息服务、电子商务等，而且也包括现阶段保持高增长势头以及居于较大比重从而具有"现代"意义的服务业，如金融保险、专业化商务服务等，同时还应该包括被信息技术改造从而具有新的核心竞争力的传统服务，如各种咨询业务、现代物流服务业等。现代服务业正逐渐向生态服务转变。

现代服务业除具有传统服务业的基本特征外，还具有现代服务部门具有高人力资本含量、高专业性、高附加值等特征，具体如下所述。

第一，现代服务业的发展成为世界经济发展过程中的主导力量。在相当长的时期中，人们普遍认为经济发展的主要组成部分是制造业，但自20世纪80年代以来，现代服务业的产出在整个世界经济中的比重持续增加，使得现代服务业在整个经济活动中取得了了主导地位，成为经济发展中的主体。

第二，现代服务业快速发展是支撑全球服务业持续发展的主要动力。在服务业快速发展并占据经济主导地位的过程中，现代新兴的服务业是支撑整个服务业发展最主要的动力和基础。

第三，大型经济中心城市是现代服务业积聚与发展的主要空间。进入后工业化时代以后，服务业的发展已为经济增长的主要动力，围绕着经济发展过程中所需要的各种要素资源，包括商品、资金、信息、人才、技术这些要素的积聚与流通逐渐在城市空间中展开，与之相关的服务业也在城市中得以快速地发展，这是经济中心城市强大服务功能形成的一个很重要的基础，也是整个国际化产业布局和转移的一个重要特征。由于中心城市能够为高端的服务业要素的流通提供平台，使得中心城市成为经济发展的主要核心和带动力。

第四，外包成为现代服务业发展的重要形式。新兴服务业特别是现代服务业的产生是专业化分工深化的结果。过去存在于企业内部经济运行过程中所必要的职能或功能，通过企业规模和整个产业规模的扩大，也具有了规模化的要求，逐渐从企业内部走向外部，从而形成新兴的服务行业。围绕着服务外包产生了很多新的服务行业，如物流、技术研发、技术设计等都是企业内部的核心环节；以IT技术为基础的信息服务的产生；围绕着如勘探、石油开发等领域进行的专业化工程服务，也成为现代服务业的重要发展领域。围绕着很多专业领域的新的服务项目，特别是通过政府部门和企业新的需求来培养新兴的服务行业，是现代服务行业扩张的一个重要特征。

第五，现代服务业向知识、技术密集转型。服务业是新技术的使用者；新兴服务业如技术、营销服务部门在为企业服务的过程中不断收集新的共性技术要求或产品创新方向，使服务业变成新技术、新产品乃至新的服务方式的创新者，成为技术研发的主要力量；新技术在推广过程中不断地与传统技术相融合，又成为现代新技术的主要推广者和许多传统技术的整合者；新技术往往表现为设备、手段、工具等的改进与创新，而知识往往与人结合在一起，因而新兴服务业也成为专业知识密集的区域。

第六，现代服务业与传统服务业不断渗透与融合。传统服务业是现代服务业的基础，是带动现代服务业全面发展的先导和动力；现代服务业的理念、形式又不断地推动传统服务业的改造和升级。

二、生态服务业对生态文明建设的作用

在当今服务业的发展过程中，生态服务业已成为越来越重要的部门，对生态文明建设的影响也越来越大。

1. 发展生态服务业有利于缓和产业发展对资源和环境的冲击与负荷

生态服务业本身具有资源消耗低、环境污染少的特点，这在很大程度上可以缓解产业发展对资源和环境的冲击与负荷。以资源消费为例，据2007年《中国统计年鉴》，2006年工业能源消费总量为175136.64吨，服务业万能源消费总量为59023.18万吨，其中交通运输、

仓储和邮政业能源消费量为 18582.72 万吨，批发、零售业和住宿、餐饮业能源消费量 5522.44 万吨，其他行业能源消费量 9530.15 万吨，生活能源消费量 25387.87 万吨。与工业相比，服务业消耗 1 吨能源的产出为 1.4 万元，工业消耗 1 吨能源的产出为 0.59 万元，从能源的消耗来看，服务业能消耗远远低于工业。生态服务业是产业经济中高效、清洁、低耗、低废的产业类型。

2. 发展生态服务业是加快生态文明建设的有效手段

发展生态服务业有利于转变经济增长方式和产业结构调整，而转变经济增长方式和先进的产业结构正好是加快生态文明建设的有效手段。

实现经济增长由主要依靠增加物质资源消耗向主要依靠科技进步、劳动者素质提高、管理创新转变，这是转变经济增长方式的具体内容。经济增长的主要方式有两种，即内涵式扩大再生产和外延式扩大再生产。主要通过增加生产要素的投入实现生产规模的扩大和经济总量的增长的方式是外延式扩大再生产；主要利用技术进步和科学管理提高生产要素的质量和使用效益，实现生产规模的扩大和生产水平的提高是内涵式扩大再生产。在资源日益短缺、环境状况不断恶化的条件下，内涵式扩大再生产是实现经济增长的最主要手段。现代服务业是运用现代科学技术和设备，在现代管理技术组织下为生产、商务活动和政府管理提供服务网络化、信息化、知识化和专业化的产业，因而发展现代服务业是转变经济增长方式的最主要手段。

生态服务业也是满足我国产业结构调整的重要手段。服务业在世界经济和社会发展中呈后来居上的态势。从横向来看，经济越发达，居民越富裕的国家，其现代服务业的比重就比较高。以人均服务消费为例，2001 年，美国人均服务消费是中国的 125 倍，韩国和墨西哥也比中国多十几倍。从纵向看，各国的服务业比重都在增加。

从我国的现实看，发展生态服务业有利于我国产业结构的调整，促进服务业的大发展。发展生态服务业，直接形成了各种资源向会展、金融、保险、信息、咨询、新型物业管理、电子信息等科技含量较高的新兴行业的投资转移的趋势，优化了产业结构，为生态文明建设创造了良好的基础性条件。

三、发展生态服务业的基本路径

我国的服务业发展相对滞后，据统计 2011 年全国国内生产总值为 471564 亿元，其中第一产业增加值 47712 亿元，占全国国内生产总值 10.1%；第二产业增加值 220592 亿元，占全国国内生产总值 46.8%；第三产业增加值 203260 亿元，占全国国内生产总值 43.1%。而发达国家的第三产业的比重，一般在 70% 左右；即使低收入国家，其第三产业的比重也达 45% 以上。第三产业的不发展，同时也表明我国的服务业的发展具有较大的空间。为了加快我国生态文明建设的步伐，积极发展生态服务业是其重要内容。

发展生态服务业的基本目标，即生态服务业增加值年均增长速度要适当高于国民经济增长速度。通过改造提升传统服务业，加快生态服务业市场化、产业化、国际化等手段，实现服务业的跨越发展。

首先，大力发展教育事业。鼓励社会各界投资办学，形成以政府办学为主、公办和民办学校共同发展的格局。支持社会力量采取多种方式举办职业技术教育、高等教育和学前教育等非义务教育。

其次，积极发展科学研究服务产业。科学研究服务产业的发展，不仅大大推动国民经济的发展，而且由于其发展前景广阔，对提升服务业层次及在国民经济中的地位起着关键作用，因而可视为朝阳产业。

再次，快速发展信息服务业。信息服务业的发展不仅关系到国民经济与社会发展的全局，而且由于是当今世界信息产业中最活跃、发展最快的产业，因而关系到一个国家在世界市场上的竞争状况。快速发展信息服务业，加快信息服务平台的建立，形成完备的信息化服务体系，为社会提供更多的信息化服务，最终实现信息的商品化和国际化。

最后，大力开发生态旅游业。生态旅游业是集多种产业于一体的综合性产业，其产业特征是综合性、动态性、可持续性，生态旅游业密度高、链条长、拉动大，能拓展第一、二产业的市场，同时为其他服务业的发展带来机遇，促进地区产业结构的优化和升级，对加快地方经济的发展有巨大的推动作用。据统计，旅游业每增加 1 元收入，可带动相关产业增加收入 4.3 元，每增 1 个就业人员，能带动增加 5 个就业岗位。通过发展生态旅游业，可以提高国民的体能素质和道德修养素质，使旅游者通过和大自然的亲密接触，充分认识到地球对于人类命运和文明兴衰的重要性，保护环境、节约资源，理解和建立生态文明的新理性。

此外，结合实际，优化区域布局，加快城市化进程。生态服务业的区域布局与各地城市化进程、第一、二产业发展水平、国家特大型投资项目等高度相关。因此生态服务业发展的区域规划，必须从各地实际出发，利用本地区优势，发展与本地区经济发展水平相一致的、具有本地特色的服务业。随着各地城市化进程的不断推进，生态服务业也必须与其配套跟进。

宜居宜游

——形成经济新格局

张掖市地处西北内陆，是一个典型的干旱区绿洲城市。面对加快经济发展和保护生态环境的双重压力，张掖顺应自然规律、时代要求和人民意愿，坚持特色方向，发挥比较优势，把发展生态经济作为转变发展方式的基本途径，把建设生态经济功能区作为经济结构战略性调整的主攻方向，把宜居宜游作为区域首位产业培育壮大，加快建设绿洲生态城市，在推进生态文明建设中率先实现转型跨越发展。

一、立足资源禀赋和区域定位，探索符合生态文明要求的科学发展之路

我国地形第一阶梯的青藏高原与第二阶梯的内蒙古高原，其自然落差形成了千里河西走廊。发源于祁连山的黑河，滋养了河西走廊最大的绿洲带，绿洲的肥沃和生态的脆弱决定了这一区域的经济属性。张掖位于河西走廊中部，坐落在祁连山和黑河湿地两个国家级自然保护区之上，是甘肃4个国家历史文化名城之一。"一山一水一古城"是张掖自然历史属性的反映，也是张掖的资源禀赋。从发展方位和环境条件看，张掖南依祁连山脉，北靠巴丹吉林沙漠，国土面积一半以上在祁连山水源涵养区，近一半与黑河湿地紧密相连，在西北生态系统中处于极其重要的位置；随着铁路、机场、公路枢纽的建成，张掖自古东西单向的交通瓶颈被打破，连通青藏、内蒙古两大高原和青海、内蒙古、新疆三省区，"居中四向"的区位优势日益凸显；张掖是我国东西公路、铁路的战略通道，西气东输、西油东输、西电东送、西煤东运的能源通道，承继南北两大高原的物流通道和多民族交融的文化通道，"生态安全屏障、立体交通枢纽、经济通道"是张掖发展的区域战略定位。

国家实施新一轮西部大开发战略，出台支持甘肃经济社会发展政策，甘肃被确定为国家级循环经济示范区和获批建设华夏文化传承创新区，张掖的发展迎来了千载难逢的政策机遇叠加期。张掖把已有的工作部署与国家宏观政策、时代要求紧密衔接，以科学发展的视角，积极探索符合自身实际的发展路径。从实施工业强市、产业富民、城镇化建设"三大战略"到走好以建设生态张掖为引领的城市发展路子，以矿产、农畜产品等优势资源开发为重点的工业发展路子，以发展节水、高效现代农业为支撑的新农村建设路子的"三条路子"；从把工作着力点放在生态建设、现代农业、通道经济上到提出建设生态文明大市、现代农业大市、通道经济特色市和民族团结进步市；从发展生态经济到培育壮大宜居宜游首位产业，发展思路经历了一个不断探索、完善、创新的过程。按照"加快建设经济发展、山川秀美、民族团结、社会和谐幸福美好新甘肃"的要求和甘肃省委、省政府关于科学发展、转型跨越、民族团结、富民兴陇的战略部署，张掖坚持以科学发展为主题，立足资源禀赋和区域发展战略定位，着眼"四市"建设目标，把发展生态经济作为转变发展方式的根本途径，把建设生

态经济功能区作为经济结构战略性调整的主攻方向，牢牢把握率先转型跨越的总基调和做大做靓宜居宜游的战略基点，精心培育壮大宜居宜游首位产业，着力彰显"多姿多彩多优势"特色风貌，推动城镇化、农业现代化、工业化、信息化兼容并进，生态经济成为张掖经济发展的基本形态，初步形成了一产稳固、二产创新、三产扩容的内生增长型经济格局，走出了一条具有张掖特色的绿色可持续发展之路。

二、坚定不移发展生态经济，着力推进生态产业化、产业生态化

张掖是处于沙漠戈壁之上的绿洲城市，绿洲是张掖经济社会发展的基本面和承载区，生态对于绿洲而言，其基础性作用是不言而喻的。祁连山冰雪融水的有限和相对恒定，使张掖生态用水和经济社会发展用水矛盾异常突出，加之降水稀少、蒸发量大，生态环境自我调节和修复功能差，其生态又是极其脆弱的；境内祁连山水源涵养区、中部黑河湿地、北部荒漠三大生态系统交错衔接，形成了张掖生态的多样性和特殊性。基于对生态基础性、脆弱性和多样性的认识，张掖顺应自然资源之本质属性，遵循生态文明发展方向，坚定不移地走经济发展与环境保护相协调、资源开发与生态建设相统筹的生态经济发展路子。在实践探索中认识到，生态经济就是以不破坏、最少干预、最大限度地保护生态系统，顺应生态系统内各类自然资源的本质属性，彰显其时代特色，创造其价值的经济形态，是实现经济腾飞与环境保护、物质文明与精神文明、自然生态与人文生态高度统一的可持续发展的一种经济综合体。为此，秉持"立于生态、兴于经济、成于家园"的理念，坚持用生态的理念经营产业、用产业的眼光看待生态资源，在生态背景下统筹推进第一、二、三产业协调并进，以最小的环境代价和最合理的资源消耗获得最大的经济效益和社会效益。围绕转变发展方式、调整经济结构，以发展生态经济为主线，在黑河两岸的沼泽滩涂上建设国家湿地公园，在沙砾荒滩上建设水天一色城市新区，在沙漠戈壁上建设国家沙漠体育公园和国际赛车城，把荒山丘陵开发为张掖丹霞国家地质公园，把连片的油菜生产基地建设成图画般美丽的旅游景点，把一般农产品升级为高端有机食品，把大漠烈日转化为光电能源，使转型发展成为贯彻落实科学发展观最具体最生动的实践。

张掖因"张国臂掖，以通西域"得名，自古就是丝路要塞、商贾重镇，南北民族、东西文化在此荟萃交流，境内存有西夏国寺、南北朝文殊寺、隋代木塔等众多历史遗迹，集冰川雪山、森林草原、河湖峡谷、沙漠戈壁、丹霞丘陵、绿洲湿地等自然奇观于一域，是一个处在绚烂神奇丝绸之路文明线与多姿多彩自然生态景观线交汇的金色十字上的城市，"半城芦苇、半城塔影"是张掖自然美景和历史风貌的真实写照。张掖神奇的自然景观、深厚的历史文化积淀、独特的民俗风情，是发展旅游业的优势和潜力。要顺应国内消费需求升级、旅游市场升温和文化大发展大繁荣的趋势，坚持把彰显大美景观与传承历史文化紧密结合起来，精心打造中国地貌景观大观园、暑天休闲度假城、丝绸之路古城邦、户外运动体验区亮丽名片，推进生态、旅游、文化深度融合发展。针对旅游业发展投入不足的状况，整合境内重点旅游景区和项目，探索旅游景区经营权、管理权和所有权相分离的市场运作方式，形成"国家金融特许＋地方优惠政策＝零成本获取国家级旅游景区经营权"的模式，吸引有实力的大企业投资开发重点旅游景区，大力培育开发冰川科考、戈壁探险、山地滑雪等新型旅游项目和优势旅游商品，为旅游业发展注入了动力和活力。抓住甘肃建设华夏文明传承创新区的机遇，修编完成《张掖历史文化名城保护规划》，加强对重点文物的保护，抢救性修缮保护历史文化街区和古居民，挖掘传承具有地方特色的民俗文化等非物质文化遗产，为旅游产业赋

予了丰富的历史文化内涵。结合全省旅游大景区建设,与周边地区构建旅游产业联盟,联合开辟西北首条黄金自驾游线路,大力培育中国最美丹霞游、丝路文化体验游等精品旅游线路,使张掖成为区域性旅游集散中心。

张掖是传统的农业大市,光热水土条件优越,灌溉农业发达,素有"塞上江南"和"金张掖"之美称,是全国重要的商品粮、瓜果蔬菜生产基地和全省七大农产品加工循环经济基地之一,也是发展高效、节水、绿色现代农业的优良区域。张掖着眼于推动传统农业向现代农业转型升级,探索建立生态建设与现代农业相生相伴的耦合体系,使农业发展步入"生态越好→农产品质量越优→农业综合效益越高"的良性循环轨道。积极顺应绿色安全农产品消费需求日益增长的趋势,大力发展以节水、高效、绿色为特征的现代农业,玉米制种、设施葡萄、高原夏菜、肉牛、马铃薯等特色优势产业成为农民增收的支柱产业。张掖成为全国最大的杂交玉米种子繁育基地,种子产量占全国用种量的40%;全市3个县区进入全省蔬菜产业大县,6个县区分别成为全国产粮大县和全省肉牛、肉羊大县;张掖玉米种子、肃南甘肃高山细毛羊成功注册为国家农产品地理标志证明商标;"金张掖红提"葡萄通过有机食品认证,张掖荣获"全国设施延后葡萄第一市"称号。围绕推进农业科技创新,与中国农业科学院合作建设张掖国家绿洲现代农业试验示范区,潜心打造集农业生产、农民生活、新农村建设为一体的"三农"综合试验示范区,甘州区被农业部认定为全国首批国家现代农业示范区和全国21个国家农业改革与建设试点示范区之一。

张掖工业基础薄弱,大多数工业企业产业链条短、产品关联度低,矿产品开发受历史沿革、体制和发展阶段影响未能形成主导产业,工业"短腿"的特征非常明显。为避免重蹈"先污染、后治理"的覆辙,把不破坏自然生态、不污染人居环境作为工业经济的基本定位,把新能源、农产品加工、矿产资源综合利用和制造业作为主攻方向,推动工业经济由资源开采为主向资源深度开发和低碳、循环转型。通过实施百万千瓦风电场等一批风电、光电、水电和生物质能发电项目,使张掖成为河西新能源基地的重要组成部分和国家西北电网的重要电源支撑点。结合甘肃特色农副产品加工循环基地建设,建成马铃薯、牛肉、红枣等农产品加工项目,一批产业关联度大、带动能力和市场竞争力强的农产品加工龙头逐步形成。坚持把园区建设作为发展生态工业的战略平台,采取"飞地经济"、"项目特许"、"园中园"等行之有效的措施和办法,着力打造张掖国家级经济技术开发区、民乐循环经济示范园区两个产值千亿元的生态工业园区,带动形成产业集群,推动生态工业步入了跨越发展的快车道。

三、建设宜居宜游生态城市,推动进绿洲经济社会可持续发展

生态是张掖的特色和优势,绿洲是张掖城市经济社会发展的背景坐标,水资源是决定这个城市经济发展方式和水平的自变量,有水则为绿洲、无水则为沙漠。随着粮食短缺时代的结束和工业化进程的加快,张掖以农为主的产业结构显得越发不合理,工业化程度不高、城镇化水平低的问题尤为突出,与历史上商贾重镇的地位相比,呈现出被边缘化的趋势。在这种形势下,如果经不起工业优势的诱惑,简单地把工业和城镇化捆绑起来,机械地选择以工业化促进城镇化的发展轨迹,就可能出现既没有把工业发展起来又失去现有城市特色的问题。面对这一困境,唯有通过调整产业结构,大力发展以服务业为主的第三产业,不断拓展消费、扩大内需,才能增强经济发展的可持续性。为此,顺应时代要求、响应生态文明,以建设宜居宜游生态城市为主线,营造宜商宜业更宜人的发展环境和人居环境,以此来聚集生产要素、培育新型产业,实现后发赶超、跨越发展。

　　加强生态保护和建设，既是建设生态安全屏障的迫切要求，也是建设宜居宜游生态城市的基础平台。张掖南部祁连山水源涵养区、中部绿洲和北部荒漠戈壁是一个完整的自然生态系统，张掖经济社会发展活动绝不可僭越这个系统的承载阈值。按照"南保青龙、北锁黄龙、中建绿洲生态城市"的思路，围绕国家生态文明示范工程试点市建设，积极探索建立环境保护、生态补偿、资源节约、综合开发的体制机制，持续开展生态环境保护和治理。南部，积极推进祁连山国家级自然保护区和生态补偿试验区建设，加强冰川、森林、草原、湿地保护，实施退耕还林、退牧还草、封山育林（草）等生态恢复和保护工程，提高水源涵养能力；北部，加快实施"三北"防护林、防沙治沙等工程，构筑北部荒漠区"绿色长城"，阻挡风沙南侵，保护绿洲安全；中部，积极争取国务院批准建立张掖黑河湿地国家级自然保护区，境内300千米的黑河流域全部纳入保护区，全市6个县（区）全部成为国家生态补偿县区，使张掖在国家生态安全屏障建设中的地位进一步凸显。

　　城市作为人类聚集和活动的家园，是生态文明建设的重要载体。坚持把城镇化作为拉动消费、带动经济增长的强力引擎，以生态文明理念引领城镇化建设，走集约、智能、绿色、低碳的新型城镇化道路，打造沙漠戈壁中永不落幕的海市蜃楼般水天一色的城市带。以祁连山和黑河为主脉络，把两个国家级自然保护区、丹霞国家地质公园等风景名胜区与城市总体规划统筹衔接、科学布局，加快推进城镇化进程。黑河沿岸的甘州、临泽、高台三县区建设水天一色生态城市带，呈现出了水在城中、城在绿中、人在景中的戈壁水乡城市的别致风韵；祁连山沿线的山丹、民乐和肃南三县，依托冰川、雪山、森林、草原等原生态景观，打造各具特色的高原生态城市；市府所在地的甘州区，以老城区历史文化名城保护为中心，辐射滨河新区、循环经济工业园区、国家湿地公园、绿洲现代农业试验示范区和张掖国家沙漠体育公园5个新型功能区，着力构建"1+5"生态城市框架，使新老城区和谐共生，古韵新风交相辉映，人与自然和谐相处，"湿地之城、戈壁水乡"的独特魅力得到充分彰显。围绕城乡一体化发展，把中心城镇建设与新型农村社区建设统筹推进，在农村大力推广"生产专业化、生活社区化、环境田园化、农民知识化"的发展模式，对新型农村社区统一规划、统一建设、统一配套基础设施，使农民群众的居住环境、生活质量、文明程度得到有效改善和提升，实现了城市生活的方便优越与乡村美好环境的和谐耦合。

　　大力倡导人与自然和谐相处的生态价值观，引导全社会形成符合生态文明要求的生产方式、生活方式和思维理念，是建设生态文明城市的必然要求。张掖着眼于绿洲生态城市建设的理论指导和实践探索，连续4年成功承办由中国科学院、中国生态文明研究与促进会等国家部委与甘肃省政府联合主办的"绿洲论坛"，汇集高端智慧，推动绿洲经济社会可持续发展。依托"张掖·中国汽车拉力锦标赛"、环青海湖国际公路自行车赛、全国露营大会、金张掖旅游文化艺术节等重大节会和赛事的举办，展示张掖绿洲生态城市建设的崭新形象。张掖生态文明建设的探索与实践受到媒体和社会的广泛关注，中央电视台《行进中国》栏目开篇报道张掖，《黑河分水十年》系列报道在《新闻联播》播出，央视大型纪录片《美丽中国·湿地行》、《河西走廊》聚焦张掖，《乡约》栏目对张掖丹霞国家地质公园进行专题报道。围绕倡导树立绿色、节约、和谐的生态文明理念，深入开展殡葬集中整治、农村居民点柴草清理整治、交通秩序集中整治和服务行业评星定级活动，努力使生态文明渗透到社会的各个层面和领域。

　　推进生态文明建设，是建设美丽中国、实现中华民族永续发展的必由之路。张掖在生态文明建设上进行了有益的实践和探索，但绿色发展的征程才刚刚起航。张掖人民将牢固树立尊重自然、顺应自然、保护自然的理念，把生态建设融入经济、政治、文化、社会建设的各方面和全过程，以绿洲生态城市建设为框架，完善基础设施，打造世人向往的景观大观园；以宜居宜游为首位产业，调整经济结构，建成宜居宜游、宜商宜业更宜人的美好家园；以建设生态经济功能区为主攻方向，转变发展方式，走出一条经济繁荣、文化昌盛、社会和谐、环境优美的可持续发展之路。

绿色崛起
——生态旅游托起后发地区经济增长

丽水市地处浙江省西南部，是一座生态优越的美丽山城，被称为"秀山丽水、养生福地、长寿之乡"。"秀山丽水"是因为丽水有着秀美的自然风光和高品质的生态环境，全市有旅游资源单体 2365 个，总量居浙江省首位，有 18 个国家 4A 级景区，生态环境质量连续 10 年居浙江省首位、全国前列，被誉为"中国生态第一市"；"养生福地"是因为丽水历来是道家文化的传播地，有着独特的养生文化，被国际休闲产业协会授予"国际休闲养生城市"称号；"长寿之乡"是因为丽水是全国首个被授予"中国长寿之乡"称号的地级市，全市 100 岁以上老人占比超过十万分之七，人口平均预期寿命 78.3 岁，远高于全国平均水平，正可谓"一方水土养一方人"，"丽水走一走、活到九十九！"。不仅如此，丽水还是一座积淀深厚的文化之城，龙泉宝剑、龙泉青瓷、青田石雕三件文化瑰宝，摄影、华侨、民间艺术三张文化金名片，黄帝、汤显祖、刘基三大历史名人等一批特色文化交相辉映、多姿多彩。

一、崛起中的丽水旅游业

近年来，生态旅游产业在丽水快速发展，呈现出良好的发展势头。特别是浙江省委对丽水明确提出"把生态旅游业培育成丽水第一战略支柱产业"的战略要求后，旅游产业迎来了全新的发展氛围和战略机遇。

近年来，旅游业发展保持平稳较快发展态势，旅游经济增幅连续多年保持全省前列。2012 年全市共接待国内外旅游者 3581.97 万人次，旅游总收入 205.84 亿元，分别同比增长 30.07% 和 32.03%，旅游总收入相当于全市 GDP 的 23.25%，相当于全市服务业增加值的 57.21%。2013 年全市共接待旅游者 4569.67 万人次，同比增长 27.57%，实现旅游总收入 266.29 亿元，同比增长 29.37%，旅游总收入相当于全市 GDP 的 27.09%，相当于全市服务业增加值的 66.48%。2014 年上半年，全市旅游经济运行良好。据测算，全市共接待旅游总人数 2704.02 万人次，同比增长 25.95%，旅游总收入 153.43 亿元，同比增长 26.57%。各组数据充分表明，近年丽水旅游发展态势良好，对全市经济增长的贡献也逐步增加，旅游业已经成为第三产业的龙头产业。

二、旅游规划指导产业合理发展

在省、市旅游业发展"十二五"规划的指导下，丽水市进一步完善了旅游规划体系，充分发挥规划龙头作用，引导产业发展。市本级及各县（市、区）编制完成了《丽水市旅游局十二五发展规划》，各县（市、区）修编了部分总体规划，编制了重点景区、省级旅游度假区以及旅游综合体等区域、项目规划。市本级完成了《丽水瓯江旅游开发概念规划》的编制工作，着手《丽水中心城区旅游设施专项规划》的编制，启动《丽水旅游养生地产项目规划》、《丽水养生养颜特色温泉布局规划》等的前期研究工作，完成《丽水市旅游业发展"十二五"规划》中期评估前期调研工作，完成中期评估报告的编写。

根据"3＋3"生态产业规划体系构建相关工作要求，2014年上半年启动了全市生态旅游规划的编制工作。为了全面提升生态旅游规划的编制质量，主要开展了以下几方面子课题的研究：一是邀请旅游专家和媒体开展丽水瓯江旅游品牌讨论与论证工作；二是委托浙江工业大学开展旅游地产规划研究，为旅游地产类产品的招商和开发等工作提供理论依据；三是开展避暑旅游研究。7月份，市政府对"十三五"规划的编制工作进行了部署，为了整合资源，节约资金，将生态旅游规划与"十三五"规划的编制工作进行结合。

2013年，已初步完成丽水市温泉旅游专项规划的前期研究。为了有效利用和开发温泉旅游资源，合理布局温泉旅游产品，2014年启动丽水温泉旅游专项规划的编制。

三、旅游资源的合理开发

目前，全市共有4A级旅游景区18家，省级旅游度假区3家。2013年，全市旅游项目129个，项目估算总投资额269.44亿元，全年完成项目建设投入40.61亿元，同比增长39.65％；完成旅游项目签约41个，总签约金额231.33亿元，其中意向协议18个，签约金额89.9亿元，框架协议7个，签约金额34.01亿元，正式协议16个，签约金额107.42亿元。2014年上半年，全市共在建旅游项目124个，估算总投资310.4亿元，累计投资108.48亿元，上半年完成旅游项目建设投入13.83亿元，同比增长10.73％。处州府城、千峡湖旅游综合开发北山小镇项目、缙云仙都黄帝温泉谷项目等重大项目前期工作有序推进。遂昌金矿、青田石门洞、缙云仙都等景区的5A创建工作扎实推进。

1. 政府与企业共同出资，合力打造景区

基于上垟青瓷发展独特的地理优势、规模宏大的旧厂区资源优势和深厚的青瓷文化优势，龙泉把小镇开发建设成为一个全新的国家4A级旅游景区。2013年，龙泉市政府投入2000余万元完善"中国青瓷小镇"的基础设施建设。披云青瓷文化园投入600余万元建设国际陶艺村及相关配套设施。招商引资力度不断加强，积极引入季氏文化养生休闲有限公司投资5000余万元，建设季氏文化养生休闲中心。各方面资金合力，经过科学严密的规划部署，突出特色、打造亮点，以披云龙泉青瓷文化园作为"中国青瓷小镇"的核心景区，整合上垟镇木岱口村青瓷购物街、青瓷古作坊和源底村古民居历史风貌旅游资源，着重加强文化园建设、小镇风貌建设，健全小镇旅游配套设施，把景区打造为集观光休闲、旅游体验、文化创意为一体的特色文化旅游景区。

2. 积极利用生态优势，发展乡村旅游

近年来，遂昌县高坪乡积极利用生态、高山等优势，发展避暑、养老、养生、自驾为主题的乡村旅游，在长三角地区形成自己品牌。高坪乡所有自然村海拔都在500米以上，千米以上的山峰有30余座，森林覆盖率82.5％，是遂昌县海拔最高的乡镇。目前全乡共有4个农家乐经营专业村，97户经营户，近1100个床位。2009～2012年，全乡旅游接待人次由3.1万人增至16.44万人，增长了4.3倍；旅游综合收入由198万元增至1284余万元，增长了5.48倍。2013年以来，特别是入夏后持续的高温天气，让高坪的旅游出现井喷式增长，2013年，全乡共接待国内外游客24.9万人次，实现旅游综合收入2560万元。

3. 深入推进产业融合发展，丰富产品类型

松阳大木山骑行茶园为出现的新型业态旅游产品。该项目依托于松阳县历史悠久、大面积连片茶园，开发成"中国最大的茶园"。骑行茶园景区秉承"古韵茶香，健康骑行"的理念，结合了茶园观光、茶园品茶、采摘制茶体验、养生度假等功能。建有多种路况骑行道路20余千米，其中休闲健身骑行环线8.3千米。景区内茶文化长廊、游憩平台、骑行观光台、游客中心等服务设施齐全。

4. 积极吸引民间资本投资旅游业，做大做强行业

市区瓯陆风情园占地234.8亩，规划总投资13.9亿元。一期工程"冒险岛水世界"由加拿大白水公司承担设计，游乐设施全部采用进口设备。整个园区可观、可赏、可游，将疯狂与闲逸巧妙结合，满足各年龄层人群多样化游乐体验需求，是目前长三角地区最大的水上乐园项目。2013年7月5日开园，仅2013年7月5日至10月10日，接待旅游者人数近40万，周末日均接待量约1.5万人次。迅速成为市区旅游项目龙头，并呈现出强烈的带动作用。2013年第三季度，市区华侨开元名都大酒店、绿谷明珠大酒店以及喜尔顿酒店等，在"冒险岛水世界"开园期间，客房出租率同比增长了30%以上；古堰画乡景区，游客接待量同比增长了41%，门票收入同比增长了196%。

四、旅游项目的快速建设

1. 丽水瓯江生态旅游景区创5A项目

为了推进瓯江生态旅游景区5A创建工作，2014年年初，邀请北京绿维创景规划设计院专家团队，通过陆路、水路等几条线路，对项目地进行了多次考察和研讨，初步确定5A级旅游景区创建范围和推进思路。在前期研究的基础上，4月初，规划单位形成了《丽水瓯江古堰画乡旅游区创建5A级景区可行性研究》。

（1）古堰画乡区块 通济堰养生园项目主体工程已完成，正在进行内外墙施工，以及进行内部装修，民间展览馆区块计划年内对外营业，其余部分计划2015年对外营业。文化产业基地项目已于6月30日完成土地公开出让，现在正在进行土地整理和初步设计等。

（2）九龙湿地公园区块 2014年，该项目有一期保护工程、主入口科普用房以及文化创作基地3个子项目在实施。根据机构调整议定的事项，确定3个子项目都由林建公司负责建设并完工后交付给瓯江生态旅游景区管委会。目前，一期保护工程和入口处科普用房正按计划进行施工；文化创作基地原计划二季度开工建设，因受多种因素影响，未按预期目标开工，现正着手工程招投标，预计在三季度开工建设。

（3）市区南明湖区块 南明湖国际休闲养生港项目前期在顺利推进，力争在2014年年底前完成土地公开出让。

2. 丽水现代商贸中心宾馆项目

项目于2010年开工建设，原规划设计一座五星级酒店，后经过规划调整，分为一座商务类与一座五星级酒店。目前，商务类万廷大酒店已于2014年6月24日试营业；丽水温德姆至尊酒店正在实施内部装修。

3. 石牛温泉项目

项目一期的酒店大堂装修及泡池、绿化工程建设等基本完成；二期已完成2栋高层桩基和12栋花园洋房一层建设。

五、旅游服务建设

为贯彻实施《旅游法》、《旅行社条例》等旅游相关法律法规，加大旅游市场监管，组织开展全市旅游市场专项整治活动，进一步优化旅游市场秩序。深化品质旅行社的评定工作，丽水市已成功创建四星级品质旅行社 8 家、三星级品质旅行社 5 家，在全市旅行社行业起到了示范和引领的作用。强化星级饭店管理，加大绿色饭店创建力度，全市共有星级饭店 62 家，创建绿色饭店 19 家。注重导游培训，通过举行全国导游培训、乡村旅游考证培训等各类培训班，举办全市金牌导游大赛等，进一步提高导游队伍建设和服务水平。

六、旅游宣传营销

1. 品牌宣传

丽水旅游形象宣传片自 2011 年起连续多年在央视《朝闻天下》栏目播出，"秀山丽水、养生福地、长寿之乡"旅游品牌知名度、美誉度不断提高。全方位多角度跟进媒体合作，借势推进旅游知名度并打开市场。在上海东方卫视、浙江卫视等广播电视媒体开展形象宣传，在中国青年报、中国旅游报、浙江日报、钱江晚报等报刊媒体开展版面宣传，在凤凰网、上海旅游网、浙江旅游网、浙江在线网等新媒体开展网络宣传。

2. 市场营销

针对国内旅游市场，积极参加各大旅游交易会、旅游商品博览会、旅游推介会等跨区域的旅游合作交流和宣传促销活动，参加浙江省旅游局"看晚报·游浙江"主题旅游推广活动，开展"到丽水过大年"、"5·19 旅游日"等宣传促销活动，举办有特色的旅游季活动，编制旅游指南、导游图、丽水旅游画册及中国知名作家进丽水作品集等，进一步扩大客源市场的占有份额。推进境外市场拓展工作，2012 年以来，组织中国台湾旅行社老总踩线团到丽水市踩线，与中国台湾相关旅行社达成代理揽客和营销宣传合作协议，各项工作取得明显成效，目前韩国、中国台湾地区已成为丽水市境外旅游主要市场。

七、旅游效益

2014 年 1～6 月，丽水市共接待旅游总人数和旅游总收入两项指标增幅继续排全省前列，又新增 2 家国家 4A 级旅游景区，分别是莲都区古堰画乡和龙泉披云青瓷文化园；新增 1 家省级旅游度假区，即松阳田园风情省级旅游度假区。乡村旅游发展态势良好，2014 年上半年，全市乡村旅游累计完成投资 13.3 亿元，农家乐乡村休闲旅游点共接待游客 513.1 万人次，比上年同期增长 31%。

1. 带动乡村旅游发展

为进一步发挥旅游惠民富民功能，丽水市积极开展浙江省"十百千"和"百千万"旅游富民工程创建活动，目前止，全市共创建旅游经济强县 2 个，旅游强镇 7 个，特色旅游村 38 个，旅游特色经营户 137 个。到 2014 年 6 月份，全市乡村旅游累计完成投资 13.3 亿元，直接从业人员 21893 人，餐位 137543 个，床位 15848 个。2013 全市农家乐乡村休闲旅游点共接待游客 970.5 万人次，比上年同期增长 37.7%；营业总收入 85995.8 万元，比上年同期增长 35.2%。

2. 旅游景区的建设对乡村旅游（农家乐）拉动作用明显

以遂昌县为例，南尖岩、遂昌金矿、神龙谷等 4A 级旅游景区相继建成后，带动了大田、石笋头、茶树坪为代表的景区周边农家乐旅游迅猛发展，全县农家乐休闲旅游村（点）

从 2007 年的 14 个增至 2013 年的 80 个，农家乐户数从 84 户增为 509 户，从业人员 9180 人。2013 年遂昌县农家乐共接待游客 186.56 万人次，同比增长 37%；经营收入 17980.85 万元，同比增长 38%。乡村休闲旅游业的发展，同时也带动了遂昌原生态农产品的畅销，七山头土猪、黄泥岭土鸡、金竹山茶油、北界红提等原生态精品农业迅猛发展。围绕"经营山水、统筹城乡，全面建设长三角休闲旅游名城"发展战略，遂昌县把农家乐休闲旅游作为富民强县的战略性产业来抓，立足小山村，发展大产业，农家乐乡村休闲旅游得到迅猛发展，成为促进农业转型升级、新农村建设、农民增收致富的最大亮点。更难能可贵的是，全县上下发展乡村休闲旅游业的积极性和主动性被充分调动，"全民参与、惠及全民"的旅游经济发展核心理念得到普遍认同。

八、养生产业

1. 突出养生（养老）项目建设

立足"养生（养老）基地示范先行、养生（养老）行业深度融合"的项目谋划思路，建立了养生（养老）项目库，在全市谋划了 70 多个开发区块、136 个总投资达 1060 亿元的养生（养老）项目。目前重点实施的"112"项目建设计划（即加快推进 10 个首批养生（养老）基地，梯次推进 10 个第二批养生（养老）基地，计划启动 20 个以上养生产业培育项目），总投资达 302 亿元，截至 2014 年 6 月底已累计完成投资 20.3 亿元。莲都通济堰养生文化园、青田生态休闲养生乐园、遂昌竹炭休闲养生基地、阳新天地休闲度假庄园、景宁西汇民族风情度假村等项目已经开始装饰或完成主体建设。龙泉·中国青瓷小镇、莲都古堰画乡养生基地、庆元百山祖休闲养生基地等项目已投入运营。同时，积极推进首批养生乡村改造提升，启动第二批养生乡村评定工作。2014 年 1~6 月，首批 27 个养生乡村完成改造经费投入 2800 万元，接待游客 74 万人次，总收入 3200 余万元，吸引了大批游客前来休闲、度假、避暑、养生。

2. 突出养生（养老）产业培育

重点围绕养生（养老）八大行业发展和"五养"特色品牌打造，积极引进一批养生（养老）特色产业项目和产品，促进养生（养老）各相关产业的融合发展。

（1）推进产业项目建设　启动了首批 27 个养生（养老）产业项目建设，总投资达 49 亿元，涉及保健食品、护理用品、生活用具、运动器械、文化创意、农林产品精深加工等养生（养老）产业多个领域。

（2）注重产业品牌培育　据调研统计，目前全市从事生态休闲养生（养老）产业生产经营、具有一定规模的企业（单位）有 1900 余家，涉及 2200 余只产品，养生农林业、养生（养老）用品制造业具有一定的地域特色和行业优势。其中 2013 年评选认定的首批 50 家养生（养老）产业重点企业，年产值达到 182 亿元。浙江振通宏茶叶有限公司、景宁大自然食品有限公司、百兴食品有限公司、龙泉佳宝生物科技有限公司、浙江方格药业有限公司、浙江五养堂药业有限公司等企业发展规模和品牌效应初显。

（3）拓展产业培育平台　2013 年 9 月，与阿里巴巴集团合作，开通了全国首个以养生（养老）产业为特色的阿里巴巴·丽水产业带。截至 2014 年 6 月底，该产业带已发展入驻企业 900 余家，推出的养生保健、休闲食品、竹木家居、木制玩具、粮油干货、茶叶酒醋等丽水特色休闲养生产品备受各地采购商的关注，累计浏览点击量达 275 万次，实现线上交易额 3.1 亿元，线下带动成效显著。

攻 坚 待 破

——政治建设稳步推进

生态文明条件下的政治建设是以生态文明观为基础，把长期以来社会发展中的经验教训加以总结和概括，形成社会全体成员必须共同遵守的法规、条例、规则等制度，使人们的经济生活、政治生活、文化生活、社会生活逐步走向规范化、制度化，其作用在于调节社会关系，指导社会成员的生活，规范人们行为，保证社会可持续发展。

世 纪 命 题
——政治建设保证社会可持续发展

一、生态问题是最大的政治

当代环境问题已经不是一个技术问题，是一个严肃的政治问题。生态问题是一个因人类不合理开发、利用自然环境或生态系统所导致的生态失衡、恶化进而影响人类生存和发展的问题，但由于生态问题最终会直接影响到人类社会的生活系统进而波及人类的政治领域，如前苏联在 20 世纪 70 年代以工业化为主要内容的社会主义发展过程中，产生了西方发达国家初期发展时存在的严重生态环境破坏现象，这些问题又没有得到及时有效地解决，最终成为群众性政治抗议运动的渊源。因此，要透过自然、经济、技术的表象视角，上升到政治学的高度看待生态问题，才能揭示其产生的深刻根源并找到解决严重危机的有效良方。

当前生态危机对国内政治、国际政治的影响日益凸显，国内的生态危机常成为民众质疑、抗议执政党和政府的路线、方针和政策的一大源头，使得执政党和政府陷入政治认同感、政治合法性、政治整合性危机；而超越国界的、严重的生态危机已然成为国家间矛盾与冲突的一大导火索，世界各国高度重视生态安全，生态安全已然成为国家安全的重要内容。

当前，中国的发展已进入了环境高风险时期，污染已从单个企业、单个地区的污染走向布局性、结构性的污染，一旦发生环境事故，就将威胁数百万老百姓的生命安全，环境问题导致许多地方政府与民众关系紧张、矛盾冲突，应成为地方政府亟需改进的一大重点。2006年 10 月，中共中央党校"科学发展观与社会整体文明研究"课题组曾对全国 8 省市 2000 名领导干部进行了问卷调查，在关于"全面发展应主要包括的内涵"这一问题中，选择"经济建设、政治建设、文化建设、社会建设和生态建设"五项内容的高达 77%。选择"经济建设、政治建设、文化建设、社会建设"这一比较规范答案的有 16.8%，认为仅是"经济发展、政治发展、文化发展"的有 9.8%。❶ 当前，我国构建社会主义和谐社会，需要从生态政治学的高度充分认识人与自然和谐对于社会和谐的极端重要性，认识分析对待生态危机发生的深层次的政治因素，通过观念革新，唤起人们的生态政治意识和生态政治责任，营造科学的生态政治文化，进行积极的生态政治参与，构建科学的绿色思维方式、绿色生产方式、绿色生活方式、绿色行为方式等，从而走上生产发展、生态良好和生活富裕的和谐发展道路。

二、政治的生态转型

在当代中国，政府在经济社会等各个层次都发挥着无可比拟的重大作用和影响，政府主

---

❶ 钱俊生，赵建军. 生态文明：人类文明观的转型 [J]. 中共中央党校学报，2008 (1)：44-47.

导着生态文明建设。因此，政府的生态转型是中国实现可持续发展的理性选择，也是中国走向生态文明的核心保障。所谓政府的生态转型是指政府能够树立尊重自然、顺应自然、保护自然这一生态文明的基本理念，并能够将这种理念与目标渗透与贯穿到政府制度与行为等诸方面之中去，积极探索人与自然和谐共生的基本诉求及实现路径的行政管理系统。

1. 政府执政理念转型创新

要实现从以民为本的公民导向到人与自然和谐共生、生态优先的理念转变。党的十八大报告对生态文明建设的论述将成为发展的导向，不仅"涉及生产方式和生活方式根本性变革的战略任务"，还会涉及思想观念的深刻转变，涉及利益格局的深刻调整，涉及发展模式的深刻转轨。长久以来形成的以民为本的执政理念也必须在生态文明的要求下进行调整，用生态文明的标准来重新衡量和评价。实现生态文明的发展，不仅是发展的更高一级形态，也是人民群众的根本利益、共同利益、切身利益之所在。人与自然和谐共生、生态优先的理念，把群众利益高高举过头顶，用壮士断腕的勇气对那些破坏生态的项目说不，用科学发展的理念建树绿色、循环、低碳的发展模式，发展才能真正造福于民。

2. 法治建设是生态文明政治建设的根本保障

党的十八大提出"全面推进依法治国"，党的十八届三中全会提出"推进法治中国建设"。要使生态文明建设的稳步推进，必须从法治上予以保障，要建立完善的以国家意志出现的、以国家强制力来保证实施的法律规范，同时实现法律体系的生态转型。健全完整的法律体系是生态文明建设的法制保障，也是衡量一个国家生态文明发展程度的重要标志。

法律体系转型要顺应生态文明建设的大趋势，符合生态文明理念的基本要求，实现生态文明意义上的转型。首先，符合正确处理人与自然之间关系的要求。法律生态转型应牢牢把握并深刻体现"树立尊重自然、顺应自然、保护自然的生态文明理念"，全社会必须深化理解并自觉遵守"人是主体，自然也是主体；人有价值，自然也有价值；人有主动性，自然也有主动性；包括人在内的所有生命都依靠自然"的基本态度、核心观念与核心内容，在日常环境行为中自觉践行人与自然和谐相处理念，环境法律法规的制定、创新、执行才能获得广泛的社会认同与持续的社会效应，并最终实现人与人之间的代内公平、代际公平、区域公平和人与自然之间的种际公平。其次，符合正确处理人与人之间的关系的要求。法律体系的生态转型要正确处理因人与人之间的关系所引触的各种问题。当前，纵观全球，由不合理的生产关系所造成的对资源的占有和污染的转移，尤其是建立在资本原始积累基础上的国际经济旧秩序使得发达国家利用发展中国家的资源和输出污染，造成发展中国家严重的生态灾难和环境污染，而这种污染通过全球性循环反过来又影响发达国家的生态环境的现象日益凸显。这一问题只有通过重建全球生态文化，寻求全球共同生态利益认同，并通过法律生态化调整以期塑造全球生态公平，达到发展生态化的生产力与生产关系，建立与可持续发展相适应的社会体制。再次，符合正确处理自然界生物之间的关系的要求。自然界生物之间的动态平衡的关系对人类生存和发展具有重要的意义。要使人类社会可持续发展，就必须使法律体系的生态化朝着维护自然界生物之间的动态平衡关系迈进，从法律视角为生物多样化及各物种的繁衍生息提供法律保障。最后，符合正确处理人与人工自然物之间的关系的要求。现代科学技术大发展给人类创造了各种各样的人工自然物，人工自然物反过来极大地影响人类的生产和生活，为了使现代科学技术朝着造福人类的方向发展，法律体系生态化将通过制定与此相关的法律法规，在人类研制、利用人工自然物过程中起到扬长避短的作用。

3. 制度建设理是生态文明政治建设的关键

党的十八大报告指出："保护生态环境必须依靠制度"，"要把资源消耗、环境损害、生态效益纳入经济社会发展评价体系，建立体现生态文明要求的目标体系、考核办法、奖惩机制。建立国土空间开发保护制度，完善最严格的耕地保护制度、水资源管理制度、环境保护制度。深化资源性产品价格和税费改革，建立反映市场供求和资源稀缺程度、体现生态价值和代际补偿的资源有偿使用制度和生态补偿制度。积极开展节能量、碳排放权、排污权、水权交易试点。加强环境监管，健全生态环境保护责任追究制度和环境损害赔偿制度。加强生态文明宣传教育，增强全民节约意识、环保意识、生态意识，形成合理消费的社会风尚，营造爱护生态环境的良好风气。"党的十八届三中全会就完善生态文明制度体系提出："要健全自然资源资产产权制度和用途管制制度，划定生态保护红线，实行资源有偿使用制度和生态补偿制度，改革生态环境保护管理体制。"

在生态文明政治建设中，针对各级决策者要建立科学的决策和责任制度，不断完善各项管理制度，建立奖惩机制和责任追究制度，建立科学的评价体系，纠正唯 GDP 论的政绩考核方法；针对社会当事主体要建立行之有效的执行和管理制度，严格按资源产权、管理制度、执法监管、用途管理、生态红线、市场交易、有偿使用、赔偿补偿等执法，做到"执法必严，违法必究"；针对社会全体成员建立道德和自律制度，加大生态文明宣传教育力度。增强全社会的生态文明意识，形成合理消费的社会风尚，营造爱护生态环境的良好风气。同时，在事关民众的重大生态决策中要树立民主的作风，构建生态型政府的民主决策体制，尤其在有关资源、环境、灾害、教育、卫生等经济和社会问题作出决策前，严格遵循社情民意调查制度、政务公开制度、公开听证制度、专家咨询制度等，提高环境决策的民主化与科学化。

4. 政府职能拓展创新，强调政府的生态职能

过往对政府职能的界定包括政治职能、经济职能、社会职能、文化职能四大职能，生态服务职能往往是隐含在社会职能里的，没有引起足够的重视。当前，亟需将生态服务职能贯穿于政治职能、经济职能、社会职能、文化职能、环境职能中并举构成政府的基本职能，并明确环境职能内涵所包括生态政策制定与执行职能、生态管理与监督职能、生态补偿与资金供给职能、生态文化的宣传与教育职能等方面，增强政府对生态职能的执行力度，增强政府的生态使命感。当前要根据党的十八大报告提出的"要加强环境监管，健全生态环境保护责任追究制度和环境损害赔偿制度"的精神，加强环境监管，各级政府应强化环境预警和应急管理意识，建立包括政府环境预警检测系统、环境预警咨询系统、环境预警组织网络系统和环境预警法规系统 4 个子系统构成的环境预警系统，防患于未然。建立政府环境应急管理机制，即政府通过对组织、资源、行动等应急资源的有机整合，以应对环境突发事件的一种机制，构建科学、高效、协调的环保事故应急管理体制是生态型政府建设的题中应有之义。

5. 政府运行方式生态转型

（1）构建电子政府　电子政府是生态服务型政府的内在要求。电子政府是指在政府内部采用电子化和自动化技术的基础上，利用现代信息技术和网络技术，建立起网络化的政府信息系统，并利用这个系统为政府机构、社会组织和公民提供方便、高效的政府服务和政务信息。美国在政府管理体制的变革上，为了适应互联网的普及和社会信息化的进程，2000 年就启动了电子政府建设，用 10 年的时间建成了"超级政府网站"（firstgov.gov），在配套的

法律、行政和技术规则制度下管理国家及社会事务。中国在 1999 年开始实施"政府上网"工程，目前中国政府已开展的电子化共同服务主要有：电子税务、电子采购、电子证件办理、电子邮件、信息咨询服务、电子认证、呼叫中心、应急联动服务等。电子政府的发展，促进了政府业务信息化、精简机构和简化办事程序，为公众、为社会提供优质高效服务，将极大地削减政府的运作成本，提高政府的工作效率，改进政府的工作效果。打造"网上超级政府"是当前生态文明建设的一个重要任务。

（2）调整政府内部组织结构　建立扁平化的组织结构，即管理机构的层次设置减少，管理跨度增大，尽量精简机构数量和机构人员。建立决策的执行"面对面"的组织结构，以缓解目前政府组织层级多，官僚主义严重，应变机制僵化，对环境变化反映迟钝的局面。建立网络化、整合化的政府组织结构，即通过运用网络和电子化工具推进跨部门的平台整合，使得政府内部突破部门之间、地区之间的纵横限制，解决目前政府系统存在的大量"信息孤岛"实现资源共享，提高行政效率。建立弹性化的政府组织机构结构，即以"公共服务为导向的"，对环境具有开放性和适应性，并且具有充分回应性的组织，以解决政府系统对环境适应性差、办事互相推诿，互相制掣，严重影响行政效率的局面。

三、公民环境权利与公众参与

1. 公民环境权

从我国目前形势来看，在生态环境保护与治理进程中，政府始终处于绝对主导地位，多元主体参与治理的机制尚未形成。由于生态治理的复杂性和艰巨性以及单一主体的治理模式存在诸多限制性，导致政府治理成效大打折扣，政府治理成本增加。所以，在生态环境问题已经渗透到社会生活的各个领域的背景下，仅仅指望政府运用其掌握的公共资源，采用自上而下的行政手段，已经远远无法应对生态管理的挑战。政府应当确立基于利益相关的多元主体共同治理的理念，优化治理结构，将市场主体、社会组织和公民纳入生态治理过程中来。实现生态治理资源的全方位整合，已经成为生态治理的必然选择。

1972 年召开的联合国人类环境大会对环境权做出正式的国际承认，大会通过的《人类环境宣言》指出："人类有权在一种能够过尊严和福利的生活环境中，享有自由、平等和充足的自身条件的基本权利，并且负有保护和改善这一代和将来的世世代代的环境的庄严责任。"环境权利是指特定的主体对环境资源所享有的法定权利，包括公民环境权、法人环境权、国家环境权、人类环境权。

公民环境权可以理解为公民的基本权利之一，就是公民有良好的生存环境的权利，是指公民享有适宜健康和良好生活环境的权利，包括日照权、通风权、安宁权、清洁空气权、清洁水权、观赏权、风景权、宁静权、眺望权等。政府官员应该尊重公民的环境权，这比 GDP 增加一两个百分点重要。公民环境权是环境权的基础，是环境保护的立法之本。公民环境权的设置使得公民能依法行使参与环境管理的权利，推进环境管理工作深入、有效开展，才能使公民在环境方面的权利和义务得以保障，调动公民保护环境、防止污染的积极性，是公民行使监督、检举、控告和起诉权利的法律依据，有利于积极发挥司法手段，保护和改善环境，惩罚污染、破坏环境的肇事行为。

2. 公众参与

首先，应当充分发挥民间组织发育相对成熟、民间组织自主性较强的优势，深化社会管理体制改革，为民间组织发挥自身在推进转型升级和生态文明建设上的独特作用提供广阔的空间。一方面，要在积极培育行业协会、商会等民间组织的基础上，通过行政授权、财政补贴等方式，让民间组织扮演沟通政府与企业、政府与公民的中介角色，有效发挥民间组织在引导、推动、服务企业转型升级方面的积极作用；另一方面，要鼓励民间公益性组织发挥组织公民参与生态治理、环境保护的作用，借助于民间组织的社会组织功能，引导全社会形成低碳环保的生活方式，激发全社会共同参与生态文明建设的活力。

其次，应当充分调动每一位公民对环保事业的参与。生态文明意味着人类整个生存方式的革命性变革，需要全民在共同参与的生活实践中，逐步告别和摆脱物质主义和商业主义的生活习惯，塑造形成绿色、环保、低碳的生活方式。

再次，构筑公众参与的制度保障。要提供公众参与环保事业的较为完备的法律保障；建立政府环境信息披露制度是公众参与环境事务的前提，政府环境信息披露的内容包括政府机构为履行法律规定的环境保护职责而取得、保存、利用、处理的需要为公众所知悉与环境有关的信息。要从本地出发，设置简便、规范、可操作的参与程序和规则，让公众参与环境事务成为制度化的政务环节。

四、构建生态治理的全球一体化结构

环境问题的全球化、政治化和经济化决定了解决环境问题的复杂性、长期性和艰巨性。20 世纪 80 年代以后，人们开始认识到环境问题与人类生存休戚相关，环境问题的解决只靠一国的努力难以奏效，必须全球互动并进行国际合作，共同来保护和改善环境，共同采取处理和解决环境问题的各种措施和活动。

1. 消除全球异地污染的经济一体化

生产力发展到当今时代，发达国家已经从对不发达国家的商品输出转变为资本输出。一般而言，资本总是流向有利润的地方，而欠发达国家往往有着巨大的市场潜力，从而吸引着发达国家的资本注入。同时，一些公司出于减小国际金融风险、获取较廉价的劳动力等考虑，也纷纷将一些劳动密集型产业转移到欠发达国家。值得强调的是，一些国家还出于生态环境因素考虑，为了减少自己的环境风险而有意识地鼓励一些企业将高环境成本的产业转移出去。这样，一些发达国家在享受经济发展红利的同时，却将环境风险强加给欠发展国家，造成了异地污染状况。为了消解这一状况，发达国家应树立全球意识，在为全球经济做出贡献的同时勇担生态责任，利用自己的资金技术优势，将环境风险降到最低限度，而不是通过产业布局的发生转嫁出去。同时，欠发达国家也应树立生态忧患意识，在吸引投资时不能只从经济角度考虑，还应虑及环境因素，最大程度地杜绝环境污染的全球扩散。中国作为第一大发展中国家，迅速发展的经济所提供的巨大利润空间，从而吸引着巨大的国际资本流入，已经成了名符其实的世界工厂，一些高污染产业乘势而入，从而造成了巨大的环境压力。因而，中国要奋力抵制世界污染全球化趋势，从而为生态治理的全球一体化结构构建做贡献。

2. 发展跨国界的非政府性生态组织

在生态文化全球一体化进程中，跨国界的非政府性生态组织发挥着不可或缺的重大作用。为了促进生态文化全球一体化，这些组织应在争取政府支持进一步发展的同时，积极宣传自己的生态理念，极力扩大自己的影响力，争取更多的民众的支持与参与。各国政府都要在政策、场地甚至资金等方面加大支持力度，在进一步促进现有的国际环保组织发展的同时，发动动员更多的民众组建更多的生态环保组织。

3. 形成生态治理的全球一体化结构

在生态维护与环境保护问题上，世界各国要形成全球性生态共识，改变推脱生态责任的做法，打破各自为政的治理格局，着力于打造一个具有全球生态管理与实践能力的地球政府。这样的地球政府的打造可以通过对联合国的改造而实现。不可否认，当前的联合国虽然作用有限，但它毕竟是当今世界上影响力最为深远的国际组织，它的作用对世界的正常运转而言仍是不可或缺的。因而，生态治理的全球一体化结构建构可以以其为依托，强化其在全球生态问题上的职责与权力，通过决策共议、经费公担的方式，将其改造为一个至少在生态问题上名符其实的世界政府。当然，就目前而言，尽管世界政治格局以及区域壁垒在经济一体化大潮的冲击下已千疮百孔，但冷战思维以及意识形态对立的顽固残存使其不可能在短时间内完全被打破，从而使得对联合国的实质性改造不可能完全实现。因而，更为实际而有效的方法也许是通过世界各国共同协商，在生态问题上组建一个新的专门机构，负责全球生态问题。

随着生产力发展推动下的世界历史的发展，通过世界各国的共同努力，区域必将被打破、国家终将消亡，进而形成生态文明的全球政治新体制，一切服从于生态，一切服从于地球，人类将从工业文明的必然王国走向生态文明的自由王国，全球一体化的生态文化最终实现。

乐和理念

——建设生态乡村

"北京地球村"是一个民间环保组织,创办于 1996 年。2000 年开始回归中国文化,试图用天人合一的东方智慧来解决人类的环境问题,致力于探索"乐和家园"的现实蓝图;2008 年"地球村"参与了四川地震后的灾后重建,与村民和志愿者一起把这张蓝图变成一个村庄的雏形;2010~2012 年,受重庆市巫溪县政府邀请,用乐和的理念参与全县的乐和家园建设。从传统智慧入手,找到了重建生态乡村的精神力量,共建了政府主导、多方参与的社会共治模式,培养了一支传播乐和理念、建设乐和家园的社会工作者队伍;2013 年 5 月,在中共中央统战部支持下,"地球村"与中国光彩事业基金会、重庆光彩事业基金会连手推动的"光彩爱心家园——乐和之家",在重庆市的巫溪、黔江、酉阳 3 个区县 10 个村实施;2013 年 6 月以来,由当地政府主导、"地球村"提供技术服务的湖南省长沙县"乐和乡村"、浙江嵊泗县"乐和渔村"和重庆南岸区的"乐和家园"的试点工作也陆续展开。

一、乐和家园复兴了乡村文化

"乐和"是一种生于本土、源于传统、基于现实的理念和话语。乐和的本意是乐道尚和,乐于道、志于和,身心境和、乐在和中。道家说"和曰常,知和曰明"、"万物负阴而抱养阳,冲气以为和",儒家说"和也者,天下之达道也"。"和"就是被梁漱溟称为"宇宙大生命"的道,就是差异、互补、共生的生命共同体。"乐和"就是通过个群相和、义利相和、身心相和、心智相和、物我相和来实现生命的和谐与快乐,来对治理现代性拆分式思维造成的个群分裂、义利分裂、身心分裂、心智分裂、人境分裂以及由于这些分裂而导致的危机。

乐和的理念不仅仅是哲学的世界观和方法论,而且是可落地的模式和可操作的流程,一套由乐和治理、乐和生计、乐和人居、乐和礼义、乐和养生构成的整体方案,一个既保存村落、农场、医馆、书院、集市,同时又能够发展生态农业、养老产业、养生产业、创意手工业等的发展规划。这样的方案与模式可以理解为现代化语境下的一种发展道路,一条不是毁灭乡村,而是建设乡村、城乡共生的乡土型城市化道路;也可以理解为一种新的文明,一种身心境和、天地人和的乡村生态文明。如果说"乐和"是一种精神,那么"家"就是一种社会关系,"园"就是现实的自然的和有形的空间,"乐和家园"4 个字本身体现着万物共生天下一家的内涵,乐和牵动的是人心深处的那一份仁爱,爱万物、爱他人、爱自己,彼此依存、彼此包容、彼此感恩、彼此相助,因而是从政府工作、社会组织到民众生活之共识的根本,是生命共同体的诉求。

在这个多元文化的时代,要找到一种既与传统相通,又与现代相连,既为政府认可,又为社会认同、百姓接受的话语体系,并不容易。而乐和就是这样的有内涵有能量有张力的话语。用百姓生活来表达乐和，是乐和治理、乐和生计、乐和人居、乐和礼义、乐和养生；用社会主义的信念诠释乐和，是社会共治、经济共赢、生命共惜、文化共荣、环境共存；用生态文明的理想解读乐和，是生态社会建制、生态经济发展、生态保健养生、生态伦理教化、生态环境管理；用梁漱溟的乡土文化概括乐和，是"向上之心强，相与情意厚"；用社工的语言传播乐和，是"树公心、凭良心、存真心、尽孝心、献爱心"；用羊桥的村民语言理解乐和，"乐和就是一家人"、"乐和就是一条心"，老百姓听得懂、记得住、能接受。大坪村的一位乐和代表给农民日报的记者说："说别的我们不懂，一说乐和，都明白了，好事，搞！"

与乐和的精神内涵相应的是乐和的教育倡导。巫溪县委政府建立了一套教育培训体系：县级层面的党校、学校和乐和书院、乡镇层面的乐和讲习所、村级层面的乐和大院，构成了一个文化教育载体。"地球村"提供教育课程、方法以及活动的策划和服务。在乐和家园的试点村有乐和大院，作为民众活动的共同空间；乡镇有乐和讲习所，提供定期的培训课程；村里的乐和墙，是村民时时可见的宣传栏；村头的乐和榜，是这个熟人社会里大家很在意的评价和表彰平台；定期和不定期的乐和倡导，则成了村民的精神生活不可少的内容。把乐和理念编成乐和谣，成为村民喜闻乐见可以吟诵演唱的小调；在乡村普及的乐和礼仪——挥手礼、拍手礼、拱手礼、鞠躬礼乃至大拜礼等，让这里的乡村恢复了礼仪之乡的气息，从孩子开始的弟子规、三字经以读经来明义，让乡村接上了传统文脉。而巫溪乐和家园建设最重要的一个文化事件，是 2011 年巫溪全县推行的"相约论语、全民读经"活动。

2011 年夏天，"地球村"组织了以村民为主体的巫溪读经团到北京，参加王财贵读经中心组织的读论语活动。读经团的 33 名学员，从村民到教师，从 15 岁的孩子到 70 岁的老人，整整 1 个月，每天从早晨 5 点读到晚上 9 点半的诵读，读出了感觉、读到了智慧；一个原来的赌棍，说她以前以为自己是个小人，读经让她有了做君子的自信，她戒掉了赌瘾，要做一个"有智慧的中国人"。一个村民解释自己为什么要穿汉服的理由是"这样好像有接近圣人的感觉"。读经团带着乡土气息的诵读，走到了北京社区乃至清华、北大，被评价为"自信、从容"，这份自信和从容在这个浮躁的世界里，像是一股清风、一串甘露，感动甚至震撼了每一个在场的人。"要做君子"、"要做有智慧的中国人"，汇成来自大山深处的呼声，这呼声又很快引起撼人的回声。2011 年，巫溪县委政府启动了"相约论语、全民读经"的活动，在全国率先实施全民读经的文化战略。

在物质主义横行的年代，理念的作用往往是被低估的。但在工作实践中，能不断感受到乐和理念的力量，因此也不断完善着乐和理念的内涵以及乐和教育与倡导的路径。

乐和的力量是传统的力量。相对于现代化的浮躁，传统往往是根植于人心，也深藏于人心，需要去唤醒的。一位村民说"乐和就是归本"，这个本就是文化自觉。文化自觉是一个民族对于精神家园的了解和认同。在历史的长河中，唯有中华民族一脉相承 5000 年，根本的原因在于这个民族所拥有的共同的价值，如孝、廉、诚、信、仁、义、礼、智，无论是朝廷还是民间、文人还是农夫，对这些基本价值有一种普遍的认同。当维系民族生存的共同价值散落、滑坡和沉陷的时候，必然出现人心涣散、生活迷茫、社会冲突、环境恶化、经济失衡等种种痼疾。乐和唤起了人们心中乐道尚和的传统，唤起了人们的文化自觉，让世界看到乡村开始中华民族的复兴之路的可能。

乐和的力量是乡村的力量。乡村问题最深层的原因在于乡村的价值为现代化的意识所否定，所以在文化自觉的同时再造乡村的自信是非常重要的。每一个乡村曾经都是一个生命共同体，这种共同体的意识和诉求虽受到现代化的冲击但还没有最后消失。巫溪县杨桥村三社的社长谈到为什么要搞乐和时说:"因为乐和好,没有搞乐和的时候,每个人只顾自己,现在搞乐和了,大家亲热得好像在一个锅里搅饭吃。"既然这些曾经守望相助的人们,需要这一家人的理念和家一样的社会,"地球村"便有意识地维护着这种一家人的根文化,以及乡村还有的孝廉慈俭的传统,并且让村民意识到这是乡村的价值,是可供城里人"精神脱贫"的财富。"地球村"还经常帮助村民对于自身生态生活方式的认知,以及城市生活方式的弊病,来懂得什么是高质量的生活。说得更"高深"一点,生态文明的希望在乡村,因而乡村还有着未被钢筋水泥全覆盖的生态系统,还没有最终凋敝的乡土文化,还有着建立从民居到养生乡土文化产业到乡村社会自治的生态系统的可能。事实上,村民比很多城里人和知识分子,更能懂得什么是高质量的生活,懂得什么是生态的文明。

乐和的力量是精神的力量。在现代物质主义冲击下,乡村受着"一切向钱看"的影响。但是人的内心还没有泯灭对精神生活的向往。三宝村乐和互助会的陈会长说得很直接:"乐和家园就是教育大家不要只认钱,风气就好了。"这些质朴的村民比很多被物质主义奴役的人更清楚,好的社会风气对于个体生命的意义,那意义不仅是安全,而且是生命根处的温润和意义。乐和"5颗心"是村民挂在嘴上、唱在歌谣里的,这就是"树公心、凭良心、存真心、尽孝心、育爱心"。村民们明白这几颗心才是最值钱的财富。乐和让村民发现了乡村曾有过的人格的力量,一些过去觉得没有挣到大钱儿在村里抬不起头来的村民,因为参与乐和家园的公共事务,因为做好事而被评为乐和代表、乐和榜样,重新扬眉吐气,受到尊重。当城市的很多人挤在物质主义的攀比中苦不堪言的时候,村民因为传统文化那践形尽性的力量,唤醒了人自身的理性和人格追求,发现了人的自我实现的空间,演绎出一个个的乐和故事。儒家的理性就是发现理性的力量,超越宗教的力量,这力量就在人的内心。

乐和的力量是智慧的力量。当倡导乐和的时候,村民们很容易地明白乐和生计的意思,就是要"凭良心挣钱、靠团结致富";而且乐和生计本身只是5个乐和中的一个,而其他4个乐和,即乐和治理、乐和礼义、乐和人居、乐和养生,同样是重要的,而且要靠着这其他4个乐和,乐和生计才搞得起来。以前政府投钱要治理一片羊桥村的低洼地,却因为村民在田间地角的计较搞不起来,乐和家园使得大家不再争吵,很快形成了合力,完成了这个工程。二社的村民说:"看来乐和就是生产力!"这样一个经济与社会、环境、文化、健康互相依存、彼此平衡发展的道理,甚至5个乐和之间相生相克的道理,在这些村民眼里是那么简单明了可以接受。这样的智慧应当成为民族的生存发展的共识,而这样的共识可以从一个乡村、一个乡镇、一个区县做起。

二、乐和家园再造了乡村社会

中国的乡村,曾经是家一样的社会,维系着"相与情谊厚,向上之心强"的家一样的道德。社会瓦解了,道德必然沦丧。改革开放以来,中国的乡村基本上是党委政府加上村民委员会的行政管理。随着乡村社会经济的发展以及公共环境资源的剧减甚至恶化,这种政府行政管理系统已经呈现出诸多的问题。一是村支两委的凝聚力的减弱以及与大多数群众的分离,大多数的村民仍然处于沙粒一般的各家各户的分散状态,对于公共事物漠然并缺少集体处理公共事物的能力;二是由于乡村强劳力外出打工以及乡村精英的不断流失,乡村的空巢状态,既缺少人才也缺少和城市的有效连接;三是政府有限的人力独自承担处理公共事务因而不堪重负,大量的惠民政策和资金通过狭小的管道进入,又缺少集体力量的监督,有的地方成为小部分利益集团的温床。乡村社会的瓦解是乡村文化凋敝的原因,要复兴乡村文化,则要从修复乡村社会开始，而修复乡村社会，则要从重建自然社区组织开始。

"地球村"协助当地政府找到了一种培育乡村社会的路径，就是培育乐和互助会这样一种互助型、服务性、公益性群众组织。乐和代表的产生经由推举和选举结合，把村中主持公道、德高望重的人们推出来参与公共事务，这些乐和代表不拿薪水的志愿者身份使得他们在村民中享有特殊的感召力和说服力，在温饱问题基本解决以后的参与愿望，又让他们对于村民的信任有一种特别的责任。几个试点村的乐和代表特别是乐和互助会的会长，都有着令人感动的公益故事。乐和互助会的成立让村民有了更多的知情权、参议权和监督权，也因此让互助会承担了矛盾化解、环境保护、文化道德和生产协作四大责任。

互助会不仅仅是基层民主意义上的创新，更是一种道德复兴的创造，是一种如梁漱溟所说的具有道德感的组织，激发的不仅是村民的互助之情，而且是向上之心。村民有了互助会这样一种自治组织作为参与的平台，激发了责任感和道德感。原来的上访村、吵架村发生了根本的变化，巫溪县的白鹿镇大坪村是一个矛盾突出、集访次数达29次之多的"告状村"，上磺镇羊桥村是一个村民间不喜往来，各自为阵的"自私村"，通过建立乐和互助会入手的社会管理创新，都变成了乐和村、公益村、零上访村。原来的上访骨干会员变成乐和家园建设的乡村精英，村民们会全义务地清理全村和周边的垃圾并建立垃圾管理规章，会捐钱在公共空间植树和管护，会主动捐木头出义工建造乐和家园的公用大门，会以低于市场价格1倍的方式为村里的公共空间拿出自己的土地，会在寒冬的火炉边一起商议怎么"德业相劝"，一起打造生态品牌，会组织起来不打麻将而是每晚唱山歌跳坝坝舞。

乐和互助会的一个重要工作功能就是和谐了村民与村委会的关系。几个试点村的两委都积极肯定了乐和互助会的协同作用，尝到了"自己的事情自己办"的自治机制和自主精神的甜头，大坪村的村主任说："自从有了乐和互助会，村里的很多事情就好办了，很多矛盾都能够化解了。"三宝村书记说："乐和给三宝带来了新的希望，其实就是群众参与的新希望。过去村支两委做事情，群众监督，群众还不满意，现在是群众做事，两委来监督和服务，群众反而还满意了。"对于村支两委来说，乐和代表们不仅分担了工作压力，加强了群众监督，也为村支两委输送了公共服务的人才。乐和家园的理念与乐和互助会的平台不仅激活了原有的村民代表的热情，同时提供了更多的人参与乡村公共事务的空间，一些以前默默无闻的村民获得了展示自己的公共精神和能力的机会。乐和代表的积极作为也激发了一些党员更好地发挥模范带头作用。在这个过程中，村支两委不仅因此而解决基层廉政的问题，提高了自身的耐腐蚀性，也获得了更多的工作助力，发现了更多的人才，互助会的一些骨干因此被吸收进了两委，有助于完善两委的能力和形象。

对于社区的公共服务来说，乐和互助会开拓了新的路径。首先是分担了一些公共服务的重任，比如公共区域的垃圾管理，比如孤寡老人的关照和留守儿童的照顾、矛盾纠纷的化解、坝坝舞和养生操等文体活动的组织等。他们在义务分担公共服务的同时，倡导了一种自力自强的乡村文化，引导村民在享受公共服务权利的时候，不忘履行公益公心的责任，被服务的同时培养自服务的能力，遏制了在享受公共服务之中的某种可能滋生的贪欲和抱怨。其次是推动了公共服务政策的改革。过去的扶贫和惠民项目，要么撒胡椒面，要么向"大户"倾斜，往往助长了人们的私心贪欲、争斗抱怨和不公正。而乐和互助会参与到例如低保等惠民政策的知情、参议和监督过程中，就在很大程度上避免了这些弊端。乐和家园对农民最大的帮助，就是帮助农民组织起来，让他们自己去公正地分配公共资源和社会资源，同时进行向上之心和公共精神的培育。否则，扶贫和公共服务可能迷失方向、助长贪心、加剧物欲、滋长只认钱的物质主义和太自私的个人主义，引起更多的社会问题和环境问题。

乐和互助会也为建立真正的农民专业合作社打下了基础。在中国很多乡村，农民专业合作社往往作为单纯的经济组织来行事，缺乏对于互助之情和向上之心的培育和乡村公共事务的参与，事实上也很难真正地合作。就像在巫溪的三宝村，之前的几个合作社都只是少数"能人"用来套取公共资源的工具，直到成立了乐和互助会，才有了真正的经济合作社。这种集公益性、服务性、互助性为一体的社区组织，才能保证村民最大程度地参与。而作为一种有道德内涵的组织，才能够建立自己的质量系统和诚信，并且为积累公共经济和分担公共服务提供了可能。三宝村已经形成生态养殖业的公共基金提留比例的约定，在大坪村乐和互助会准备开始集体农家乐这种新的乡村旅游计划。建立公益组织，发展公共经济，分担公共服务，培育公共精神，正是乐和互助会开始的新的乡村社会的希望之路。

乐和家园的实践说明，乐和的力量也是社会的力量，特别是社区社会组织的力量。人生在世，社会就是其安身立命的家，在中国古老的乡村，个人在五伦大道中获得安全感，人们也会相信社会给个人提供共同的福祉；当社会分裂成原子化的沙粒般的个人的时候，个人失去的不只是安全感，还有那血肉般的亲情和爱，生命意识也因此而萎缩。巫溪大河乡的大河村，长时间人心涣散、自私自利，一辆黄豆车掉到河里，全村人蜂拥而上，不是去救人而是去抢黄豆。在成为乐和家园试点村、成立了互助会联席会以后，又遇到一辆车掉到河里，这一次，全村人又蜂拥而上，但不是去抢东西，而是在乐和协会和村委会的协调下救人，体弱的照看从客车上转移的物品。同样一个村，有了组织，有了理念，面貌全然不同发生的变化。

人的良知就像天上的云彩，时有时无、若隐若现，只要聚合起来就能下雨。聚合的方式就是社会组织，特别是社区社会组织。所以没有社会建设的文化建设只是空谈，只是强调个人修养而不关心和参与社会建设和社区组织的文化复兴只是空想。乐和家园重建了由乡民自己组成的社会组织，找到的不仅是社会的安定，还有基于道德复苏的生命的安稳。原子化的、沙粒般的个人一旦成为组织起来的"一家人"，就可能激发道德感和责任感，并有从中获得幸福感。

三、乐和家园培育了农村社工

中国古代的乡村文化的延绵，是与乡村的科举制度和回乡习俗分不开的，田野农夫可以通过科举进入官僚系统或者因为文化而成为文人、艺人、商人，而他们大多要告老还乡，成为乡绅参与乡村治理、培养乡童和充实乡村文化。现代化的过程造成的农村精英流失，不光抽走人才和资源，把城乡双向的互补变成了一种单项的抽取。现代教育更成了挖走乡村弟子的抽血机，人们从乡村走出去了再也不想回去，乡村作为文化的母体因此而衰竭枯槁。

乐和家园通过招募大学生作为社会工作者（简称社工）到乡村服务，探索了一种精英回流、城市反哺之路。一是可以解决部分大学生就业的问题，并且让大学生在乡村工作中得到锻炼，提高工作能力；二是可以在一定程度上，帮助协同政府解决新农村建设中的软件建设特别是文化建设这个大课题；三是可以引进城市资源和帮助市场对接，推动以人为本的城乡统筹；四是可以作为一种防火墙，协助政府监督惠民政策的落实。作为职业的公益组织，社工组织通过政府购买公益服务和公益基金会的支持得到项目和行政的经费，可以解决公共服务的人力成本，他们的专业背景又可以帮助提高村级事务管理和公共服务的专业水平。

这些社工在上岗之前的教育培训是很重要的。这些培训包括了从思想、管理到技能的各个方面的补课，这些是他们在现代化教育中所缺少的。现代教育太多讲知识，太少讲生命；太多讲创新，太少讲传承；太多讲人才，太少讲人格。而乐和社工的必读课的重要部分就是读经典，读论语，而他们在实践中接触村民本身是学习乡土文化的机会，在发现问题、了解需求、传播理念、提供服务的过程中，增长了才干，作为团队服务又能够彼此帮助互相学习。"地球村"的管理系统中有一个很重要的路径就是社工们的自我学习平台，同学们结合乡村建设的实践，交流经验、彼此为师，老师只是参与其中进行点评。这个学习和管理系统还包括了目标管理的、操作指南、工作报表和评估系统等。最重要的，还是从人心入手，让乐和成为大家的共识，乐和家园建设成为大家共同的行动。

这些社工的主要工作是参与政府主导的公共服务和社会管理创新。即使在那些建立了乐和协会这样的有了乡村组织的地方，社工的作用也是必不可少的，毋宁说对于社工有更多的需求。乐和互助会这样的组织在对于村务发表见解、动员群众、化解矛盾等方面起着重要的作用，但是仍然受着专业方面的限制；乐和互助会的成员并不是脱产的职业性的社会组织，无法占用过多的时间来专职进行公益服务，他们的最具有动员力的道德形象也不便接受务工补贴，所以就需要职业的专业社工组织，来为村支两委分担公共服务。

社工的工作地点主要是乡村的乐和大院，也就是社区学习中心或者社区文化中心。乐和大院因为有了乐和社工而增加了活力，社工们要学会配合政府的协调组、帮助互助会、组织娃娃团、参加联席会、连接城市的亲友团 6 面墙；点燃"七盏灯"也就是经典、礼仪、环保、安全、养生、爱国、技能 7 个方面的教育和服务；再就是耕、读、游、艺、养 5 个方面的生计服务，被称为五道门。灾后重建的时候，这些社工配合生态建筑师，帮助村民建起了生态民居，之后他们向自然农业的专家学习生态养殖和种植的技术，在彭州的基地实验之后把成功的经验带到巫溪；女社工还组织妇女做布鞋，并帮助他们开发生态旅游项目。

在巫溪、黔江和酉阳，实施"光彩爱心家园——乐和之家"的试点村，社工们提供以留守儿童关爱为主的服务。社工的工作地点不仅在乡村，也走进了乡村学校。承担一部份代课老师的角色，主要是教音、体、美、德的"副科"，而这些副科，又是乡村学校最缺少和最需要的。与乡村的教育相应，在学校经典诵读和可持续发展的教育等 7 个方面的教育在学校展开。相对于乡村社区，大学生们更容易在学校的讲台上找到自己的感觉，而他们所获得的"代课老师"的身份也容易得到孩子和孩子的家长更多的尊重。毕竟中国农村还保持着"尊师重道"的传统。社工们每周 3 天服务学校，2 天服务社区，促成了村校一体的对于留守儿童的关爱模式，加强了学校对于乡村的文化功能，也加强了学校对于乡村的依恋。

大学生社工下乡，毋宁说是造就一批"先遣队"；第二类乡村建设的力量我们成为"银童"，就是退休的人员。这些人目睹了中国飞速的城市化进程但大多还保留者乡土情结，有的是年轻当过知青，对于乡村还有这剪不断理还乱的感情，"地球村"正在策划组织"银童团"下乡服务留守儿童，吸引老知识分子下乡，寻找故乡；第三类可能的力量称之为"金领"，即以企业家为主的人群，企业家不仅是出钱，更重要的是出人和出精力的参与，以践行乡亲乡情反馈乡里的中国式公益。

乐和家园探索的，不仅是以乡村建设为基础的城乡共生之路，也是反哺乡村、精英回流的人才培养之道。"地球村"正在通过各种渠道，呼吁社会的参与和政府的支持。希望加强乡村和大学特别是有社工专业的大学的合作，在村级活动站建立更多的社工站以及乡村社工的长效机制，吸纳更多的大学生和具有乡土情结的人们回望乡村，走进乡村，建设乡村，在这个过程中传承儒家的教育智慧，包括一套以仁为根本、以礼为准则、以乐为方法的教育体系，一个从家教到书院的教育机制，一种君子人格为培养目标的教育风气，让乡村成为培养和锻炼大丈夫、真君子的田野大学堂。

四、乐和家园搭建了共治平台

不论从文化的意义还是生存的意义来说，乡村都是中国的根，就像家是中国人的根。古代乡村，这是一个由家庭、家族、家乡、家国一脉相通的世界，一个有乡绅、族田、祠堂、书院、乡约的文化共同体。当这一切成为历史，而现代乡村仍然有着对于生命共同体的诉求的时候，乐和家园创造了一种新的社会组织形式：乡村联席会。

联席会是一个由村支部领导、村委会负责、乐和互助会协同、公益组织助推和网格单位支持的共治平台，每半个月或一个月由村支部书记召集，联席会的程序通常由各方汇报交流、讨论、决议几个环节组成，以此保证村支两委的方针政策和行政任务的下达、民情民意的上传以及对于社会组织的信息了解，以此落实乐和代表们的知情权、参议权、监督权以及分担公共事务的义务，也以此帮助社工组织和网格单位了解情况，以从各自的渠道提供相应的公共服务。在意见难以决断的时候，村支书有一票否决权，其他参与者可以保留意见，越级汇报。联席会相关各方互相给力又互相监督，既有民主又有集中，体现着互补共生、和而不同的和谐文化。乐和联席会是一个共治平台，也是公共服务平台，对于留在乡村以及回到乡村的人来说，联席会就是现代乡村的一个家。

联席会的精髓就是今天这个时代最稀缺也最需要的公共精神或者说"乐和"的精神。公共服务，在这里不只是一种物质性操作性的民生，而且是服务者和被服务者的公共精神的培养、君子人格的引导，因为乐和家园理念是以"乐道尚和"为基本哲学底蕴的，基于此的公共服务，也就具有一种特别的精神品格和教化功能。

比如乡村普遍的令人头痛的垃圾管理问题，如果只用行政加经济的方法来处理，似乎除了政府出钱来雇佣专人清扫别无他法，而在乐和的试点村，村支两委只负责协调垃圾转运的事务，乐和互助会负责组织和管理，村民们义务分片管理垃圾和定期清扫，社工组织负责垃圾分类的教育指导。羊桥村的公共空间的植树和管护也是由多方分工负责，在很多地方为"年年植树不见林"的管护发愁的时候，这里的幼苗成活率很高，大坪村原来很难推动的沼气等项目的实施等，也因为有了乐和管理模式而得以顺利实施。

有了联席会，一方面激活乡村自身的乡土道德土壤，另一方面引进外面的道德教育资源和教育专家，让乐和的礼仪和道义的培训教化活动有声有色，太极拳、养生操、坝坝舞、山歌谣等，群众健康管理和体育活动不再是村支两委的工作负担，而成了由村支两委安排、乐和代表组织、公益机构和网格单位支持的乡村生活。巫溪县在 2011 年年 9 月 28 日孔子诞辰启动的"相约论语、全民读经"，11 月 3 日发起的"国旗在心中——升国旗、唱国歌、讲国情、诵国学"的活动能够在乡村落地，也是因为有村支两委主导、互助会协同、社工助推、网格支持的共治机制。

联席会这种具体的多方共治平台为建立乡村的食物质量保障系统打下基础，并为建立市场的诚信系统，从源头解决食品安全问题探索可行的路径，羊桥大米第一次带着农户的照片和生产档案到了重庆和成都的消费者手中，互助会负责农户不打农药的质量控制，社工组织帮助拓展绿色市场和敦促生产档案，村支两委协调行政事务。

乡村联席会还担负起留守儿童关爱工程的落地任务：村支两委负责统筹协调；网格单位提供相应的政府帮扶，乐和互助会负责组织爱心妈妈，让邻家的妈妈照顾邻家的娃娃，包括洗衣、做饭、辅助功课、陪伴、接送上学等，社工组织主要提供专业服务和培训，把留守儿童组织成娃娃团，教孩子们读经典做养生操等，并为爱心妈妈们搭建诸如手艺和旅游市场等的生计平台。

甚至村民的生老病死，都因为有了联席会而得到更多的照应。在乐和家园的试点村，谁生了重病，大概总能得到邻里的捐款，不论多少，村民知道今天我帮你，明天可能你帮我，"我为人人，人人为我"的意识表现为一种乡土的情谊，从现代组织结构来讲，那是联席会的功能。2012年，羊桥村一位曾做过爱心爸爸关爱留守儿童的村民换了重病，联席会专门开了好几次会议讨论救助，从送医院、轮番看护直到病逝后的追悼会乃至遗孤的照料，都有联席会的动员协调。

联席会还有一个功能，就是奖惩和调解，评比先进，处理个别违反村规民约的人和事，通常就是教育为主。至于调解，既不是法律的也不是宗教的，而是道德的和礼俗的，村民叫作"讲道理"。通常村民之间有了矛盾，不需要劳烦村委会，由乐和互助会里德高望重的人物出面劝解调停了事，遇到不能解决的，大家商量由乐和堂来处理，乐和堂也只是按照此时联席会成员往往都要参加，扮演类似"陪审团"那样的角色。三宝村的一个乐和堂处理矛盾的会议，由双方陈诉理由，大概是倒车的时候一方把另一方的屋角碰坏了，不知哪句话没说对，两边吵起来，经过讲道理，算下来一方付给了另一方几百元，就在矛盾化解皆大欢喜的时候，拿到钱的那一方突然说："我不要这钱了，乡里乡亲的，多不好意思，反正把理说清楚就想通了。"

创造性地吸收传统智慧，是社会管理创新和中华民族文化复兴的必要条件之一。儒家发现人的心性的力量并且用扬善的办法来聚集正能量，从"慎独"自律入手，来构建互以对方为重、互为对方着想的社会关系；从肯定差异入手来搭建互补共生、"和而不同"的社会结构，从最天然的孝爱入手来调和家庭、邻里、师生、干群之间的社会感情，为解决今天的人生问题和社会问题，提供了有益的借鉴。

乐和联席会、乐和互助会和乐和大院，被称为"两会一院"的模式，体现着对于乡土文脉的尊重和中国智慧的传承。中国农村基层建设的两个问题：底层的道德力量和专业公共服务，通过社区组织和社工组织与村支两委的协同以及联席会的机制找到解决的方案；科层化行政化所难以避免的和群众的分离得到重新弥合，纵向的行政管理和横向的社会管理能够有机融合，前者成为后者的支架，后者成为前者的底盘。上层需要的维稳与下层需要的参与不但不冲突，反而成为了互相依存的条件。这是按照西方的冲突理论无法解释。西方的文化基于个体，而中国的文化基于家，巫溪的社会建设是家一样的共同体的营造，家的感觉、家的设计，党政主导的共治机制就像是一个家，单靠政府是不够的，就像一个家庭，单靠家长是不够的，它需要所有的家庭成员都给力，特别是社会组织的协同，家长也要为家庭成员们创造更广阔的共治平台，家和万事兴！

西方思维是主体客体的思维，是各自为战、冲突博弈的结构，而中国智慧是阴阳互补的思维，阴阳是一种我中有你，你中有我的共同体的思维，就像一条龙自身各个部分的互补共生，而不是西方社会管理的几条龙的博弈和同质化制衡，它不同于西方的非此即彼的思维方式，而是亦此亦彼的包容，这都需要自觉揭去西方冥尺的标签，创造出中国人自己的社会分类系统并弘扬这后面的中国哲学思维模式：和而不同、互补共生，各方秉承共同的立场、认同共同的价值、建立共治的机制、实现共生的目标，探索一家人、一条心的中国乡村社会管理之路。

　　乐和家园仍是一场社会实验，一场仍在进行的实验。还有很多的问题摆在大家面前，比如生态产业的可持续发展等。这一场与现代化进入中国的历史相伴、与新的生态文明的未来相连的实验，可能需要很多代人的努力，可能有难以预料的挫折与困难。既然是实验，就需要时间，需要耐力，需要包容，需要支持。从生态乡村建设入手，为再造传统与现代相融的社会找到一种方案，为解决现代化的内在矛盾和危机找到一种方法，为万世的太平和万物的福祉找到一个方向，让"构建和谐社会、建设生态文明"的国家战略在基层落地，这是我们这一代人的使命和责任。

共 创 未 来

——全球生态合作的实践

为减少长江流域的洪水灾害，中国政府在长江上游地区实施一系列有针对性的水土保持和植被保护生态工程。生态功能保护区的建立不仅可以增加吸水能力和减少泥沙淤积，还将在长江上游的生物多样性保护、土地退化、碳吸收、土地可持续利用和综合生态系统管理等方面带来更多的全球效益。作为一个扶贫和平衡环境损益的可持续机制，综合生态系统管理得到了中国政府的高度重视。2005年11月，原国家环境保护总局与联合国环境规划署、全球环境基金签署长江流域自然保护与洪水控制项目实施文件，2006年5月正式启动实施。

一、长江流域自然保护与洪水控制项目的目标

项目的三个近期目标为：第一，结合中国政府现行相关工作，在长江上游地区设计旨在保护全球环境效益的生态功能保护区体系；第二，建立为管理服务的监测和预警系统，确保生态功能保护区和自然保护区生态系统功能变化能得到及时监测；第三，建立两个示范区，示范生态功能保护区的具体运转情况及其与监测和预警系统之间的相互作用关系。这两个示范区将通过综合管理的方式在扶贫、调控流量和输沙量、保护生物多样性、增加碳吸收以及协调部门项目等方面起到示范作用。

两个综合生态系统管理示范区作为长江流域自然保护与洪水控制项目的分项目，其中之一设在四川省宝兴县，目标内容是：在宝兴示范区建立高效率的组织机构框架；建立一个公众参与式综合生态系统管理体制；协调林业等相关部门的项目，调高当地物种的种植比率，以改善野生动植物生境，保护区周边地区种植经济林以向当地居民提供替代生计；建立缓冲区和廊道，对参与式综合管理所涉及的保护区人员进行培训；在保护区周边及生态功能保护示范区内的关键地区设计和开发可持续替代生计；提高公众的环境保护意识，宣传和推广生态功能保护示范区项目的成果。

二、宝兴县的基本情况

宝兴县位于四川盆地西部山区、雅安市北部的青衣江上游，北邻小金县，东邻靠芦山县，南毗天全县，东北部与汶川县交壤，西部与天全县、康定县相望，因各类资源丰富，取命名宝兴。全县幅员3114平方千米，辖3镇6乡55个村2个社区，总人口5.8万余人。县城穆坪镇距成都市区210千米，距雅安市80千米。地处青藏高原向四川盆地过渡地带斜与川西地槽的交接带，是扬子古陆西北缘。东南部受北东向龙门山构造带控制，西北部属金汤弧形构造带的前弧东翼。境内东部构造线沿北东—南西向发展一系列叠瓦状高角度逆冲推覆构造和强烈变形的倾伏褶皱、倒转褶皱。

宝兴是熊猫老家，是世界第一只大熊猫科学发现地和第一只大熊猫模式标本产地，20世纪50年代以来先后向国家提供活体大熊猫123只，其中17只作为国礼馈赠给有关国家，现有野生活体大熊猫143只，是大熊猫栖息地世界自然遗产最重要的核心区，75%的县域面积被划入大熊猫栖息地世界自然遗产核心保护区，以大熊猫发现最早、大熊猫生态环境保护最好、大熊猫对外输出最多、大熊猫栖息地世界自然遗产保护面积占县域面积比例最高而成为当之无愧的熊猫老家。

宝兴是传奇世界，是始自汉代的民族迁徙走廊，是中国民间文化艺术之乡，硗碛藏族乡是离成都最近的藏族乡，是嘉绒藏族的聚居地，"硗碛原生态多声部合唱"列入国家非物质文化遗产，"硗碛上九节"及"硗碛锅庄"列入四川省非物质文化遗产，民族风情独特；境内的夹金山是红军长征翻越的第一座大雪山，是全国红色旅游线路——"雪山草地"的起点，红色文化内涵丰富；特色资源富集，以夹金山国家森林公园、蜂桶寨国家自然保护区等为代表的高品位旅游资源富集，以"天下第一白"宝兴汉白玉为代表的矿产资源丰富，以川牛膝为代表的特色生态有机农产品发展潜力巨大。

宝兴是生态天堂，地处世界十大生物多样性中心之一的横断山区，境内99.7%以上为山地，森林覆盖率71.52%，位居全市第一，以动物活化石大熊猫、植物活化石珙桐、昆虫活化石大卫两栖甲为代表的生物多样性优势明显，被纳入国家川滇森林及生物多样性生态功能区，以宝兴产地命名的生物物种、亚种多达50多种，被誉为"世界濒危动植物的避难所"、"动植物王国"，是世界自然基金会确定的"全球重要生态区域"，是中国绿尾虹雉之乡，在国家生态功能区划分中被列入禁止开发区和限制开发区，是川西"绿色屏障"的重要组成部分和长江上游生态屏障建设的重点区域。

2005年，宝兴被确定为由联合国环境规划署、全球环境基金和原国家环境保护总局联合实施的"长江流域自然保护与洪水控制项目"示范区之一，从2006年5月开始，率先在全国启动了综合生态系统管理示范。几年来，在环境保护部对外合作中心和四川省环境保护厅对外合作中心的关心指导下，宝兴就如何实现生态系统的保护和可持续利用与经济社会发展的有机结合，进行了积极的实践和探索，初步实现了生态环境保护和群众生活水平不断提高的和谐发展。2010年8月25～26日，宝兴作为全国唯一一个县级代表，应邀参加了由中国环境保护部、四川省人民政府、欧洲联盟欧洲委员会、联合国开发计划署和联合国环境规划署共同举办的中国生物多样性保护战略国际论坛，宝兴在生物多样性保护、生态保护、可持续发展中"倡导一种理念、创新三项机制、实施三大工程"的做法，得到了与会各级领导和专家的高度评价，引起了国际国内的广泛关注。并于在2012年中意第三届世界自然遗产博览会上作为绿色经济与可持续发展成功案例隆重介绍，同年10月13～19日，宝兴县作为世界唯一一个县域单位代表应邀参加了在印度召开的由193个国家组成的联合国生物多样性公约第十一次缔约大会。2014年5月，宝兴应邀参加了由环境保护部和《生物多样性公约》秘书处召开的"城市与生物多样性亚洲区域研讨班"，宝兴生物多样性保护模式再次得到联合国环境规划署和与会各国高度关注。

三、宝兴的实践

宝兴特殊的地理区位、突出的生态优势和独特的资源禀赋，在雅安市乃至四川省都具有不可替代的作用和地位。宝兴始终把生态和可持续发展作为全县规划建设的纲领与灵魂，立足宝兴得天独厚的自然、生态、文化、资源优势，明确了"熊猫老家·传奇宝兴"的城市名片，确立了"高水平建设和谐生态熊猫家园"的战略目标和"建设中国大熊猫国家公园、打造中国绿色诺亚方舟"的奋斗目标，完善了"一城二园三基四化"的县域经济发展思路，以生态优势为依托，以生态文明为引领，以生态建设为基础，以生态产业为支撑，推进"全域景区化、全域有机化、城乡一体化"进程，着力建设资源节约型和环境友好型社会，先后荣获全国综合生态系统管理示范区、国际生态会议基地、国家有机产品认证示范创建县和全省环境优美示范县、四川省建设长江上游生态屏障先进集体等称号，被纳入第六批全国生态文明建设试点。

1. 倡导一种理念

倡导生态文明理念，努力构建全社会参与生态保护的大格局。生态资源是宝兴的第一资源，生态优势是宝兴的第一优势，走生态文明发展之路，实现可持续发展，促进人与自然和谐发展，是推进宝兴跨越发展的必然选择和唯一选择。大力倡导绿色、低碳、循环、生态的发展理念，强化生态成本观、环境大局观、绿色政绩观，坚持经济建设与生态建设一起推进、产业竞争力与环境竞争力一起提升、物质文明与生态文明一起发展。大力培育全民生态文明意识，强化生态文明宣传教育，倡导生态科学、生态消费、生态责任等生态文明理念，增强生态忧患意识，开展绿色消费、绿色出行、清洁生产等生态行动，推行生态低碳的生产生活方式，把生态文明理念渗透于经济社会生活和管理的各领域、全过程，真正实现从山上有生态到心中有生态、从看得见的风景到看得见的文明，形成新的生态文明理念，为和谐生态熊猫家园的建设注入强大的生命力和后劲。

2. 创新三项机制

创新规划引领机制、协调管理机制、科学决策机制，努力构建科学高效的工作运行机制。

（1）创新规划引领机制　坚持规划先行，确立了"科学性、超远性、长久性、严肃性、可操作性"的指导思想，综合分析宝兴经济、社会和生态环境现状，将宝兴分为世界自然遗产核心区、农林复合生态功能区、生态旅游功能区、矿山综合开发功能区和城镇人居生态功能区5个生态功能区，并聘请中国科学院成都分院有关专家，组织编修了《宝兴县可持续发展规划》。在此基础上，加强与四川农业大学、四川自然资源与环境研究院等高等院校和科研机构的联系协作，组织有关专家和相关部门，修订完善了《宝兴县综合生态系统管理规划》、《宝兴县保护区和生态廊道规划》、《宝兴县大理石综合开发利用规划》、《宝兴县生态旅游规划》等专项规划，以规划引领宝兴未来发展。同时，在具体发展实践中，严格按照规划执行，确保规划的严肃性和可持续性。

（2）创新协调管理机制　生物多样性保护从科技角度看涉及众多学科，从管理角度看也涉及环保、国土、农业、林业、城建等众多部门，长期以来存在既多头管理、又管理单一的问题，未形成统一有效的管理模式。针对这种情况，宝兴以实施项目为契机，在综合生态系统管理理念的引导下，率先在全国成立了综合生态系统管理委员会及办公室，进一步理顺了各有关部门的关系，确立了政府领导、环保部门统一监督管理、各有关部门分工负责的综合生态系统管理体系，对项目进行科学评估、管理和有效监控，统筹协调推进全县综合生态系统管理，改变了过去部门单打独斗的管理模式，形成了上下联动、齐抓共管的工作新局面，有力推动了全县生物多样性保护工作的深入开展。

（3）创新科学决策机制　从搭建基础数据库管理平台入手，成立了专门信息中心，对宝兴地形、土壤、植被、水文、土地利用、社会经济、文化、教育等背景信息进行了系统的收集和整理，建成了以宝兴生态环境背景、社会经济信息、社会文化和生物多样性专题及综合应用模型等为主要内容的综合生态系统，并实现了资源共享，为科学决策提供了基础依据。为促进决策的科学化和民主化，与省内多所高等院校、科研机构建立了合作关系，组建了有关项目专家团队，并建立完善了与生态环境密切相关的重大事项公示、专家咨询和论证、公众参与决策等制度，凡属涉及生态环境保护和经济社会发展的重大决策部署，都集体研究、反复论证，并广泛征求有关专家和社会各阶层的意见，集思广益作出决策。

3. 实施三大工程

实施替代生计工程、生态建设工程、生态经济工程，努力构建"长江上游生态屏障"，促进经济社会与自然和谐发展。

（1）**实施替代生计工程** 随着经济社会发展，生物多样性保护与地方经济建设的冲突日益凸显，限制地方经济发展的保护措施是不会受到群众欢迎的，只有与经济发展、民生相协调的生态保护，才有持久的动力。积极帮助群众寻找替代生计，结合宝兴实际确立了种植替代、养殖替代、能源替代、生态旅游等多种模式的替代生计，开展替代生计项目示范建设，引导示范区群众积极发展替代生计。依托宝兴独特的生态农业资源优势，围绕"一主四辅"的发展思路，着力培育壮大生态农产品基地，推动生态农业向专业化、规模化方向发展，逐步建立起总量适度、布局合理、优质高效的生态农业产业结构。重点培育壮大特色生态中药材主导产业，依托川牛膝国家级标准化示范区和云木香省级标准化示范基地建设，全面实施中药材规范化标准化种植，抓实推进科创集团、四川中药饮片公司、太极集团、南药集团、成都鼎润等龙头企业合作项目的建设进度，加快推进中药材标准化基地建设，建成国家药源基地1个、省级中药材规范化种植基地2个、市级中药材规范化种植基地3个，把宝兴中药材产业推向世界。突出林业在生态产业发展中的主导地位，围绕扩大资源总量，积极探索林地流转新途径，优化配置全县林业资源，大力发展以纸浆竹木林、三木药材为主的速生工业原料林，大力发展林下产业和林木产业下游行业，不断凸显林业生态效益。以"生态、绿色、有机"为突破口，配套发展有机果蔬、林竹、畜养和茶产业，做大药菊、紫色马铃薯、林麝等特色产业项目，加快生态有机农产品品牌建设，逐步培育一批具有地方特色、市场竞争力强、产品质量符合绿色标准的绿色有机农产品，积极创建"全国有机产品认证示范县"和"国家有机食品生产基地"。同时，充分发挥旅游的关联带动效应，促进旅游与农业的深度结合，积极发展以观光、休闲度假、养生、农业高科技和农产品展示等为内容的乡村旅游，推动农业由生产型传统模式向生产与休闲观光结合型的现代模式发展。

（2）**实施生态建设工程** 宝兴县委、县政府历来高度重视环境保护和生态建设，坚持一手抓污染治理，一手抓生态工程建设，统筹推进生态建设。在生态恢复和污染治理方面，切实抓好水电、石材矿山生态环境恢复，制定科学合理的环境准入标准，加强环评审批，对生态环境可能造成严重污染的项目，不管效益多大，都坚决砍掉，并成功解决了石材加工企业粉尘和废水污染问题。在生态建设方面，宝兴从1998年开始实施退耕还林和天保工程，全县所有林区全部纳入天保工程实施范围，所有天然林都落实了管护责任。特别是近几年来，积极配合全球环境基金、保护国际、世界自然基金会、欧盟等多个国际组织和国内各大专院校科研机构，在宝兴生态环境保护、生态功能监测、综合生态系统管理、农村能源建设、替代生计等各种项目建设，加强生态安全监测建设，建成污染源自动监控系统和城区空气自动监测站、农产品质量安全检验检测系统、山洪灾害防御预警预报指挥系统、动植物检疫系统等，为全县生态安全提供有效保障。先后组织实施了坡改梯、水土流失治理等生态建设项目，组织开展了"申遗"、"创优"等工作并顺利通过验收，全县320多万亩天然林及野生动植物得到休养生息，每年减少森林资源消耗6.9万立方米，被中国野生动物保护协会授予"中国绿尾虹雉之乡"称号。同时，以开展城乡环境综合整治为契机，把工程治理、生态治理和人文治理结合起来，全方位推进工业、城镇、农村污染整治和生态城镇、生态村庄建设，生态环境质量明显得到改善，灵关镇上坝村、中坝村和穆坪镇新宝村、硗碛乡咎落村被四川省委、省政府命名为"2010年度环境优美示范村"。

（3）实施生态经济工程 把发展生态经济作为宝兴县域经济的第一形态，坚持在发展中进行生态建设，在生态建设中促进发展，调整生产力布局和产业结构，优化资源配置，着力打造生态产业平台，构筑独具特色的生态经济格局，寻求生态与经济相互促进的发展途径。发展布局上，在大熊猫栖息地世界自然遗产核心区，实行严格的环境保护政策，科学规划水电产业和大理石产业，关闭了在大熊猫保护区域、国家自然保护区、风景名胜区的矿点73个、工业企业60余家，取消了大量拟开发的项目；外围保护区，在做好环境保护的情况下，利用自然生态资源优势，大力发展生态工业、生态农业、生态旅游等低碳、循环产业。按照新型工业化的要求，围绕传统产业改造提升，把可持续发展贯穿于新型工业化战略的全过程，把打造生态绿色的宝兴工业园区作为工业经济提质增效的战略支点，努力拓展园区发展空间，提升园区城乡统筹功能，建设特色鲜明、产业集聚、资源循环的工业园区，推动工业集中集约集聚和循环发展。几年来，大手笔打造了灵关工业组团，创新了石材废浆治理模式，形成了从矿山开采—运输—加工—下游产品开发的大理石综合开发利用新模式，实现了真正的生态工业；立足生态和文化特色，按照"两廊一环八景"的旅游规划布局（两廊即东、西河两条旅游走廊；一环即一条旅游环线，将全县8个景区连接形成一条县内旅游环线；八景即蜂桶寨—邓池沟景区、红军翻越的第一座大雪山——夹金山景区、神木垒景区、铁坪山景区、石喇嘛景区、东拉山景区、熊猫古城景区、空石林景区），立足生态和文化特色，以品牌为核心，以会节为依托，以"红、绿、黑白、彩"为主题（"红"即红军文化和红叶文化，以夹金山景区红军文化和神木垒、东拉山景区红叶生态文化为主要支撑；"绿"即生态文化，以铁坪山景区、石喇嘛景区、神木垒景区原生态景观为主要支撑；"黑白"即熊猫文化和石材文化，以蜂桶寨—邓池沟景区熊猫文化和中国汉白玉石材产业基地、空石林观赏体验为主要支撑；"彩"即多彩民俗文化和秋季生态彩林，以东拉山、神木垒景区和雪域藏乡风情为主要支撑），注重生态保护与自然景观的协调，强化景区建设，狠抓旅游市场规范，梯次开发、有序推出"两廊一环八景"旅游产品，拓展自然生态旅游资源与熊猫文化资源、民族文化资源、红军文化资源、历史文化资源、宗教文化资源的最佳组合半径，开发高品位、特色鲜明的旅游项目，加快推动旅游产业转型升级。大力发展生态农业，坚持全域有机化发展思路，以打造国家绿色（有机）农业示范区为载体，加快大溪生态有机产业园区、绿色中药材、有机茶园、有机畜牧示范区、现代农业产业基地"万亩亿元"示范区建设。做好无公害农产品认定和有机农产品申报认证工作，目前已取得6个有机产品认证证书，12个有机产品转换证书，全县有机认证面积达到1.7万亩。成功创建国家级有机农业（牦牛）示范基地，成为全省第一个有机畜牧养殖示范基地；被确定为全国第七批农业标准化优秀示范区、四川省现代农业建设重点县（2013～2015）；被评为国家有机产品认证示范创建区（县），成为全省2012年度唯一一个被命名的县（区）。

谁主沉浮

——文化建设塑造发展灵魂

　　生态文明的文化建设是在超越传统工业文明观的基础上，使人类在经济、科技、法律、伦理以及政治等领域建立起一种追求人与自然以及人与人之间和谐的对环境友好的价值观和道德观，并以生态规律来改革人类的生产和生活方式。 中国古代有着极其深厚的生态文化积淀，世界其他文化体系也有着博大精深的优秀智慧，为我们今天创建生态文明文化提供了丰富的精神资源。 这种不同于工业文明的文化，对于建设生态文明，实现人类思想观念的深刻变革，在更高层次上对自然法则的尊重和回归有着重要的作用。

进化复归
——文化建设尊重和回归自然法则

一、中国传统文化中的生态意识

1. 道家的"道法自然"

道家文化是中国传统文化中最具生态意蕴的文化，它积极探寻人与自然之间的和谐。《老子·第二十五章》中"人法地，地法天，天法道，道法自然"的表述体现了其关于人与自然关系的思想。其中"人"、"地"、"天"、"道"构成位格依次升高的"道大、天大、地大、人亦大"，"道"是四"大"之首，是道家思想的核心，是指不可名、不可说的终极实在，是先于万物（人、地、天）而生，并对其予以创造的始源与根据，正如《庄子·天地》所言"物得以生谓之道"。"道法自然"是道家思想体系的核心，构成了所宗奉的中心理念和最高法则。在人与自然的关系上，道家的"人法地"主张人要顺应自然，"地"相当于今天我们所说的"自然"。"人法地"就是指人要以自然为法则，尊重自然，不能违反自然的本性而强行干预自然。在道家的哲学思想中，天地万物共同构成了人的生命存在，是人类的栖息之所。如果人类按自己的意志去改变自然，就会给万物造成损失和破坏，有违于"人之道"。

但是，道家主张人顺应自然绝不是要求人们消极地不作为，而是不妄为，做到"无为"，即"为而不恃"、"为而不争"，按照天地万物的自然本性（道）采取适当的行为。道家认为，要使自然之物处于本然的圆满自足状态，人们必须以自然无为的态度去对待天地间的所有自然之物，这才是"道法自然"所要求的。

《庄子·缮性》中指出："阴阳和静，鬼神不扰，四时得节，万物不伤，群生不夭。"这是道家追求的借由人的"无为"而实现的状态。这种状态的形成，"是故至人无为，大圣不作，观于天地之谓也"（《庄子·知北游》），"夫明白于天地之德者，此之谓大本大宗，与天和者也。所以均调天下，与人和者也"（《庄子·天道》）。"均调天下，与人和"就是要达到"物我合一"的状态，一种"物中有我、我中有物、物我合一"的状态，一种"天地与我并生，而万物与我为一"的境界。庄子的这种最早的"天人合一"思想，揭示了人与天地万物相统一的整体观念，是对人与自然关系的深刻理解。

道家文化中的大自然是人类赖以生存的环境，道家文化追求人与自然和谐相处的"天人合一"境界，这也正是生态文明观倡导的人与自然和谐的世界观。

2. 儒家的"仁、义、礼、智、信"与"仁民爱物"

儒家的学说首先是调整人与人关系的伦理学说，"仁、义、礼、智、信"构建了人与人之间和谐的关系。

孔子思想的核心是"仁"，也是孔子伦理学说的根本。"仁"是儒学中最高的德，本意指人与人之间的相互关系，"仁学"是处理人际关系的学说。孟子把"仁"解释为"爱人"时说："仁者爱人，有礼者敬人，爱人者，人恒爱之；敬人者，人恒敬之。"这里就体现了孟子对他人的关爱与尊重的思想，实现人际和谐是这种思想的目的。人际关系和谐通过"仁、义、礼、智、信"来实现，"和谐"成为儒家调整人与人之间的权利与义务关系的途径。儒家的"和"、"与人为善"、"己所不欲，勿施于人"、"成己及人"等思想，提倡谅解、宽容、仁爱，对于社会中形成和谐的人际关系，具有重要的意义。

同时，儒家把"仁者爱人"发展到"仁民爱物"，将对人的关切由人及物，把人类的仁爱主张扩大到自然界。对此，《论语·雍也》有"知者乐水，仁者乐山"一说。提倡在"爱人"的同时也要"爱物"。

《荀子·天论》指出"天有其时，地有其财，人有其治，夫是之谓能参"，主张世间存在着"天"、"地"、"人"三才。即宇宙是由天、地、人三要素构成，三者的匹配构成了宇宙整体的运行。《荀子·非相篇》指出"天行有常，不为尧存，不为桀亡"，宇宙整体的运行是有规律的。所以，人应做到"不与天争职"，仁及万物、顺应自然、天人合一。

在荀子之后，董仲舒发展了"天人合一"理论。董仲舒认为："何为本？曰：天、地、人，万物之本也。天生之，地养之，人成之。三者相为手足，合以成体，不可一无也"（《春秋繁露·立元神》）。天、地、人只有形成和谐、统一的关系，才能保证人类的生存和发展。

儒家的"中庸之道"思想也体现了人与自然和谐统一的问题。孔子主张不要大面积捕鱼、不射杀夜宿的鸟儿，即"钓而不纲，弋不射宿"。《孟子·梁惠王上》中提到"不违农时，谷物不可胜食也；数罟不入夸池，鱼鳖不可胜食也；斧斤依时入山林，林木不可胜用也"，意思是说，如果严格农时劳作，粮食就会大丰收；不进行过分捕捞，鱼鳖就会源源不断；有节制地砍伐林木，林木就会用之不竭。

在倡导合理地利用自然资源方面，儒家的观点符合"取物不尽物"、"取物以顺时"的生态伦理观。

3. 佛家的"尊重生命"

佛家理论博大精深。佛家关注的是生命流转中解脱升华的特殊过程，这种思想体现了人类要建立起一种代际伦理、正确处理当代社会人与人之间的关系以及当代人与后代人之间关系的正确态度。

佛家的生命观认为：郁郁黄花无非般若，清清翠竹皆是法身，大自然的一草一木都是佛性的体现，蕴含着无穷禅机；自然与人没有明显的界限，自然环境与生命主体是一个有机整体；一切众生是平等的。这是一种万物平等的价值观，在宇宙范围内把人的价值看作是自然价值平等的组成部分。这种价值观体现了人类要建立起一种尊重万物价值、与自然和谐相处的正确态度，有助于改变人类为了实现自身的眼前利益而不断征服自然、索取自然、破坏自然的行为。罗尔斯顿就认为，可通过吸取禅宗尊重生命价值的思想来帮助人们建立一门环境伦理学。

佛家的"缘起说"认为，一切事物都不是孤立存在的，一切事物之间都是互为条件、互相依存，整个世界是一个不可分割的整体。人在与自然相处时应尊重自然，放弃人类盲目的优越感，给予自然应有的尊重。佛家这种尊重生命、强调众生平等、反对任意伤害生命的思想，对于解决人类对生物的保护问题无疑具有重要的价值。

4. 墨家的"节用"和"民本技经"

墨家代表的是手工业小生产者的思想，强调劳动特别是物质生产的劳动在社会发展中的重要地位。《墨子·非乐上》中指出："今人固与禽兽麋鹿蜚鸟贞虫异者也。今之禽兽麋鹿蜚鸟贞虫因其羽毛，以为衣裳；因其蹄蚤，以为绔屦；为其水草，以为饮食……今人与此异者也，赖其力者生，不赖其力者不生。"墨子对"饥者不得食，寒者不得衣，劳者不得息"也特别关注和忧虑，重视生产劳动对社会存在的基础作用。墨家的"尚贤思想"指出，"尚贤"是"为政之本"，而"为政之本"的目标是服务于物质生产，同时满足人民生存需求。从这个前提出发，墨家强调"节用"。《墨子·节用中》指出："不极五味之调，芬香之和，不致远国珍怪异物……古者圣王制为衣服之法，曰冬服绀緅之衣，轻且暖，夏服絺绤之衣，轻且清，则止。诸加费不加于民利者，圣王弗为……"大意是说人们除要满足基本的生存需要外，其他都是铺张浪费。尤为可贵的是，墨家提倡"节葬"，在《墨子·节葬下》中提出，厚葬是"辍民之事，靡民之财"、"国家必贫，人民必寡，刑政必乱"、"衣食者，人之生利也，然且犹尚有节。葬埋者，人之死利也，夫何独无节于此乎？"墨家这种限制人们除基本生存需要以外的消费，与当代提倡"节约资源"、"低碳消费"、"光盘行动"的环保观念非常相符。

墨家非常重视工具理性。墨子工匠出身，对机械制造很擅长，墨家弟子来自工商游民，非常重视工巧技艺和实践。墨家的科学精神集中体现在《墨经》、《墨辩》之中，从《墨子》到《墨经》可以看出墨家的科学技术思想形成和发展的脉络。《墨经》是墨家科学思想的精华，涵盖了政治、经济、哲学、教育、逻辑学、语言学、数学、光学、力学等方面的知识，在数学、物理学方面的贡献尤为突出。墨家主张技术发明要以利民实用为上，节俭实用是技术活动的原则，技术行为要遵循基本规范，鲁班就是墨家学派工艺技术中的杰出代表。《法仪》指出："天下从事者，不可以无法仪；无法仪而其事能成者无有也。虽至士之为将相者，皆有法。虽至百工从事者，亦皆有法……故百工从事，皆有法所度。"这个思想是在百工工艺的实践经验基础上进而提出的，《鲁向》、《公输》、《备城门》中都有更具体的阐述。这种以技术经济促进民生发展、通过科技进步和广泛运用加快社会发展的思想对于解决今天的环境与发展的矛盾也有重大的启示。中国历代的统治者对科学技术不重视，并视发明为"奇技淫巧"，使得近代中国大大落后于西方的发展，直到当代"科学技术是第一生产力"理念的提出，才使科学技术在中国社会发展中发挥了应有的作用，重新焕发出璀璨的光芒。

5. 管仲的生态经济智慧

管仲是春秋时期思想家、政治家和军事家，他在施政的实践中形成的思想包含了丰富的生态智慧。《管子》一书中提出了"德润万物"的生态伦理思想，揭示了自然万物与人类道德的内在关系，主张"人与天调"、"时之处事"的伦理和"道为物要"的价值观。管仲学派把天、地、人看作一个有机的整体，认为天地人有共同的基本生存法则，其以"人与天调"、"天人相因"为基础的生态智慧，对我们今天处理人与自然关系有重要的启迪意义。

"敬顺自然"是管仲生态思想的核心，例如"敬山泽林薮积草"（《侈靡》）、"顺于天，微度人"（《势》）。《枢言》中言："凡万物阴阳两生而参视"，《四时》说："阴阳者，天地之大理也；四时者，阴阳之大经也"，《五行》指出："人与天调，然后天地之美生"。在发展生产中，管仲的"有度、有禁、有治"的伦理原则，体现了他治国理念中的生态智慧。

"地之生财有时，民之用力有倦，而人君之欲无穷"（《权修》），因此，开发利用自然资源要适度，"故取民于有度，用之有止，国小虽安"。"上度之天祥，下度之地宜，中度之人顺"（《五辅》）。在禁止滥捕、乱伐方面，管仲认为"烧山林，破增薮，焚沛泽，不益民利"（《国准》），"不犯天时、不乱民功"（《势》），"天财之所出，以时禁发焉"（《立政》），"山林虽广，草木虽美，禁发必有时；江海虽广，池泽虽博，鱼鳖虽多，冈罟必有正"（《八观》），"当春三月……毋杀畜生，毋拊卵，毋伐木，毋夭英，毋折竽，所以息百长也"（《禁藏》）。在治理灾害上，管仲提出："圣人治于世也，其枢在水"（《水地》），《四时》篇中指出春"修沟渎"，夏"除漏田"，秋"补缺塞坼"，冬"作土功之事"，以防治水灾，并"置水官"、"匠水工"、"令之行水道、城廓、堤川、沟地、官府、寺舍及州中，当缮治者，给卒财足"（《度地》）。

"顺天"、"秉时"、"适地"、"平准"是管仲生态经济智慧在农业生产中运用。"顺天之时"、"国富兵强"（《禁藏》），"夫山泽之大，则草木易多也；壤地肥绕，则桑林易植也；荐草多衍，则六畜易繁也"（《八观》），发展经济要顺应自然规律。"秉时养人"（《四时》），"春赢育，夏养长，秋聚收，冬闭藏"（《四时》），"春仁、夏忠、秋急、冬闭……风雨时，五谷实，草木美多，六畜蕃息，民材而令行"（《禁藏》），"春者，阳气始，故万物生；夏者，阳气毕上，故万物长；秋者，阴气始下，故万物收；冬者，阴气毕下，故万物藏"（《形势解》），安排农事要遵循四季时节的变化规律。"地者，万物之本原，诸生之根菀也……水者，地之血气，如筋脉之通流者也"（《水地》）是对地、水利用的度，"九州之土，为九十物。每土有常，而物有次之"（《地员》）是根据土地的特点而从事农事活动。"凡轻重之大利，以重射轻，以贱泄平。万物之满虚随时，准平而不变，衡绝则重见。人君知其然，故守之以准平"（《管子·国策》）的"平准"思想，就是运用经济手段应对气候变化造成的农业生产不稳定的经济政策。

6. 图腾与禁忌文化

中国有 56 个民族，各民族由于生活的自然环境不同，造成了文化的差异，价值观念、思维方式也不尽相同。很多少数民族都有自己的图腾和禁忌，虽然形式不同，但其中蕴含的深刻的生态伦理道德和信仰却异曲同工。

很多少数民族的图腾崇拜与禁忌表面上看是封建迷信，实际上在不同程度上体现了这个民族对大自然的敬畏和保护。长期以来形成的这种习惯，使地方文化蒙上了神秘的色彩。从人与自然的协调看，这些图腾和禁忌文化实际上为人们的生态伦理画出了底线。很多民族根据季节的更替和鱼类的生长规律，规定了捕鱼的原则和时期，这种行为方式使生态系统有了恢复的时间，保证了生态系统的稳定性。

少数民族对自然的敬畏和保护，是其长期以来在生产和生活实践中形成的，揭开其神秘的面纱，我们就能发现其朴素的保护自然生态平衡的思想，汲取和弘扬这些生态智慧，保护民族传统文化，对经济的可持续发展和生态文明的文化建设有重大的意义。

二、西方后现代主义的悲观反思催生生态文明

后现代主义是 20 世纪 60 年代以来出现的反西方近现代体系哲学倾向的思潮。后现代思想家在建筑学、文学、心理分析学、法学、教育学、社会学、政治学等领域，提出了自成体系的论述。

20 世纪 40 年代，海德格尔就开始对在工业文明中"部分人类中心"地位及在技术背景下的"人工自然"进行探讨。他在《论人类中心论的信》中对工业文明背景下人所处的主宰

地位进行了深刻的批判，他认为："部分人类中心论在规定人性时，把人看成世界的中心，人可以随意地支配和破坏自然，导致对人的存在的威胁，'部分人类中心论'的错误在于不关心存在与人类的关系，甚至总是与这问题背道而驰，加剧了对人的存在与威胁。"这表明他在对工业文明的沉思中已产生了生态文明的萌芽思想，就想把人类与一直遗忘的存在问题联系起来，旨在破坏部分人类中心论，试图建立人和世界、自然的新的和谐关系，虽然没有明确表达可持续发展思想，但显然包含了可持续发展思想的内核。

在农业文明阶段，人与自然的关系是直接的，人类依赖自然的物性进行生产，而在工业文明阶段，人与自然的作用是通过技术中介来实现的，那么究竟技术在人与自然关系中扮演什么了角色、起到了什么样的作用？对此，海德格尔发起了"对技术的追问"。工业文明通过"技术展现"的方式使万物齐一化，同样也包括人的齐一化，即由于技术的"强求"和"限定"，抹杀自然物性区别，一切都服从技术的展现，服从技术的规定性。由于技术生产，人本身和他周围的事物受到被迫成为单纯物质的危险。工业文明把一切都看成原材料，用物质化的方式展现事物，意味着一切齐一化，把最不相同的东西和领域千篇一律化。在农业文明时期，还存着人、动物、植物和矿物之间的区别，而工业文明通过生产线和市场，使事物和物性溶化成市场价格。除此以外，技术把一切都功能化，成为原材料的交付者，或逼迫交付出某种功能。

海德格尔的技术异化理论可以概括如下：技术活动本身是一种异化的活动，因为它把人的生存方式限制到一个狭窄的线路中。尤其当技术活动深入到各个角落成为人的基本生存方式时，这种异化作用就越来越显著了。技术活动导致人本身成为被技术化的对象，甚至世界万物都成了被技术化的对象，似乎它们只有纳入技术系统成为其中的一个环节，才有其存在的意义。

20世纪70年代以来，以马尔库塞和哈贝马斯为代表的法兰克福学派，对工业文明进行了较为全面的批判。马尔库塞从技术理性的角度，哈贝马斯从工具理性的角度，认为技术生产破坏了人的生存环境，打破了人和自然环境的平衡，使人在自我意识、自为存在、主体性等方面受到了伤害并成为单向的人，即人被全面异化了。法兰克福学派把海德格尔对"技术异化"的批判推广到对"政治异化和经济异化"的批判。

正是上述技术悲观论者对工业文明的反思以及对工业文明价值观的批判为生态文明观的提出奠定了哲学基础和价值观。生态文明观在理解人和自然关系时，把人作为自然的一员，主张生产和生活活动要遵循生态学原理，克服技术异化，给技术以生态价值取向，建立人与自然和谐相处、协调发展的关系，建设良好的生态环境；同时在资源增殖的基础上开发利用自然资源、发展经济，建立具有经济发展、环境保护、社会公正与稳定等基本功能的世界政治经济秩序，依靠不断发展的绿色科学技术，进行适度规模的社会生产消费，满足人类的物质需求、精神要求和生态需求，从而提高人类整体生活素质，实现"自然—经济—社会"复合系统的永续利用。

三、全球生态文明观

1. 全球生态文明观的思想渊源

面对工业文明的快速推进，科学技术发展、生产力增长和自然资源限制已经出现了难以调和的矛盾。在罗马俱乐部提出了全球问题、布达佩斯俱乐部寻找解决全球问题的途径的基础上，20世纪90年代中国学者在对全球经济发展、生态保护、文化传承、社会进步进行系统研究的基础上，反思工业文明所带来的人口、环境与发展的矛盾，吸收中国传统文化和世界先进文化体系中的优秀智慧，提出应该确立一种新的生存意识与发展意识的文明观念——全球生态文明观，进而构建人类未来发展的全新模式。

传统文化中，道家探寻的人与自然之间关系的"和谐"、儒家的"顺应自然"思想和墨家的"节用"思想构成了全球生态文明观中正确处理人与自然关系的元素，儒家推崇的人与人之间的"和谐"构成了全球生态文明观中正确处理当代人与人之间关系的元素，佛家提倡现世与来世的"和谐"思想构成了全球生态文明观中正确处理代际关系的元素，儒家的重视心的认识功能、佛家的"涅槃寂静"、宋明理学特别是王阳明的"心学"中的合理思想构成了全球生态文明观中处理人的身与心、我与非我、心灵与宇宙之间关系的元素，佛家的"万物平等"思想构成了全球生态文明观中正确处理自然界生物之间关系的元素。

在生态文明的实践层面——生态文明建设过程中，墨家的工具理性和民本技经思想，就是我们用科学技术的先进性使人类走可持续发展道路的技术路径的思想源泉。

2. 全球生态文明观的理想

全球生态文明观追求人与自然和谐、物质与精神相统一、当代进步与未来发展和谐统一。人类的行为应始终秉承"天地一体，万物同源"、"生态文明，道法自然"的宇宙观；摒弃千古争战"小我大"的恶习，保持心态、生态相宜，营造全球和谐、持续发展的生态环境；厚德载物，惠及子孙，衍渡冰河，生生不息。人类社会应是生态文明社会，人应是生态人，居应是生态居，生活应是生态生活，产业应是生态产业，经济应是生态经济，环境应是天地和谐、生克平衡的秀丽生境。

全球生态文明观以人类与自然和谐永续为宗旨，以实现生态文明社会为目标，期盼人类未来能跨过大生态期——天文地质周期性出现的大冰期而永远繁茂。

四、文化的区域化及发展

文化的差异首先是来自对自然世界认识的差异，自然环境决定了各民族、各地区文化发展的最初方向。在古代中国，面对的地域是三面高原一面海，相对闭塞，这就形成了以小农经济为特征的农业文明，形成了重视"天道"、讲究天人合一的精神、强调人的行为要符合自然发展趋势的文化。而西方文化诞生于地中海的海洋环境，就培养了西方民族原始的勇敢、刚毅、开放以及善于冒险的民族性格，强调人与自然分裂与对立、强调人与自然的斗争，主张人依靠知识全面征服自然。东西方文化正是在迥异的生态范型的基础上而产生出的。加上生产力发展水平的不一，人们的生态实践以及在其基础上发展起来的生态文化就会有很大的不同。生活方式的差异也影响了文化的发展，如中国人喜欢淳朴与悠闲，追求家庭生活的欢乐和社会各种关系的和睦，对世俗生活呈现出温和、内倾的特点。西方人功利意识浓厚，努力追逐物质财富，喜欢改造和征服自然。中国文化体系注重人际关系，主张协调和宽容，强调伦理道德与秩序，提倡"中庸"、"仁"、"礼"等伦理；西方文化崇尚人的个性，有明显的个性精神和强烈的个人主义色彩，追求自我独立、自我发展。东西方的这种差异形成了不同的文化。

当前，我们要从优秀区域文化中汲取营养。优秀的区域文化是这个区域人民的宝贵财富，同时也是世界人民的宝贵财富。尊重区域的传统文化，不是简单地回到从前，而是传统在发展基础上的不断延续。我们要与时俱进地使各种文化不断地对话融合，通过注入现代的新发展理念，丰富区域文化内涵。

五、全球一体化的生态文化

现代意义上的生态文化应是人类与自然关系的深度思考，通过对传统生态观念的继承、结合人类生态学等相关科学研究成果产生的一个文化形态。它以生态文明观为核心，以生态意识和生态思维为主轴，形成的一个全新的文化体系，标志着人类价值观从人类中心主义向主张人与自然、人与人和谐共生的"生态主义"的转变。

追溯人类走过的历程，地球从生态地球走向生态文明地球是人类必然的选择。人类在采猎阶段依靠自然而生存；在农业文明阶段通过种植作物和驯化动物而生存；在工业文明阶段通过创造新机械、新能源、新材料而生存；在生态文明阶段，由于地球形成了地球村，必须在全球意义上重新利用生态科技和信息技术开发出最有利于人类与自然协调进化的新能源、新材料、新机械，进行生态文明意义上的回归，使整个人类在地球的怀抱中成为生态文明的新人类。因此，目前这种全球政治的分国境治理、各行其是而不顾全球生态的政治模式必须改变。历史上，区域的分割、交通的不变、通信的落后、边境的阻隔，形成了人类的不同生活和生态类型，形成了文化的多样性，这些文化有的有利于人和自然协调，有的不利于人和自然协调，生态文明的生态文化必须消除这种多样性，使之统一于全球生态文明的范型之中，形成全球一元化的生态文化。

基于地球作为人类家园的唯一性、地球资源的有限性、地球生物的生克关联性、人类未来命运的共同性等绝对约束下的一元化生态文化构建全球生态文明政治模式才能确保人类与地球协调。当然，这种政治模式的形成需要全球各国的共同努力。目前，由大国主宰、富国提供经费的联合国只是皮肉分离的一件世界"披风"，一旦遇到狂风暴雨将随风飘摇，根本无法保证世界的冷暖。只有世界各国形成全球性生态共识，真正凝聚成具有全球管理能力的地球政府、形成全球生态一体化管理模式，而非现今异地污染的经济一体化。届时，区域被打破、国家将消亡，将形成生态文明的全球政治新体制，一切服从于生态，一切服从于地球，人类将从工业文明的必然亡国走向生态文明的自由王国。

生态教育
——创建新型学校

生态文明是以人与自然、人与人、人与社会和谐共生、良性循环、全面发展、持续繁荣为基本宗旨的社会形态。生态文明教育是学校的重要职责，也是生态文明建设的根基。如何创建生态文明的校园，把生态文明教育与课堂教学、校园活动、家庭教育结合起来，是学校开展生态文明教育需要重点研究的内容。山东省寿光世纪教育集团世纪学校有 7158 名学生，950 名教职工，是一所生态化、人文化、信息化的学校。作为国际生态学校、山东省绿色学校、山东省花园式单位，寿光世纪学校坚持开展生态文明教育，通过节能降耗、绿化校园、整合课程、养成教育、社团活动等途径，鼓励师生争当生态文明先锋，积极参与创建生态文明校园，探索出了一套生态文明教育模式，推动学校走率先发展、内涵发展、科学发展之路。

一、启动节能改造工程，做生态文明建设的示范者

以节约型校园建设为载体开展生态文明教育，不仅可以促进学校本身的能源资源节约，降低办学成本，在社会起到示范和带动作用，有利于促使广大师生树立生态文明意识。为此，寿光世纪学校从战略和全局的高度出发，充分认识到节能降耗的重要意义，努力做好节能设施改造，狠抓节能细节整改，成为校园节能降耗的示范者。

2014 年，山东省遭遇了几十年不遇的干旱自然灾害。水资源的严重缺乏，造成 2014 年春季各地出现"植被晚青"现象。但世纪学校却依然是春暖花开、绿意葱茏的景象，处处焕发着生机勃勃的绿色校园气息。集团负责人介绍说："气温转暖后，我们确保定期对绿化植被进行一次充足的水灌溉。我们有中水站，可以做到杂用非饮用水的循环使用，这给学校的绿化带来了极大的便利！"

世纪学校于 2008 年在全市率先安装了中水处理系统，该系统可以把市政管网到达学校的自来水，用作师生卫生水和生活水，卫生水、生活水和雨后积水通过中水管道流入中水处理站进行处理后成为中水，中水循环用于卫生、绿化、景观，最后冲厕、洗车、冲洗拖把等用后的卫生水流入市政排污管道。据统计，使用水的 80% 转化为污水，经收集处理后，其中 70% 的再生水可以再次循环使用。这意味着通过污水回用，可以在现有供水量不变的情况下，使可用水量至少增加 50% 以上。

"随着自来水价格的提高，再生水运行成本的进一步降低，以及回用水量的增大，经济效益将会越来越突出，但学校建设中水站更看重的是对学生节水理念和环保教育。再生水合理利用的生态效益体现在不但可以清除废污水，而且可以进一步净化环境，美化环境。"世纪学校负责人对中水站的利用前景非常乐观。

为进一步落实国家节能减排方针，世纪学校积极筹集建改专项资金，不断加大对已有设施节能改造工程的工作力度。2010年，世纪学校在积极争取山东省教育厅、财政厅、商贸委财政支持的基础上，投资150万元为师生公寓改装了太阳能集热供水系统。太阳能集热供水系统的安装，不仅能有效地解决了师生洗澡水问题，还大幅降低了电、气的消耗，提升热水供应能源利用效率。

此外，世纪学校还积极创建"碳汇校园"。"碳汇校园"就是通过绿化校园，以植物的光合作用吸收二氧化碳，放出氧气，把大气中的二氧化碳以生物量的形式固定在植被和土壤中；同时，树木的种植和保护，也是储存资源的一种方式。现在，世纪学校的校园绿化面积已达73%，各种树木花卉达千种以上，极大地降低了大气中二氧化碳含量，为全校师生创造健康环保的学习生活环境。

二、创建节约型校园， 做生态文明建设的践行者

寿光世纪学校通过点滴和细节使广大师生增强和树立了资源节约、生态保护的危机意识，进而建立起人与自然协调发展的价值观，使节约成为一种意识、一种理念、一种行为方式，努力把学校建设成一所生态文明校园。

1. 建立领导机构，实施课题化研究

世纪学校基于可持续发展的长远思考，提出了创建节约型校园的目标。专门成立了节约型校园创建领导小组，研究部署、组织协调工作。领导小组下设分管部门，通过建立监督考核制度，不定期对各部室工作的具体落实情况进行检查，并将检查结果予以通报。同时，将节约型校园创建工作纳入年度考核，作为考核各部室负责人工作业绩的重要依据。

在节约型校园创建上，世纪学校也要求干部教师把问题课题化，以小课题研究解决实际问题。过去，冬季供暖用煤一直是学校的难题，由于环节把关不严，导致出现劣质煤、煤燃烧不彻底等浪费现象。学校在经过研究后，确定把这一问题作为课题进行研究，成立了专门的课题攻关小组，加强了环节管理，严把进煤关、燃烧关、返炉关，同时，学校还对烧炉工进行技术培训，实行奖惩政策。经过实践，该问题得到了明显的解决，仅2009年与2008年同期相比，节约煤炭500吨；2010年与2009年同期相比，又节约煤炭200吨；随后几年，每年节约煤炭的数量逐渐增加，现在已经达到了科学合理的范围之内，有效地节约了资源，减少了污染。

2. 建立长远机制，落实精细化管理

为确保节约型校园创建活动落到实处，世纪学校从制度建设入手，制定实施《寿光世纪学校节约型校园创建行动计划》，通过"制度＋流程"的管理模式，强化广大教职员工的责任意识和节约意识，倡导大家在工作生活中节约每一张纸、每一度电、每一滴水。倡导无纸化办公，提倡双面用纸；能利用网络发布的信息，绝不使用纸张；必须印发的文件，严格按照统计数量印制，是各部门办公的基本要求，也是学校严格控制办公用品的一个重要方面。提倡电脑、墨盒等各种办公用品的循环利用，能维修的尽量维修，减少报废，不仅为学校节约了经费，也推动了资源的再生利用。

世纪学校的节俭教育还注重从细节抓起。为养成良好的洗手习惯，学生通过网上查询、集体讨论，总结出"正确洗手四五九"。四个结合即为与节俭相结合、与讲究卫生相结合、

与保护设施相结合、与自主管理相结合；五种方法为湿、搓、冲、捧、擦；九大流程为提前准备、打开水龙头、冲湿手、搓肥皂、再次打开水龙头、冲洗、捧水冲水龙头、关闭水龙头洗手、擦或晾干。七年级学生杨蕊说："过去洗手只用水冲一下就认为可以了，没想到洗手还有这么多讲究。通过这一习惯的养成，不仅学会了正确的洗手方法，还养成了节约的好习惯。在学校组织'一人一瓶水、爱心献旱区'活动中，班里的同学都拿出自己节省下来的零花钱捐给灾区，我们一个班就捐款 600 多元。"

如今，自觉关闭电源、用完水关闭水龙头、双面用纸打印等在世纪学校已处处可见，都已成为了广大师生的自觉行动，全体师生都能从自己做起，从身边小事做起，养成自觉节约一度电、一杯水、一张纸的良好习惯，同时也形成了精益求精、勤俭节约的良好风气。

三、开展主题教育活动，做生态文明建设的参与者

寿光世纪学校把生态文明教育作为新的教育理念贯穿于日常教育教学活动之中，积极拓展生态文明教育的内涵，要求各学科深入挖掘课本中的环境知识和绿色教育素材，融于日常教育教学、学生活动之中，使教师和学生树立生态文明意识，并且动员全体师生，立即行动起来，从自己、从身边、从点滴做起，以个人节约、家庭节约来带动整个社会节约，共建生态文明家园。

1. 把生态文明教育与课堂学科教学相结合

世纪学校非常重视对学生进行生态文明教育，不仅要求教师具有生态文明意识和科学的生态文明价值理念，而且还要求教师将这些理念传授给学生，引导学生将对生态文明零散、机械、静态的认识，转变成较为全面、深刻、动态的认知，树立生态文明生活理念。

（1）相近学科的深入挖掘　地理是与生态文明教育密切相关的学科，在地理学科教学中，教师注重把地理学科人地协调观的教育思想有机地融进生态文明教育内容，让学生在地理课堂学习中浸染绿色，从生态新闻热点找到引课切入点，跟全球倡导的环保教育接轨，及时补充生态文明常识，使学生认识学习生态文明的价值意义，并引导学生积极实践。用竞赛法和辩论会等多种参与形式，让同学们在争论中认识生态问题给人们生活带来的利与弊，加深对资源与环境的认识。

在生物教学过程中，教师也非常重视绿色消费意识、可持续发展的道德观念、人与自然协调一致的伦理观、爱护环境的意识的培养，为学生创造一种减少碳排放的良好氛围。

在学习《微生物在生态圈中的作用》时，世纪学校联系蔬菜垃圾的处理方法进行了探究。面对蔬菜产业化带来的农村面源污染、蔬菜垃圾治理迫在眉睫等现状，发展节能、生态、低碳、循环农业已是大势所趋，而节能农业的第一方向就是蔬菜大棚沼气池的建设和开发，因地制宜建设蔬菜大棚沼气池可带来多种好处。沼气池贴近蔬菜大棚种植农户，能够大量消纳人畜粪便和蔬菜废弃物，大棚蔬菜垃圾污染问题迎刃而解，活性生物菌沼肥，可改良土壤结构，减缓土壤板结和盐渍，增强土壤肥力，提高作物产量和品质。

学生们在调查走访和网上查询中得知，沼肥产品含有丰富的氮、磷、钾等营养元素，还含有对农作物生长有调控作用的钙、铁、铜、锌、锰、钼等多种水溶性养分和腐植酸，不但是一种速效性的优质冲施肥，更重要的是富含着 60 多种有益菌，是一种生物活性菌肥。这些有益菌进入蔬菜大棚，可将夏季换茬期追施的禽畜粪便基肥利用率由 30% 提升至 70% 以上，改良土壤性状，培肥蔬菜大棚地力，明显抑制霉菌病虫害，减少农药、化肥投入，从而节约蔬菜生产成本，提高蔬菜有机品质。

被走访的农民还告诉学生们，连续施用沼肥两年后，棚内未发现根线虫，蔬菜产量、品相好、口感大幅提高，经济效益提高30％以上。沼气作为清洁能源，可用来做饭、烧水，为大棚作物增加光照，燃烧过程中产生二氧化碳，可作为气肥使用，提高作物的光合效率。

（2）其他学科的结合渗透　世纪学校开齐开全了环保教育等地方课程，在语文及思想品德等教学中引入有关生态文明的内容，让学生从小就确立生态文明的理念，促成学生养成自觉过生态文明的行为习惯。如在《桂林山水》的语文教学中，教师不仅让学生准确地把握漓江水的"静"、"清"、"绿"和桂林山水的"奇"、"秀"、"险"，还运用情境教学法，根据儿童的心理特点，创设情境，把学生带到作品描绘的意境之中，让学生感受好环境带来的愉悦，同时教育学生，在旅游时要注意环境保护，不乱扔垃圾，不乱写乱画，防止水污染等。

2. 把生态文明教育与学生社团活动相结合

著名的教育学家苏霍姆林斯基说："唤起人实行自我教育的教育，按照我的深刻信念，乃是一种真正的教育。"学生社团自主活动有效地激发了学生参与生态文明建设内在的积极性。2009年9月，为了达到更好的研究效果，世纪学校鼓励支持学生自主组建了"绿鸽"环保社团，成功举办了百余项生态文明教育活动。随着活动的推进，生态文明教育越来越被师生、家长认可，并引起了一定的社会效应。

（1）生态文明知识普及活动　生态文明教育内容广泛，仅仅学习课本上的知识是远远不够的，世纪学校积极开展和组织学生参与生态文明知识普及活动，先后组织了"珍爱地球，从我做起"环保知识普及竞赛、"拯救地球"环保征文大赛、环保公益歌曲征集、环保科技创作大赛，以及环保文化艺术节等，创办了"拯救地球"绿色环保组织，建立了"拯救地球120"博客，这些活动和形式都有效地普及了环保知识。

2010年6月，全国首家"绿色小记者站"在世纪学校挂牌成立，共有200多名学生被环境保护部环境教育杂志社吸收为"绿色小记者"。该社团成立以来，遵循"以活动促教育，以教育伴成长"的理念举办过一系列生态文明教育活动，如2010～2013年中，在环保部和美国环保协会组织的全国小学生"生态文明·节能减排"、"全国青少年低碳与气候变化"、"垃圾减量和物资循环再利用"、"合理使用抗生素"（中瑞项目）、两届"酷中国——全民低碳行动计划"等网络知识大赛活动中，学生积极参与的热情带动了更多人的志愿生态文明之旅。

（2）生态文明主题实践活动　对中小学生生态文明习惯的养成教育而言，认识是前提和思想基础，实践是关键。世纪学校采用适合学生特点，鼓励学生主动参与实践，进行多层次的生态文明教育活动。每年植树节都组织"每人领养一棵树"活动，倡议"爱绿护绿"活动。组织了《中学生生态文明论坛》，从学生的角度分析生态文明的必要性。2010年3月27日，结合世界自然基金会（WWF）倡导的全球"地球1小时"公益活动，全校率先用实战演习法提醒学生节约用电，让孩子感到生态文明就在身边。

学生们发现被称为城市"雀斑"的口香糖污迹，在寿光各大广场、人流比较多的路段就比较多。通过网络还了解到就是在北京、澳门、厦门、广州等地，洁净的公共场所也是经常被口香糖的残渣所困扰。这个问题虽小，但它覆盖面广，影响面大，危害性强，与这个文明社会很不协调，所以学生们选择了这个问题，目的就是要大家认识到乱吐口香糖的危害，从我做起，从身边的小事做起，提高自身素质，来保护我们的环境。

通过调查咨询、网络等途径，学生们搜集到相关的一些法律条例，各级各类政府尽管对乱扔废弃物等做了罚款的决定，但并没有专门指出针对口香糖，可见对口香糖的危害还是认识不清。执法部门对制定的相关政策执行不够彻底，或者说执行起来比较困难，又忽视了对人们的思想道德教育，所以导致这个问题一直没有得到根治。通过讨论、请教，以原有的制度条例为依据，学生们认为要解决这个问题，应重点从两方面入手：一方面是真正做到有法可依，有法必依，执法必严；另一方面是加强宣传，加强对人们的思想道德、社会公德教育，尽可能地为人们提供便利。

通过《寿光日报》、寿光电视台等宣传媒体宣传计划，让广大市民认识到乱吐口香糖现象的普遍性和危害性。学生还决心从我做起，从自身做起，在校园里不吃口香糖或者不乱吐口香糖，自觉地抵制乱吐口香糖现象，组织家住寿光市区的同学利用周日、假日到市区进行宣传，也可以组队到口香糖污迹比较多的广场等地去参加义务清除劳动。

参加本次社会实践活动，大大地锻炼了学生们的能力，感到收获颇多，对现有的公共政策有了很大的了解，锻炼了交际能力和分析问题解决问题的能力。在制作版面的过程中，学生既分工又合作，锻炼了动手操作能力，凝集了团队协作精神；在展示版面的活动中，通过展示解说，锻炼了口语表达能力，具备了节目主持人的某些素质。更重要的是，通过这次活动，学生们认识到了乱吐口香糖的危害，从我做起养成了不乱吐口香糖的好习惯，提高了自身素质。

3. 把生态文明教育与综合实践活动相结合

生态文明教育的效果如何，关键在于学生在体验中切身感受到生态文明的重要性。因此，寿光世纪学校以综合实践活动为载体，开展多种形式的生态文明体验活动，并且形成了综合实践活动的有效开展模式。世纪学校在生态体验教育理论指导下，对综合实践活动进行了"四大"整合。

（1）实现四大整合，确保活动有效实施　一是整合课时，对课时进行整合、联排，每周二、周四下午都是三课时连排的综合课。二是整合课程，以综合实践活动为载体，集传统文化、安全教育、环境教育等内容，重组学习内容，分"走进社会"、"动手操作"、"拥抱自然"、"体验生活"四个板块，编写《小学生综合实践活动资源包》。三是整合资源。在校内建立陶艺、烹饪、木工、刺绣等学生实践工场，在校外开辟寿光蔬菜博览园、化龙镇胡萝卜基地、寿光巨能电力、寿光社会福利中心等实践活动基地。四是整合师资，在备课环节上，采取一人精备、多人修改、学生共享的办法；在活动方式上，采取"走班制"、"上大课"，分解教师繁重的教学任务，提高课程开课率，提高上课质量。

（2）拓展教育资源，丰富学生生态体验　为拓展教育资源，世纪学校进行了积极开发利用，为生态文明教育提供更多的教育资源。如自然资源与社会资源的开发利用，世纪学校在自然资源上有独特的优势，校园有上千种的花草树木，绿化面积达73%以上，地处寿光弥河畔，靠近弥河生态公园。在社会资源上，世纪学校周边地区集中了寿光众多的社会课程资源，比如寿光市农展馆、博物馆、图书馆、音乐厅、湿地公园等，还经常举行社会性的公益活动、文艺演出。

在《家乡旅游资源知多少》这一主题活动中，几乎全部需要在校外进行，难度大、困难多。在多方征求意见的基础上，学校认为根据寿光市的旅游资源种类繁多、分布较广，要想在规定课时内完成，需要确定出最佳的路线，而且路线上要包含自然课程资源和社会课程资源。经过反复论证，学校形成并实施了以下路线。

第一站，寿光弥河生态观光园。观光园靠近弥河，自然资源丰富，绿化面积大，动植物丰富，并且有专门介绍寿光人文、自然旅游资源的碑刻，在观光园导游的带领下，学生们边听介绍边记录，对家乡的旅游资源有了初步的了解，并且确定出每个小组最感兴趣的旅游资源。第二站，寿光展览馆。展览馆内用实物、图片、文字等形式比较全面地介绍了寿光，与在图书馆、网络上查阅资料更加科学、准确、快捷，每个小组在规定的时间内，都整理出了详细完整的资料。第三站，寿光市旅游局。在初步了解家乡旅游资源的基础上，学校组织学生到旅游局听取了专题报告，学生们分组进行了汇报，旅游局的工作人员现场进行了点评和补充。

完成这一主题共用了 5 个课时，符合课时的要求。每一站的课程资源都有不同程度的整合，虽然整合的力度不大，但在现有的条件下，学校尽可能地整合了自然课程资源和社会课程资源。从实施的效果看，课程资源的整合降低了操作层面的难度，目标基本都能达成，每个小组都整理出一本《家乡旅游资源小指南》，里面包括重点旅游资源的简介、现状、保护措施等，学生在知识和技能、过程与方法、情感态度与价值观三个目标维度上都有较大收获。

经过多年的探索与实践，寿光世纪学校把生态文明教育和综合实践活动相结合的研究成果，得到了各级领导和专家的高度评价。潍坊教育科学院对这一创新做法给予高度评价，2009 年 5 月，在泰安召开的全国"十一五"课题《综合实践活动课程教学模式与可行性研究》中期总结会议上，世纪学校做了《强化劳动教育、拓宽实践实域》的典型发言。2009 年 11 月，在杭州召开的全国基础教育课程改革实验区综合实践活动第七次研讨会上，世纪学校做了题为《以研究性学习为龙头创新性开展综合实践活动》的典型发言。这一创新做法在潍坊市进行了推广，潍坊市小学综合实践活动观摩研讨会在世纪学校成功举行，与会代表观摩了世纪学校提供的 14 个主题现场，学校做了典型发言，与会代表给予了高度评价。

4. 把生态文明教育与生命健康教育相结合

生态文明的终极目标是人类的文明发展。人和人之间的和谐健康发展，也是生态文明建设的重要内容。学生的心理成长变化较大，如何让学生拥有健康的心理、正确的生命观，这应当是学校在生态文明建设中很重要的组成部分。寿光世纪学校坚持把生命健康教育纳入到生态文明建设中，积极拓展心理教育渠道，完善心理健康教育体系，全面提升了学生的积极心理素质。

（1）心理健康教育专业化　为搭建良好的心理健康教育平台，世纪学校投资 40 多万元，建成拥有咨询、辅导、测量、宣泄等 14 个功能室的阳光心灵活动中心，功能室内设施配置高、设施全，实现了心理健康流程化的一条龙服务。学校启动教师、心理咨询师"双师型"队伍建设工程，通过专家引领、外出培训、实践锻炼、校本教研、开展课题、心理拓展等措施，培养了一批"双师型"教师队伍，现有 30 人取得国家级心理咨询师职业资格证书。

（2）心理健康教育课堂化　世纪学校着力探索心理健康教育的课堂化模式，选定了《积极心理素质训练》、《学校团体心理活动教程》等专业教材，编写了《挫折教育》、《阳光心灵报》等辅助教材资料，从最初的面向年级的心理专题讲座到心理知识传授为主的班级心理课，从以社团形式的学生小游戏活动到结构化、体验式、以培养学生积极心理品质为目的班级心理活动课，几经探索，最终确立了面向全体学生、以预防和发展为主、倍受学生喜欢的班级心理活动课授课模式。

（3）心理健康教育社团化　为培养协助心理教师工作的学生队伍，世纪学校从每个年级各班选出一男一女两名心理委员，组建成为阳光心灵社团。社团采取多种形式开展心理健康教育，实现了活动形式的多样化。如针对青春期孩子的特点，开设"男女生青春课堂"，对学生进行青春期生理、心理辅导，帮助他们走过青春的迷惘；针对部分学生中考前考试急躁、焦虑的心理特点，心理咨询教师对他们进行了考前心理辅导。每年 5 月 25 日和 10 月 25 日定为"阳光心灵文化节"，开展以"关注心灵·快乐成长"为主题的系列活动，包括上一节心理健康主题班会，班主任与学生进行一次平等接纳的心灵沟通，看一场心理电影，组织一次心理知识竞赛，举办一次心理健康征文等。

阳光心灵活动中心每天接待包括社团活动和个体咨询在内的学生达 20 多人次，年接待量达 3000 人次；每学期心理健康普查学生 4000 多人次，目前已为学生建心理档案近 2 万份，《开展心理健康教育，构筑师生幸福精神家园》被省教育厅评为山东省中小学德育优秀案例，学校被评为潍坊市心理健康教育示范校、山东省心理健康教育先进单位。

5. 把生态文明教育与家庭社区教育相结合

寿光世纪学校通过学校和家长共同努力，让学生从内心深处理解人与社会、人与自然的关系，培养他们关心自然、热爱自然、对自然负责的道德品性。下发了《给家长朋友们的一封信》，用"家校通"宣传环境纪念日，走进社区开展实践调查，对本地环境保护提出合理化建议，号召大家联合起来共同呵护地球，普及环保知识。2010 年 7 月 24 日，在听到大连港漏油事故对海洋造成严重污染，需要大量吸油物后，世纪学校的"李四光中队"和"绿色小记者"组织了紧急募捐活动，活动吸引了众多过往的市民，人们纷纷主动送来家中的旧衣物，还有的家长自己雇车把活动中收集的大宗物资运送到了大连港。八年级学生仲婉晴感慨地说："生态文明需要我们每个人从小事做起，从身边做起，作为一名中学生，能以自己的实际行动带动更多的参与进来，我们感到很高兴也很自豪！"

四、传播生态文明理念，做生态文明建设的传播者

为及时、准确地取得学生、家长以及社会环保人士的支持，在生态文明教育实践研究的开始，世纪学校环保社团建立了网易博客"拯救地球120"，充分利用现代网络技术，对内、对外进行远程辅导，倡导家长和孩子一起学习，鼓励家长和孩子共同成长，形成了"以孩子带动家庭，以家庭带动社区"的生态文明之风。经过多次全国网络知识宣传活动的组织和参与，家长非常赞同生态教育活动给自己和孩子带来的益处，纷纷留言参与生态文明课题探究，并留下鼓励的话语。除了组织生态文明知识竞赛，博客还用"环热追踪、低碳节能、环境时评"等栏目对校内、对外宣传生态文明知识，并得到了美国、德国、英国等海内外志愿者的支持和赞助。

环保博客的建立对生态文明教育的研究起了重要作用，不但对系列活动发表了全部的跟踪记录，而且充分展示了活动的真实性、有效性；博客还将研究课题与网络媒体紧密结合起来，将生态文明教育与家庭教育、社会教育紧密联系起来，扩大了生态文明教育的范围，提升了人们对生态文明理念的再认知。

五、生态文明教育取得的价值、 成效及成果

1. 生态文明教育取得的价值

（1）增强学生的合作共赢意识　通过合作赢得的良好的人际关系被视为生活的核心和快乐的源泉，对在校学生亦是如此。培养学生的合作意识是教育者的职责之一。但是，由于独生子女特殊的生活环境，他们存在着很多问题，如自私、固守、独立性差、依赖性大等问题，需要及时、科学的教育，学生才能健康快乐成长。自从开展生态文明教育活动以来，学生懂得了合作共赢的意义，体验到成功的乐趣。

（2）有助于培养学生的生态文明观　学生是祖国的未来，面对未来，思考是重要的，但比思考更重要的是行动；行动重要，但比行动更重要的是方向。所以按照什么样的价值观去行动，直接关乎教育的成败兴衰。青少年时期，正是价值观形成的关键期，培养学生热爱自然、热爱社会、懂得感恩和责任的生态文明观，会促进学生的健康成长，而生态文明教育就是培养绿色价值观的一种方式。

2. 生态文明教育取得的成效

（1）培养了学生的环保意识和学习兴趣　生态文明教育不仅使学生掌握了低碳环保生活的有关知识，还使他们产生了忧患意识，认识节能减排对未来生活的重要性。在 2012 年 3 月，学生在"餐厅浪费"和"水资源节约"两个主题调研中，学生深入餐厅、宿舍等认真调查，获取了第一手资料，做成调研报告发给学校领导，引起校方高度重视。同时，地理与环境保护密切相关，随着课内外活动的拓展，学生们在对环境、资源问题的辩论中感受着学习的兴趣。在众多的生态文明教育实践活动后，学生上地理课的态度大有转变，生态文明生活教育直接带动了学生的地理学习。而且，不只地理学科，学生对与之相关的生物、语文等学科也产生了浓厚的兴趣。每一项生态教育活动后都跟有学生的感言（博客均有跟踪发布），孩子们的作文水平大有提高。

（2）生态文明教育开始得到社会各界的认可和支持　生态文明教育系列活动的开展，得到了家长、市民、环境保护局、市政府的大力支持，并带动了很多市民的积极参与，如徐庆义、张金龄、贾冠清、宁延庆等无偿为活动提供奖品赞助。另外，孩子们的公益行动带动了家庭、社区的生态文明生活，活动效应和影响在国内外不断扩大，先后得到大连环保协会、北京、深圳、安徽、黑龙江、香港等 20 多个省区以及美国、德国等世界各地的华人网友光临宣传博客声援学校的生态文明教育，并积极主动地加入到生态文明实践活动中来。

3. 生态文明教育取得的成果

（1）学生的写作水平大有提高　自 2009 年至今，已有 100 多篇学生文章在《环境教育》、《作文周刊》等杂志、报纸发表。孟航、刘梓良等同学在国土资源部和环境保护部组织的环保教育活动中获得了优秀成果奖。在 2010 年和 2012 年的全国低碳环保知识大赛中有袁皓文、郑文迪、杨光等同学获得 100 多张国家级证书。2011 年 8 月，有葛福鑫、张凯文、孟航、柴雪婷、王艺蒙等 9 名同学获得全国百名"生态小达人"的光荣称号，并在西安世园会参加体验活动。在 2012 年全国环境征贴大赛中，有萧惟丹、王安强、孙艺芳、孙彤等 22 名学生获全国最佳标语奖和绘画奖等若干奖项。

（2）研究成果获得多项表彰奖励　2010 年 12 月获得本校小课题研究一等奖；2010 年 6

月获得山东教科所课题一等奖；2010 年 10 月参加低碳生活教育实践评选，获得寿光市"最有价值意义的生活教育事件"一等奖；2011 年 10 月获得潍坊市课程资源一等奖、山东省二等奖；由实践组织"绿鸽"环保社团参与的中国教育学会"十一五"科研规划课题已于2011 年 12 月顺利结题；2012 年获得山东省育人精品案例一等奖；获得"狄更斯杯""我们的时代"课题方案大赛优秀奖；在参与众多的各个级别的活动中，获得近 200 个国家级优秀成果，世纪学校均荣获"优秀学校"、"优秀组织单位"称号；2012 年获得"全国环境教育示范基地"称号；2013 年被环境保护部和国际环境教育基金会联合授予"国际生态学校"绿旗荣誉。

　　生态文明教育是一项坚持不懈的教育，是一项启迪与推动环境功德素养的教育，它不仅仅关系着每个孩子的健康成长，更关系着人类社会走上更加文明的未来。

传 统 承 继
——推进区域生态文明的文化建设

享有"浙中明珠"之美誉的浙江省金华市孝顺镇是一座文化底蕴深厚的历史名镇，历史悠久、文化昌盛、经济繁荣、人才辈出。改革开放以来，孝顺镇从一个纯农纯粮的农业镇一跃发展成为浙江中部的明星城镇，先后被评为全国小城镇综合改革试点镇、全国小城镇经济综合开发试点镇、浙江首批农业农村现代化示范镇、浙江省中心镇。尤其在文化建设上，孝顺镇成绩斐然。通过挖掘以"孝德"为核心的传统文化，并在孝文化的基础上，发展民间文化、村落文化与农民种文化。通过开办孝顺信息、孝顺之声、孝顺视频新闻，推进全镇的生态文明文化建设。

一、孝德文化建设的特点

1. 孝德文化的传承与发展

孝德文化是孝顺镇文化建设最具个性特色的内容，孝顺镇的地名都因这一文化而得名，所以，孝顺镇也大力弘扬这一具有鲜明个性特色的文化建设活动。

（1）孝顺镇孝德文化的由来 所谓孝德，是指子女对父母的尽心奉养并顺从。孝德文化在中国作为包容最广、绵延最长、渗透最泛、融通最力的文化系统而被奉为中国文化中的基础文化和首要文化。

孝顺镇的孝德文化，甚至孝顺镇这一地名的由来，都是源自当地一个子女尽孝的典型故事。相传三国时，吴国孙权到金华一带微服私访。一天，孙权到一农户家借宿。这户人家有个孝子，自己的腿都不能动，但还是把最后的番薯给了母亲，自己却饿昏过去。孙权看到这个情形非常感动，他恰好看到当地有三条川流，便把这个地方命名为"孝川"，并在地界碑石上刻上孝子的容颜。后来当地建长山县时，新任县官因为看到地界碑字迹模糊，把孝子的容颜看成了"页"字，川、页一合并，就成了顺字。孝顺镇这个地名就由此而来。不管这个传说是否是真的，但孝顺镇的人一直引以为豪。孝顺这个地名因当地民风孝道而得名，在后来的历史发展中又因不断出现孝顺的典范而传承发展。

（2）孝顺镇文化建设的特点是打"孝顺"牌 孝顺在全镇115个村公示"子女孝顺榜"，以此来促进全镇子女赡养父母老人的孝敬活动，被人称为打孝顺牌。此种活动于2005年首先在市基村试点，接着这种试点扩大到10个村，后来就在全镇115个村全面推开。

孝顺镇还从家庭美德教育入手，开展以"孝顺榜—婆媳档案—村民荣辱录"为三部曲的孝德教育。孝顺镇的"孝顺信息"小报也特别开设了"孝德论坛"、"孝德故事"等专栏推波助澜。孝顺镇还与浙江师范大学和金华市委党校共同开展"孝文化研究"，建立相应的孝顺文化研究会。孝顺镇的民间文艺协会也下设了"孝德研究协会"，对"孝顺榜"、"婆媳档案"

"村民荣辱录"等创新载体开展讨论研究。在这场家庭美德教育活动中，低田、后楼下等村的"婆媳档案"和"村民荣辱录"也起了很好的推动作用。

孝顺镇还通过有关文明素质美农村工程的一系列文化设施建设开展孝德文化的主题教育。一是 2006 年开园的孝顺公园，公园的主题是"追古抚今孝顺风，文明素质美农村"，公园内摆放的根据元代郭居敬辑录的二十四孝雕塑夺人耳目；二是 2006 年初动工现已建成的爱国主义教育基地（烈士陵园），开始履行教育功能；三是以传扬民间文艺为使命的"和风书社"的开演；四是市基电影广场的开设等。

2. 公示"子女孝顺榜"的基本做法

首先，孝顺榜公示前，各村村干部必须进行调查摸底，把 60 岁以上老人家庭的分家协议书（上面往往写明了子女当时对赡养父母老人的承诺）存入村委会留档，再去老人、子女和他们的邻居那里，对子女赡养老人的承诺兑现情况进行反复核对。确保上榜公示的内容客观真实。

其次，子女孝顺榜在上榜公示前，他们注意做好宣传工作。多宣传那些尽孝较好的典型形象，在全村乃至全镇形成尽孝的良好氛围和社会舆论压力，以督促和鞭策那些尽孝不力的子女主动地去尽赡养老人的义务。如果发现有个别子女赡养老人不力，也是由村干部先做说服教育工作。如果经教育后仍不改变的，就会直接上榜。

子女孝顺榜被常年以固定形式在村务公开栏内公示。内容也不断更新。孝顺榜上除了有被赡养人和赡养人的姓名外，还有所承诺的赡养义务及兑现的情况，此外，还有一栏是备注。这个备注栏，就是对子女有时因客观原因如生意破产、天灾人祸等而未及时支付赡养费时作出说明而设计的。孝顺镇的子女孝顺榜，是从积极的方面以褒扬的形式来引导大家自觉树立孝德风尚。

3. 子女孝顺榜公示的社会效果和社会评价

孝顺榜的公示，起到了良好的社会效果。孝顺榜正是有效运用了社会舆论，但是还需要不断完善。譬如子女的收入来源，就需要有客观的了解渠道。政府方面不要因此而放松或轻视政府本身的社会保障职能。从长远来看，孝顺榜只是赡养老人的一个必要环节。面对镇政府要打孝顺牌的做法，这只是当地政府在构建和谐社会中找到了一个具体抓手，赋予了时代内涵。别的城市虽然没有用这个名称，但也在打相应的牌子。把孝顺作为地方特色的孝顺镇，这样做是自然而然的。

二、着力打造孝顺"一村一品"的村落文化

村落文化是农村群众文化的基石，是一种在农村"土生土长"的文化，能够通过广大农民群众喜闻乐见的表现形式，渗透在农村千家万户的业余文化生活中，因而有着浓厚的生活气息、广泛的群众基础和发展空间。

1. 村落文化的总体概括

村落文化是农村文化的基础，是农村精神文明建设的重要组成部分，它包含物质文化、精神文化和制度文化等内涵。随着经济和社会的发展，农村生活水平的不断提高，农民对精神上的先进文化的需求也日益强烈。而村落文化是否有活力，关键在于能否经常开展形式多样、内容丰富，适合农民群众生产生活实际的活动。

孝顺镇在大力发展经济的同时，非常注重农村文化建设，提出了"提升文明素质，打造

文化镇"的工作思路，实施了"文明素质美农村"工程，从农民精神文化需求和基层文化工作实际出发，切实推进农村文化建设，投入明显增加，设施逐年改善，区域性文化活动时有开展，农村文化建设取得了明显成效。一个以政府为先导，以村落为重点，以农户为对象，以农民为主体的新农村公共文化建设格局正在逐步形成。

在创建文化孝顺、活力孝顺的目标之下，孝顺镇大力实施文明素质美农村工程，首先以经济作为支撑，做好文化的硬件建设。采用村集体出资、企业资助、政府补贴等多种途径，鼓励各方筹资建设标准化的村民议事中心。创办了幼儿园、老年活动中心，又组建图书馆、阅览室、电脑室、医疗室等文化卫生场所。建设了农民文化休闲广场、篮球场、羽毛球场等，配备了相应的健身器材，使各村逐步初步形成文化、教育、卫生、休闲、体育、娱乐等全方位、受益广的文化建设硬件系统，为村落文化夯实了硬件基础。

为进一步挖掘整合各村历史和现有的文化资源，孝顺镇又积极开展了"一村一品"的村落文化建设。尤其重视村落文化内涵的培育与发展，以道德文化、孔子文化、民风民俗文化、名人文化和体育休闲文化等为主题，因村制宜，构建出各村的文化主题，通过路名设置、村碑、标语牌等形式予以具体体现。通过多年培育，全镇83个行政村（32个委托金东经济开发区管理）中，已整治48个村庄整治村都已有了自己"一村一品"的村落文化主题，并各有特色。特色比较明显的有塘湖村的道德文化、叶家村的名人文化、大湖沿的民风文化、马腰孔的孔子文化和廉政文化、溪边金的宗祠文化、孔宅的孔子文化、杨卜的生态文化、南仓的礼让文化、车客的严子陵清高文化等。

2. 村落文化建设的典型

孝顺镇的村落文化建设开展的比较早，也很有特色。

（1）塘湖村的道德文化　为提高村民的生活质量和品位，塘湖村花费大投入设立了议事中心、医疗室和图书室，并配备了电脑、安装了宽带，拓展村民的信息渠道。同时设置小康路、诚信路、德馨路等路名，通过村庄历史和现状宣传的村碑和围绕道德文化主题设置的一些标语牌来渲染道德文化氛围，大到道路旁路灯上安装的双面《中华德育歌》宣传条幅，小到标着诚心路、德馨路等路名的指示牌，都能感受到这种浓郁的道德文化气息，还通过垃圾箱、树木绿地上的警示语，房屋外墙上关于中华传统美德和警世的成语典故、绿化带内充满人文关怀的词句等来提醒村民在道德方面的学习、修养和实践。

通过倡议书、村规民约等软件建设进一步加强并落实道德文化的建设，营造氛围，践行村规民约让村民从道德品质的角度进行政治文明和精神文明方面的学习、感悟和提高。比如，在精神文明建设方面，发放道德修养方面的倡议书每家一份。村规民约也编成一册子，做到人手一册。又比如在春节前后赌博专项整治活动中，村两委带头立下军令状不参加"小搞搞"，同时村支书还耐心地说服教育帮助某村委，改掉"小搞搞"的恶习。使全村基本杜绝了赌博之风。

另外，村容村貌卫生的保洁工作也是如此，村里专门安排两人负责卫生打扫工作，同时这两人又是卫生监督员。村两委根据卫生监督员反映，对不讲究卫生的村民进行耐心教育。现如今塘湖村村民人人爱卫生已成为一个良好的习惯。

（2）马腰孔村的孔子文化　马腰孔村位于义乌江畔，村里最年长的一辈是孔子七十六代之孙。风光秀丽，人杰地灵，自古文化积淀深厚。马腰孔村根据村落历史把精神文明创建工作重点放在了儒家文化建设上，把孔孟子道、仁义礼志信等中华传统美德通过宣传板、警示标语、村庄历史传说尤其是文化上墙等形式生动显现出来，营造良好氛围，让村民在无形中接受传统文化的洗礼。

马腰孔村口，树有一块宣传栏，是一幅幅制作精美、现代感极强的壁画，这幅画由两部分组成，左边是大幅的孔子肖像，右边上方写着一行大字："弘扬孔子文化，争当文明村民。"下面是孔子简介和马腰孔村简介。这道被村民们誉为"文化墙"的墙壁非常抢眼，使每一个进村的人都忍不住先睹为快。因为马腰孔村的村民大都是孔子的后裔，因为这个缘故，马腰孔村对孔子情有独钟。再往里，呈现在眼前的每一堵墙上都是内容不一的画面。在整洁的村道边，有一堵墙墙脚是一片翠绿的油冬菜，墙上的画面上方书写着"温故而知新，可以为师矣———《为政》"；中间是注释"孔子说：'能够温习旧业，增加新知，才可以当别人的老师'"；下面是一句名言"先读最好的书，否则你会发现时间不够（梭罗）"；最下方有"西方名言映照"几个大字。整个画面看上去非常协调，既有名言警句又有观赏图画，人们可以一边读诵古今中外的先哲语录，一边欣赏取材于民间故事的图画。马腰孔村的每堵墙、每盏路灯似乎都在说话，孔子的文化在这里得到很好的发扬。

随着村民思想境界的提高，道德素养明显加强，整个村庄的文化品位也提高了。现在，在马腰孔村，随便哪个村民都能说上几句祖先孔子的名言，他们说，祖先孔子的话充满了为人处世的哲理，每天读读真的很有好处。

2005年以来，马腰孔村又开始了"以廉为美、以廉为荣、以廉促农"的廉政文化建设。向每户家庭发放廉政倡议书，把廉政文化建立在家庭基础上。另外，在议事中心及村民广场等人群集聚场所建立了清风长廊、廉政文化墙，宣传"廉政十字歌"等廉政歌谣和故事，使村民对廉政文化进农村有了进一步的了解。马腰孔村通过"文化"上墙和创建"廉政文化进农村"工作，村风正了，民心顺了，各项工作都上了一个新的台阶，2005年，该村获得了"市级小康示范村"荣誉称号。现在马腰孔村是省级先锋工程村，是孝顺镇的先进村、五好支部和团结干事的示范村，是一个交通便捷、环境优美、产业兴旺的现代化的新型农村。

（3）下范忧乐文化 下范村有着悠久的历史，其祖先最早可追溯到北宋一代名相范仲淹。下范村在整治过程中重点突出对范氏宗祠的修缮，同时还修造了范仲淹的塑像，紧紧把握范仲淹"先天下之忧而忧，后天下之乐而乐"忧国忧民的情怀，把"先忧后乐"的名人文化精髓发扬光大，使祠堂成为村民的文化娱乐活动场所，更成为教育反思、激励后人的重要教育基地。

村民们在自觉融入这整洁和谐环境的同时，广泛开展"种文化"活动，自发组建了乡村文化俱乐部，成立了腰鼓队、婺剧说唱班，每到夜晚或是农闲之时，村民广场就会人声鼎沸，祠堂等公共场所一派琴瑟和鸣，古老而年轻的下范，正在快步向着全面小康目标迈进。

（4）车客村的严子陵清廉文化 车客村多数人都姓严，是东汉名士严子陵后裔。车客村通过挖掘宗谱和村史，发现严氏历代名人不断，且不改"清高"本色。到了近现代，虽然全村增加了20多个姓氏，但为民鞠躬尽瘁的名士仍层出不穷。于是，车客人把"清廉文化"（清廉高洁）确定为本村的文化课题，深入调查、组织编写了反映车客古今弘扬"清高"之风的文章《先生之风，山高水长》和《雄才济济，廉士洋洋》，并以此确定了车客的村训：云山苍苍，江水泱泱；先生之风，山高水长。雄才济济，廉士洋洋；车客之慨，虎跃龙翔。

车客村里，粉底赤字的条幅上都以"严子陵清高（清廉高洁）文化"冠名，每条条幅都写有警句："不贪则百祥来集，贪刚众祸生"、"天下仍百姓之天下，只唯有德才者居之"……这些警句都是从严子陵浩如烟海般的典籍著述中搜集来的。这样做，是想用祖先的遗训教育后世子孙，做人要做清廉高洁的人。

车客村除了以祖先的遗训教育后人外，还组织了腰鼓队，说唱团，尤其是自办电视节目，自拍电视播"新闻"，于 2007 年 2 月 18 日正式开播。

三、传承民俗文化， 丰富农村文化生活

民俗文化是一个区域文化的通俗表现，显示这一区域的文化特点。孝顺镇高度重视民俗文化的整合挖掘与弘扬。

1. 传统民俗文化的挖掘和弘扬

孝顺镇是一个千年古镇，有着深厚的人文底蕴，民俗活动丰富多彩，民俗文化源远流长。勤劳勇敢的孝顺人在长期的生产、生活中形成许多风尚和习俗，并代代相沿，积久而成丰富多彩、特色鲜明的孝顺民俗文化。孝顺民俗文化是孝顺民众集体智慧的结晶，它们的流传、完善和创新都是依靠孝顺民众集体的力量完成。孝顺民俗文化大致包括三个大的方面：物质民俗文化，以生产、交换、交通、服饰、饮食、居住等为主要内容；社会民俗文化，以家庭、亲族、村镇、社会结构、生活礼仪等为重点；精神民俗文化，包括信仰、伦理道德、民间口头文学、民间艺术、游艺竞技等。

孝顺民俗文化的进程与当地经济社会文化发展紧密相连。通过政府推动和各文化组织的努力，民俗文化焕发了活力，进入快速发展期。孝顺镇遵循"政府主导、社会参与、长远规划、分步实施、职责明确、形成合力"的原则，以普查为基础，以保护为手段，以发展为目的，不断壮大民俗文化产业，使民俗文化的传承有了强大的合力机制。在继承传统的基础上，进一步挖掘民间艺术等非物质文化遗产，充实民俗文化内容，丰富民俗文化底蕴。很好地利用诸如庙会、物资交流等传统民俗形式，并与新时代新潮流融合，糅进现代文化内容，将民俗文化创新发展，使之具有历史风韵、时代气息和本地特色。20 世纪 70 年代末和 80 年代，孝顺镇政府集中力量对民俗文化文化进行复兴、挖掘，并注入新时代内容，民俗文化活动迎来了大高潮时期，楼下金庙会斗牛、赛龙舟、正月十一让河街的迎花树、正月初十中柔的迎花烛、二月二的春雷节、迎龙迎灯、城隍庙庙会等全面恢复和兴起。

一是激活了农历二月二这个传统节日。在年忙和农忙间歇期间，利用传统灯笼和舞龙队、上演地方戏和本地道情等形式，使之成为当地比春节还隆重热闹的节日。

二是提升了物资文化交流会。把在孝顺有 20 多年历史的物资交流会从单纯的物资交流提升为融物资、文化等多方面结合的活动，拓宽文化市场、丰富文娱内容，还开展法律知识、农技知识图片宣传等各种文化宣传活动。

三是复活了几个民间活动。如孝顺迎花灯、让河街迎花树、上叶赛龙舟、楼下殿斗牛、和孝顺城隍庙苗会活动等。

四是重组了民间"讲大话"故事。邀请民间说故事能手，整理一批民间故事。

通过挖掘和弘扬，孝顺镇民俗文化发展迅猛，影响日渐扩大，知名度越来越高，成为一道亮丽的风景。

2. 民俗文化的形式与载体

孝顺镇充分挖掘和主要挖掘了传承民俗文化中人们喜闻乐见的形式与载体。

（1）二月二，龙抬头　农历二月初二这一天在民间称"二月二，龙抬头；大仓满，小仓流"，象征着春回大地、万物复苏。孝顺长期为小农经济的生产方式，历来崇拜能呼风唤雨

的龙神。"二月二,龙抬头;大仓满,小仓流",寄托了人们祈龙赐福、保佑风调雨顺、五谷丰登的强烈愿望。这一天,农家人对年景充满祈盼,他们为即将进行的春耕播种而激动,祈求传说中的"龙"此时能抬头,抖动身子下一场透雨,以滋润土壤,期盼今年风调雨顺大丰收。过了这一天,意味着过年真正结束,人们将告别农闲,春耕开始了。在孝顺民间,有"三个年"之说,"二月二"被视为与春节并列的节日,极为隆重、热闹。以往农家一年到头没有太多的娱乐活动,过年时节,农事还未排上,趁此时机发泄一下被压抑的心情。说穿了,就是玩一把,用农民自己的话说就是"大小孩找玩"。"二月二"活动包括传统灯笼、舞龙灯、上演地方戏和本地道情等形式,其中以舞龙灯和迎花灯最为隆重和热闹。横街、市基、杨湖三个村以迎龙灯为主要活动,下街、中街俩村以拉丝狮子、迎花灯为主要活动。

从初一开始,各家各户就开始忙乎。女人忙着杀鸡剖鱼买菜烧饭招待客人,男人忙着整狮子做龙灯扎花灯,小孩忙着玩鞭炮凑热闹。初二天刚黑,孝顺镇的龙灯就闹腾开了。龙灯每到一地人山人海,鼓乐喧天,欢呼鼎沸,比过大年还热闹得多。传说中龙是能够给人们带来好运的吉祥物,因此龙灯所到之处家家户户鞭炮迎接,开店的图个生意红火,普通人家则求个平平安安。迎花灯是孝顺一个古老的风俗。花灯大都是用竹丝为骨架,然后糊上白纸,画上彩色的图案,这些灯的造型各不相同,每家每户发挥各自的想象力,做成牡丹灯、兔子灯、走马灯,不一而足,但有一个共同点就是,灯里都要摆放蜡烛,供晚上活动用。这些灯叫散灯,一般都是小孩用。晚上点上灯游街,忽上忽下,忽高忽低很是好看。但光有小孩的活动,没有大人的参与,大人们当然也感到寡味,因此,孝顺的迎花灯还有耍龙(调龙)的活动,比小孩的迎花灯气派多了。整个过程有时要到第二天的凌晨才能结束。

(2)上叶村赛龙舟 赛龙舟是金东区沿东阳江(又称义乌江)一带村庄的传统民间风俗活动。这项活动带有鲜明的地域风情色彩。

上叶村曾有建于元至正年间的"龙舟阁",内有碑记。1999年10月成立了龙船会,在金华县政府的关心支持下,成立了龙舟队,购置了两条龙舟。2002年,上叶村村民重修了龙舟阁,使这一民间风俗活动得到恢复和延续。上叶村龙舟队曾代表金华市参加省内的赛龙舟活动,获得过好名次。

(3)让河街迎花树 每年正月十一举行的让河街迎花树,是孝顺传统的民间习俗。这一习俗源于明嘉靖年间,传说那时让河村一带洪涝灾害频繁,民不聊生,人们上山采撷鲜花举行祭祀仪式乞求神灵护佑,从此风调雨顺,五谷丰登。另一说法是,明末清初的让河街已是一个商贸繁盛的村落,在村中心有一个花园,栽有很多茶花,春节时游客和拜年客都很喜欢到这里看茶花,于是村里就在花园边建立一个厅堂,叫"茶花厅"。村庄里的红白喜事都在这里举行。春节期间,人们把自己种植的茶花拿到厅里让人观赏和采摘,但种植的茶花树开的花往往满足不了大家的需求,后来就演变成用手工制作各类的花来代替茶花让人观赏和"抢摘"。

旧时有初三、十一不择日的说法,即每月农历的初三、十一都是黄道吉日。为了让村民过一个愉快的春节,就定了农历正月十一为迎花、抢花的日子。迎花活动分制作、集合、道士念经、迎花、抢花几个程序。过了正月初六,男人们到山上砍常绿树的大枝条,女人们采购彩纸绞尽脑汁设计花型,流传至今,制花水平已不断提高,品种繁多,式样更加美观。正月十一那天,各家迎出自己精心制作的花树,在茶花厅前集合,另外还有一树特别大的"娘花"。霎时整个让河街成为鲜花的海洋,五彩缤纷,热闹得很。集合后由道士念经、点水,意为让纸花变成真花。9时30分开始迎花,"娘花"带路,浩浩荡荡,锣鼓班吹吹打打,甚是热闹。抢花是迎花活动中的高潮，以"放铳"为抢花信号，人们为了讨个吉利，让亲人高兴，都很起劲地抢花，特别是年轻人。

2007年，金华市公布了首批非物质文化遗产代表作，"让河迎花树"名列其中。

（4）中柔村迎花烛　孝顺镇的中柔村是唯一搞迎烛活动的村子。中柔村是大村，被分成3个行政村，村内有4个花烛、4条龙。花烛用木头雕制，很精细。以往注重宗族，以房头为单位，有6个花烛；现在以行政村为单位。大的行政村有2个花烛、2条龙。迎花烛是为了消灾。旧时迎花烛，村里有"消灾会"，消灾会执事轮流，轮到执事的人，年三十还可以吃荤，从年初一到十二必须斋戒吃素。中柔村的迎花烛在正月初十举行。花烛到谁家门口，谁家就燃放爆竹；谁家爆竹一响，花烛就要停下，等放完才能离开，让沿途各家都有讨取吉利的机会。迎好花烛之后，几个花烛抢先放到本保殿，谁放得快，谁的运气会更好些。活动结束，花烛放在本保殿里供3天，然后各自把花烛抬回到各房头（现在各行政村）安放。迎花烛的经费由"消灾会"负责，会中有田，开支由会田收入支付。现在，活动主要由村民赞助支付。

（5）孝顺城隍庙庙会　孝顺城隍庙位于孝顺老街下街村，坐北朝南。农历九月初六为城隍爷的生日，十月十五是城隍爷的逝世之日，后者举行出巡仪式。庙会期间，在寺庙内进行庄重的宗教活动，还请戏班子来唱戏。当地居民家家户户接亲戚唤朋友来家做客，摆酒席招待客人，附近村庄的老百姓从四面八方赶来看戏，很是热闹，像过节一般。许多生意人看到其中的商机，纷纷来此设置摊位，销售货物，庙会也带动了物流和商流。

（6）楼下殿庙会　历史上楼下殿庙会特别热闹，除了演戏，还有赛龙舟和斗牛。斗牛活动从农历五月十三开始，十天一角（即十天组织一次斗牛活动），一直到农历八月十三止。现在，这里建有楼下殿公园，演戏和斗牛活动仍被沿袭。楼下殿斗牛是金华斗牛的分支。金华斗牛始于宋明道年间（1032～1033年），积习相沿，经久不衰，并与庙会相结合，是带有东方文明独特魅力的民间游乐活动，其风情可与西班牙斗牛相媲美，被称为"东方一绝"。鲁迅早期即为金华写过斗牛文章。他在《观斗》一文中写道："看今年《东方杂志》才知道金华又有斗牛，不过，和西班牙却是两样的，西班牙是人和牛斗，我们是使牛和牛斗。"参斗之牛，头扎彩牌，戴金花，身披红绸、插彩旗，锣鼓开道，鞭炮轰鸣，热闹异常，场面非常壮观。

（7）关帝庙庙会　低田关帝庙是建在水路交通的要道上。低田很早以前是一个重要的渡口，许多地方的货物从这里上岸、下水，在这里车船往来，川流不息，商贾云集。故在此建有"云集寺"。这里的庙会与其他地方不一样，一年有两次。第一次在农历正月十五。因这里的人原是生意人，到了正月十五，大家就要开市做生意，开市之前在关帝庙进香祈愿，图个平安吉利。第二次庙会在农历五月十三日，这一日属通例庙会。称这一天为"关老爷磨刀"，一般情况下还会降点雨。

（8）低田"讲大话"故事会　低田村有两个重要节日，一个是正月十五，一个是农历五月十三，都要把他们信奉的"关老爷"抬出来膜拜一番，这两个日子走亲戚都得吃斋饭，聚会的唯一乐趣就是听人讲南腔北调的民间故事及笑话，当地人管笑话故事叫"讲大头天话"。

低田村是有名的"民间故事村"。很多民间故事在村民口头流传，村里的男女老少都会讲故事，有些老人肚子里的故事，三天三夜也讲不完。低田村故事内容范围很广，有找宝藏历险的，有劝婆媳和睦的，有讲诚信做人的，有讽刺取笑的，有插科打诨的。

低田村"讲大话"故事会名声在外，曾经有日本学者专程来村里收集民间故事，部分故事还收录到德国学者艾伯华编著的《中国民间故事类型》一书中。

（9）物资文化交流大会　孝顺镇的物资交流大会始于 1954 年，2004 年 12 月 1 日起把物资交流大会改名为物资文化交流大会。

物资交流大会的宗旨是"物资交流、促进经济、购物为主、共享和谐"。物资交流大会原为农村丰收后农民对农产品等物资的调剂，主要为解决农村商业网点布局和发展相对滞后的局面，进行集中购买和"赶大集"，满足农村特定的消费习惯。随着经济的发展，农民生活水平的提高，物资交流会的内容和物品也不断充实和变化。每年举办的物资交流会上，闻讯前来的大小商家纷纷云集，抢抓机遇，占领市场，各类商品物资应有尽有，成为农民群众消费的首选购物场所。参加物资交流大会的客商来自周边省市等地区，会上有各种餐饮小吃、日常用品、家电产品、蔬果批发零售等摊点，品种齐全，类别繁多。物资交流大会让当地群众津津乐道的不仅仅是进行了广泛的物资交流，期间，他们还享受到了剧团送来的优秀婺剧、镇政府组织的各类文娱宣传活动等精神文化大餐。物资交流大会集物资交流、农产品展示、农民文艺会演、文化宣传为一体，既满足了周围农村群众的物质、文化需求，方便了群众的生产生活，促进了农村商贸流通，也带动了第三产业的发展，提升了孝顺镇的对外知名度。

物资交流大会除了一般的物资交流外，在孝顺还有其特殊的内涵，被称为孝顺的"三个年"之一。在一年一度的物资交流期间，当地人们杀鸡宰鸭，家家摆宴，邀朋请友，热闹非凡，红红火火。一年劳作之后，人们借此机会，放松身体，外地的亲朋好友欢聚一堂，叙亲情话友谊，共享丰收喜悦，其乐融融，成为比春节还隆重热闹的节日。

四、企业文化与校园文化建设

1. 孝顺镇的企业文化

孝顺镇是浙中的一个经济强镇，企业不仅数量较多，规模也较大。孝顺镇的企业之所以发展比较强劲，与他们重视发展企业文化是分不开的。从浙江金一电动工具有限公司培育先进企业文化之路就可以看出孝顺镇的企业是怎样建设自己的企业文化的。

为促进企业又好又快发展，浙江金一电动工具有限公司紧紧围绕企业经营管理理念这个核心，培育独具特色的先进企业文化，并让恪守诚信、塑造品牌的经营文化，带出先进的团队文化、员工文化、管理文化。同时，通过企业文化为企业提供快速发展的精神动力，把企业和员工凝聚成命运共同体，向社会展示企业良好形象来彰显企业文化，不断提升企业的核心竞争力。并从坚持党的领导、提高企业领导的素质、尊重职工主体地位、弘扬企业精神、造就学习型企业，打造企业先进文化，不断创新企业文化建设。

首先，围绕企业经营理念，培育独具特色的企业文化。金一公司的精神是"诚实守信，勤奋务实"，金一公司的理念是"以人为本，同心创业"，金一公司的方针是"团结敬业，务实创新，开拓进取，优质高效"。一是建设恪守诚信、塑造品牌的经营文化；二是建设团结拼搏、快捷高效的团队文化；三是建设以企为家、爱岗敬业的员工文化；四是建设以人为本、人尽其才的管理文化。

其次，发挥企业文化的独特作用，不断提升企业的核心竞争力。企业文化建设提升了员工的综合素质，成为直接推动金一公司做大做强、实现跨越式发展的强大精神动力，把企业和员工凝聚成命运共同体，向社会展示企业良好形象。

再次，打造企业先进文化，创新企业文化建设的举措和效果。

2. 孝顺镇的校园文化

校园是培育整个社会文化的基地，特别是中小学的校园，因为它是中小学生一生中学知识、学文化的最初接受地。孝顺镇的校园文化建设，正是在深刻领会和理解了这一重要意义的基础上开展起来的，而且建设得颇有特色。

（1）在德育为先的基础上，注重全面育人　首先，德育为先。德育是一切教育的根本，是整个教育工作的基础，是抓好学校教育工作的灵魂。孝顺镇中心小学在平时的工作中，注意并善于捕捉德育教育的契机，陶冶学生心灵效果特佳。"教学生如何做人"更是贯穿在整个教育教学工作之中。

其次，身教重于言教。要搞好学校的德育教育工作，教师是关键。定期组织教师参加政治学习，引导青年教师树立正确的世界观、人生观、价值观，正确处理好生活与工作、个人与集体、自己与他人等关系。并通过座谈、写心得、演讲比赛等方式，把道德规范内化为自觉的道德行为，让教师成为学生的表率。

再次，为了提高青少年学生德育教育的针对性和实效性，学校提出了打造一支队伍即班主任队伍，建设一个集体即班集体，营造一种文化即校园文化，开展一系列德育活动的目标和要求。特别是在开展一系列德育活动方面，创造性地开展了丰富多彩的德育教育活动。

最后，开展"育有教养之人"德育新模式研究，从"孝亲尊师，文明礼貌，诚实守信，勤奋俭朴，敬业乐群，爱国爱民，律己宽人，热心环保"八个方面对学生进行基础道德和基本行为规范教育。把每学期第一周定为"行为规范教育周"，每个月分别规定为：1月、5月，勤劳俭朴月；2月，文明礼貌月；3月、9月，孝亲尊师月；4月、7月、8月，热心环保月；6月，敬业乐群月；10月，爱国爱民月；11月，诚实守信月；12月，律己宽人月；对每一个月的教育活动，都提出具体要求。具体做法是：按低、中、高年级分别制订具体标准，由学生本人、同学、父母、老师对该项内容评分，得分为75分的学生佩带三星章，每高5分加一颗星。这样，学生在评比、争星的过程中，懂得了怎样孝亲尊师，良好品德也就逐步养成了。

（2）努力办好家长学校，实现学校教育与家庭教育相结合　教育是一项复杂的社会工程。完美的教育应由学校、家庭和社会共同构建而成。从1995年起，孝顺镇中心小学在金华市范围内首批创办了家长学校，并积极开展研究和探索"以学校教育为主体，以家庭教育为基础，以社会教育为依托的学校、家庭、社会三结合的教育模式"，把家长学校作为主要阵地，传授家庭教育知识，帮助家长转变教育观念，把学校教育与家庭教育紧密地结合起来。通过抓思想建设，形成共识；通过抓组织建设，保证家长学校工作正常进行；通过抓规章制度建设，使家长学校的正常工作做到有章可循；通过抓教师队伍建设，提高教学水平；通过抓教材建设，为教学提供凭借；通过抓课题研究，提升教学质量。

（3）把孝德文化纳入校园文化建设之中，从小培养孝德风尚　在孝顺镇的中小学里，孝德是教育学生的启蒙道德。孝顺镇中心小学曾在全校师生中开展了一个写孝顺儿歌的活动，不仅对青少年学生进行了孝顺父母的道德教育，也丰富了校园文化的内容。学校不间断地在学生中开展孝德文化教育，就把孝德文化纳入了校园文化的建设之中，使孝顺人从小培养起孝德风尚，使孝顺镇的孝德文化代代相传。此外，孝顺镇还于2005年办起了老年大学。

五、孝顺镇文化建设的主要经验

1. 创新载体，营造宣传氛围把文化建设融入到新农村建设的各项事业之中，注重文化建设与各项建设事业的融合

孝顺镇在经济社会快速发展的基础上，着眼于长远的发展，高度重视宣教阵地建设，十分注重创新，结合本镇实际，积极创办和实施了《孝顺之声》和《孝顺信息》两大新的宣传阵地。《孝顺之声》是凭借覆盖全镇的有线光缆，在广播中心站中添置一套完整的播音设备，由当地学校老师及镇干部兼职担任编辑与播音员，突出把政府的声音在第一时间灌输到村民中去的服务性办台宗旨。该自办广播栏目开通以来，内容丰富，受到了广大干部群众的好评。还建立了"五位一体"的信息化工程即门户网站和电子政务、视频会议、电子监控、农村党员干部现代远程教育、农民信箱等，利用信息化工程全方位培训教育干部；此外，建立全镇党员和村民代表电子档案，利用农民信箱不定期编辑防腐信息到每位党员干部手机、电话里，提醒党员干部在执行公务期间，要廉洁公正保持党员干部的良好形象。

另外，以提高全镇人民的思想道德素质和科学文化素质为核心，以贯彻《公民道德建设实施纲要》为主线，高扬一个主题，只有"孝心、孝行、孝天下"，才能"顺风、顺水、顺潮流"，突出以"孝顺"为中心的文化总主题，加强新农村建设，构建和谐社会。

积极推行赡养公示，在新农村建设中，狠抓"乡风文明"，把农村精神文明列入重点议程。对各村年满60周岁以上老人的子女赡养义务履行情况进行客观公正的了解和评价。"慈善爱心超市"在建立镇领导小组和制订各项规章基础上，也已正式挂牌"营业"。这些都取得了良好的社会效应，真正形成了"孝顺人更孝顺，孝顺人讲孝德"的共识。

2. 拓宽阵地，加强文化设施和队伍建设，在物质生活提高的同时，及时促进文化的发展大繁荣

随着经济的发展，物质生活的改善，广大群众迫切需要提升生活质量，满足精神文化生活的需求。孝顺镇党委在提高群众物质生活水平的同时，适时提出了"文明素质美农村"工程。该工程紧紧围绕"孝德"、"职德"、"公德"三德教育，下设三个子工程：家庭文明工程、职业文明工程、村落文明工程。尤其以实施"家庭文明工程"为核心，重点突出"孝顺教育"，发扬尊老爱幼、孝顺长辈的良好风尚。同时，在企业、学校中也开展极具特色的企业文化、校园文化。通过文化大繁荣，逐步树立起"文明开放，进取实干，团结孝顺"的孝顺镇风，进一步巩固和发展"心齐、气顺、风正、劲足"的孝顺民风。

3. 挖掘村落文化，推动新农村建设，因地制宜，因势利导，培育民众喜乐观的特色文化

社会主义物质文化的快速发展，使人民群众对政治文明、精神文明的需求日益增长，在实践中寻找传统优秀文化与现代乡风文明建设的切入点，把各种教育资源通过制度创新，实践创新使她与农村"三个文明"建设与和谐村落文化的构建统一起来。重视传统文化元素的挖掘，对传统文化元素用各种形式加以发扬光大，注入新的时代内容，使之与新时代新潮流融合，颇具时代感、乡村特色和历史风韵。

4. 必须既继承传统，又及时赋予改革开放的时代内涵

在孝顺人看来的孝，不仅是传统的又是现代的，是大孝、是孝敬祖国、遵纪守法、孝敬人民，忧乐与共、孝敬自然、崇尚科学，孝敬长辈、互爱互助。

孝顺以"孝顺"文化为主题，加强农村生态文明建设，构建和谐社会。只有家庭和谐，才能实现村镇、县市、省以至于国家的和谐。所以非常注重"孝德"文化的教育与传播。同时以村落主题提炼凝聚村落人心，增强村民的向心力。无论是下范村的忧乐文化、车客村的清廉文化、余宅村的富民文化、夏宅村的和善文化，还是后店和叶家的名人文化、马腰孔和孔宅的孔子文化、溪边金的宗词文化，村落文化所表现的是由祖训、村规、民约等构成的一种文化精神，它可以使村民拧成一股绳，齐心协力发展村庄的各项事业。另外，还积极培育先进主流文化，与以人为本的社会发展目标相一致，围绕先进文化的传播，组织开展形式多样的文体活动。积极引导农民主动参与，积极探索、大胆创新，丰富活动载体，为农民制造更多施展个人艺术才能，实现自身的价值的舞台，引导农民主动自主参与，展现自己的才能和水平，让更多的群众参与文化、享受文化果实。让积极向上的群众性文化活动，占领文化阵地，不断转变农村的良好风气，使孝顺这颗"浙中明珠"放射夺目光芒。

5. 文化建设重在落实

孝顺文化建设所取得成就，关键在于三"重"。第一，重在落实。所有这些"文明素质美农村"工程中的做法创新，都应该重在落实。第二，重在提升。一些具体的工作，如不提升，工作效果就老是停留在原有水平上。第三，重在文化。在"文明素质美农村"过程中，把一些好做法变成一种文化就容易被群众接受。如塘湖村把"清源庙"化为一种道德文化，车客村把严子陵的"清高"、"廉洁"化为一种"清廉文化"，就如同"爱心行动"化为"爱心档案"，这也就成了文化。这在农村生态文明文化建设中是一种很好的借鉴。

任 重 道 远
——社会建设构建和谐新局面

生态文明的社会建设是以生态文明观为指导，对人类一切生存和发展活动赖以进行的结合体本身进行的"建设"。 在迈向生态文明社会的过程中，必须根据不断发展的形势和出现的新问题，有针对性地发展各方面社会事业，建立和优化与不同时期的经济结构相适应的社会结构。

环 境 友 好
——社会发展的目标

一、资源节约型社会建设

生态危机在很大程度上是由于人们在工业文明理念的引导下对资源能源的过度耗费而引起的。推进生态文明的社会建设，首要而重要的是要响应党的十八大"全面促进资源节约"的号召，"坚持节约优先、保护优先、自然恢复为主的方针，着力推进绿色发展、循环发展、低碳发展……"加强节约型社会建设。

节约型社会指在社会生产、流通、消费的各个领域，在经济和社会发展的各个方面，通过健全机制、调整结构、技术进步、加强管理、宣传教育等手段，切实保护和合理利用各种资源，提高资源利用效率，以尽可能少的资源消耗获得最大的经济效益和社会效益，实现可持续发展。建设资源节约型社会，其目的在于追求更少资源消耗、更低环境污染、更大经济效益和社会效益，实现可持续发展。我国国情决定了中国必须要走节约型之路，中国是个人口大国，如果按照美国以占世界不到5%的人口，消耗世界25%的能源资源现行状况来看，中国人均要达到这个水准，意味着要把全世界的能源资源都拿来，这显然是不可能的。我们唯一的出路，就在于注重能源资源最优化原则，厉行节约，尽可能提高资源利用效率，以较少的资源消耗满足人们日益增长的物质、文化生活和生态环境需求。

二、环境友好型社会建设

环境友好型社会是一种以环境资源承载力为基础、以自然规律为准则、以可持续社会经济文化政策为手段，致力于倡导人与自然、人与人和谐的社会形态。

建设环境友好型社会需要环境友好型产品、环境友好型服务、环境友好型企业、环境友好型产业、环境友好型学校、环境友好型社区等，也需要多种要素，如有利于环境的生产、生活和消费方式，无污染或低污染的技术和工艺，对环境和人体健康无不利影响的各种开发建设活动，符合生态条件的生产力布局，人人关爱环境的社会风尚和文化氛围等。这意味着要在社会经济发展的各个环节遵从自然规律，节约自然资源，保护环境，以最小的环境投入达到社会经济的最大化发展，形成人类社会与自然不仅能和谐共处、可持续地发展，而且形成经济与自然相互促进，建立人与环境良性互动的关系。

首先，环境友好型社会的核心是建立环境友好型经济发展模式。生产力水平和生产活动的组织方式决定了经济基础，进而又决定了上层建筑。所以，经济发展模式的优劣直接影响着社会发展形态的性质和方向。环境友好型经济发展模式的首要任务是实现低资源能源消耗、高经济效益、低污染排放和保护生态，也就是说要大力发展循环经济。

其次，环境友好型社会的保障是建立绿色政治制度，包括全面协调和可持续的科学发展观、全面的政绩观和环境与经济综合决策机制，这都是建设环境友好型社会的最高制度保障。只有这些基本制度建立和落实好了，政府才可能进一步制定和实施绿色国民经济核算体系、绿色政绩考核制度、绿色贸易政策和绿色财税金融政策等环境友好型的管理制度和政策。

再次，环境友好型社会的价值基础是树立生态文明观和发展先进的环境文化。要建设环境友好型社会，必须先建立超越传统工业文明观，使人类在经济、科技、法律、伦理以及政治等领域建立起一种追求人与自然以及人与人之间和谐的对环境友好的价值观和道德观，并以生态规律来改革人类的生产和生活方式。

最后，环境友好型社会的技术支撑是科学技术的不断发展。人类科技发展史充满了对抗自然和征服自然的思维，科学技术的二律背反性一方面丰富了人类的物质财富，另一方面加剧了人类对自然的不合理利用，导致了自然界对人类报复性的反应。环境友好型社会需要突破传统的科技进步的逻辑思维方式，科技进步的新思维应着眼和立足于人与自然的共生和共存，而不是对抗和征服。传统工业文明科技指向了稀缺、污染、不可持续的资源范围，而生态文明观指导下的现代科学技术应该是指向丰裕、清洁、可持续利用的资源范围。

就中国而言，环境友好型社会的基本目标就是建立一种低消耗的生产体系、适度消费的生活体系、持续循环的资源环境体系、稳定高效的经济体系、不断创新的技术体系、开放有序的贸易金融体系、注重社会公平的分配体系和开明进步的社会主义民主体系。

三、生态社区建设

生态社区强调人群聚落（"社"）和自然环境（"区"）的生态关系整合，是居民家庭、建筑、基础设施、自然生态环境、社区社会服务的有机融合，它是一种经由规划设计者、房地产开发商、政府部门、社区居民、物业管理部门（社区居委会）等各利益相关主体的协同努力所实现的一种"舒适、健康、文明、高能效、高效益、高自然度的、人与自然和谐以及人与人和谐共处的、可持续发展的居住社区。"

当前我国政府大力推动社区建设，借助民间方兴未艾的建设热情，全力推动构建生态型社区，对于建设生态文明，解决生态破坏及环境污染问题，将发挥着不可或缺的重大作用。生态社区建设有利于实现生态建设、社会建设和人自身发展的统一，是缓解世界各国所面临严峻的人口、资源、环境和生态压力的必然选择，也是中国在推进城市化和工业化进程中的必然选择。

四、生态和谐社会的构建

人与自然的关系是以人与人及社会的关系为中介的。因而，要建设人与自然处于和谐关系之中的资源节约型、环境友好型社会、生态社区等，就必须处理好人与人之间的关系，实现人与人之间关系的和谐，大力构建生态和谐社会。

进入 21 世纪后，党的十六大和十六届三中全会、四中全会，从全面建设小康社会、开创中国特色社会主义事业新局面的全局出发，明确提出构建社会主义和谐社会的战略任务，并将其作为加强党的执政能力建设的重要内容。党的"十六大"报告中更是第一次将"社会更加和谐"作为重要目标提出，意指一种和睦、融洽并且各阶层齐心协力的社会状态。2004年9月19日，党的十六届四中全会正式提出了"构建社会主义和谐社会"的概念。随后，在中国，"和谐社会"便常作为这一概念的缩略语。2005年以来，中国共产党提出将"和谐社会"作为执政的战略任务，"和谐"的理念要成为建设"中国特色的社会主义"过程中的价值取向。"民主法治、公平正义、诚信友爱、充满活力、安定有序、人与自然和谐相处"是和谐社会的主要内容。和谐社会的和谐就是指：个人自身的和谐；人与人之间的和谐；社会各系统、各阶层之间的和谐；个人、社会与自然之间的和谐；整个国家与外部世界的和谐。和谐社会有着民主法治、公平正义、诚信友爱、充满活力、安定有序、人与自然和谐相处等显著特征，其目标就是生产发展、生活富裕、生态良好。

随着生态正义、生态公正以及社会公平的践行与推进，生态和谐社会进而生态文明的社会建设进程必将得以大幅推进。

创 新 治 理

——绿色社区的实践

半山花园社区成立于 2001 年，坐落在全国文明城市安徽省马鞍山市中心，紧邻林木翠绿的雨山和碧水荡漾的雨山湖。这里浓缩了马鞍山市山水之都、古韵诗城的秀丽风景和文化传承，依山而建的群众文化广场，在喷泉、花坛映衬下，更显得社区环境优美、宜业宜居、平安和谐。

一、社区概况

半山花园社区是由半山花园、荷西嘉园、珍珠西园等七大生活小区组成，面积约 36 万平方米，居民楼 152 栋，居民 5300 余户，常住人口 1.8 万余人，社区绿地面积约占36.8％。社区布局合理、设施完善、管理有序、邻里相处和谐、文化生活丰富、居民自治能力强。中央领导视察半山社区时，对社区创建工作给予了高度评价。半山社区先后荣获"全国文明社区"、"全国先进基层党组织"、"全国敬老模范社区"、"省文化特色社区"、"省充分就业社区"、"省绿色社区"等百余项国家、省、市、区荣誉称号。

半山花园社区在创建和谐社区的过程中，以生态文明建设为引领，以打造共同的绿色和谐家园为目标，着力提升社区居民服务，建设"温馨家园"；着力强化社区安全保障、营造"平安家园"；着力繁荣群众文化生活、打造"快乐家园"；着力践行核心价值观、构筑"精神家园"。通过打造"四个家园"活动，调动了居民主动参与社区管理的积极性，形成了"事情有人办、治安有人管、困难有人帮、活动有人抓"的良好氛围。社区服务居民功能进一步完善，服务水平进一步提升，人居环境进一步美好，文化生活进一步繁荣，邻里相处进一步和谐、党建工作进一步加强，社区文明和谐之花处处绽放、长盛不衰。

二、结合社区特点开展绿色创建活动

1. 新老小区采取不同方式

近年来，半山社区把绿色社区创建作为社区的重要工作来抓，建立长效机制，因地制宜，半山花园社区结合新老小区特长，如老小区环保"硬件"设施建设配套不全，小区环境存在脏乱差问题，小区居民又以中老年人居多，居民文化素质相对不高。而新小区环保"硬件"设施建设配套较完善，居民以中青年人居多，文化素质相对较高。

如何针对新老小区环境、居民素质参差不齐开展创建工作，采取对新老小区不搞一刀切，有针对性地对老小区主要以开展"改善环境，建和谐家园"创建活动。老小区环境差主要原因是居民不注意环境卫生，许多住楼上居民为了自身方便习惯从楼上直接抛撒垃圾，乱倒乱扔时有发生。半山社区根据这一情况，组织社区志愿者不间断地巡逻清理社区环境。对居民抛撒、乱扔乱倒的垃圾，自愿者不厌其烦马上捡拾起来，集中清运。半年后，居民们从当初的不习惯、不好意思，逐步过渡到自觉维护环境卫生，居民的卫生习惯发生了根本改变，乱抛乱丢垃圾现象在小区内基本杜绝。而对新小区主要以引导居民选择绿色生活方式，开展"选择绿色生活方式，建和谐家园"创建活动。由于创建工作具有一定的针对性，又与居民日常生活和健康息息相关，居民积极参与创建活动。通过几年创建，社区脏乱差环境得以彻底改观，绿色消费、环保选购、节能减排、低碳生活已成为居民日常生活习惯，绿色生活方式在社区蔚然成风。

2. 创新创建工作

社区在努力提高居民环境意识和文明素养的同时，对创建工作不断创新，与时俱进，持续改进。一是坚持绿色社区与其他创建工作有机结合。社区是城市细胞，社区工作千头万绪，任务繁重。注重把绿色社区创建同社区文明、健康、园林绿化等各项创建工作有机结合起来，创建内容相互渗透，相互补充，资源共享，因而避免了工作顾此失彼、穷于应付的局面；二是开展资源再生工作。根据目前马鞍山市对城市生活垃圾没有实行分类回收情况，在辖区内简单分设为可回收垃圾和不可回收垃，尽可能多的回收可回收垃圾，使再生资源得到充分利用。同时，充分利用可用资源，如用收集的雨水灌溉草坪，居民生活一水多用等，居民在这一举手一投足之间养成节约资源的良好习惯。三是在社区小学开展绿色学校创建活动，在幼儿园开展绿色小天使活动，以小手牵大手形式开展环境教育。对社区内绿地、树木实行挂牌居民认养，这些活动的开展既增强了居民的环境意识和文明素养，提高了居民参与环保积极性和主动性，又为我们今后开展创建工作积累经验。

3. 努力提高居民文明素养

创建绿色社区首要是提高居民的环境意识和文明素养，因为人们的环境意识和文明素养的提高将直接改变人们不良行为和生活习惯，大多数污染的产生和邻里纠纷都与环境意识和文明素养有直接关系。在新形势下，一味地说教宣传对提高居民环境意识和文明素养收效甚微。社区以节日"搭台"文化"唱戏"居民喜闻乐见、寓教于乐形式，长期开展文化活动来提高居民的环境意识和文明素养。通过长期文化活动开展，凝聚了人心，提升了居民的精神面貌，融洽了邻里关系，提高了社区文明指数，促进了人与人之间的和谐相处，实现了居民环境意识和文明素养的大幅提高。

4. 举办环保志愿者活动

社区设立爱心超市，环保志愿者每星期活动两次，利用居民捐献的旧衣服制成鞋垫等饰物，发放给困难人群。社区的旧横幅制成环保袋，废旧奶盒制成围裙、垃圾桶等，废旧电池常年回收。另外不间断的举办形式多样的环保活动，如快乐妈妈厨房秀、幸福妈妈时尚秀、时尚妈妈环保秀、百家百味庆"三八"、播放环保宣传片等，引导广大居民加强环保理念、提升环保意识。

三、打造"四个家园"，建设绿色和谐社区

1. 提升服务水平，建设"温馨家园"

半山社区居委会成员由居民直接选举产生，全部具有高中以上学历，其中大专以上占80%，获得助理社区工作师证书的达50%。

（1）社区组织机构健全、服务功能齐全　马鞍山市雨山区委、区政府历来重视社区建设，不断加大资金投入，社区组织用房面积达 800 平方米，设有"七室、两栏、一校、一场所"。社区办公设施配备齐全，实现了数字化、网络化办公，社区正常运行经费得到保障，工作人员享受"五险"社保待遇。

（2）当好居民的贴心人　社区工作千头万绪，服务居民是大事。当好居民的贴心人，做到有情必知、有求必应、有难必帮，是社区工作的首要任务。社区在全力打造就业指导、残疾帮扶、低保申请等公共服务平台的同时，不断拓展服务领域，创新服务内容，让服务更加贴近居民。创办社区草根刊物《半山绿韵》，定期免费发放给居民，让居民及时了解社区最新服务内容、活动动态。建立社区 QQ 群，不仅方便居民表达意见建议，参与社区管理，也搭建了社区及时解答居民疑问、更好服务居民的新平台。

（3）服务居民就业创业　社区采取多种服务方式，通过多种渠道寻求用工信息，帮助下岗失业人员实现就业。每年举办不少于 6 期的创业、就业培训班，邀请辖区创业成功人士与失业、无业人员面对面交流。组织失业人员实地参观创业场所，激发失业人员创业热情。目前，社区就业率达 96.8%，连续 9 年荣获省、市再就先进社区。

（4）爱心帮扶全覆盖　随着老年人逐渐增多，社区创新建立养老服务社会化网络，推行居家养老模式，实行"重病住院老人必访"、"孤寡老人必访"、"新迁入老人必访"等"五必访"制度，主动帮助老人解决生活中遇到的困难。为 70 岁以上老年居民发放"老年免费理发卡"，会同辖区卫生服务站为 60 岁以上老人建立健康档案，定期为老人体检，对部分行动不便的老人，免费上门送检。社区有残疾居民 126 人、孤寡空巢家庭 150 余户。平时加大对这部分人关爱外，还成立了爱心助老帮扶站，实行"一对一"帮扶全覆盖，并将每月 20 日固定为"空巢老人"唠嗑会，搭建与老人心灵沟通的桥梁，送去人文关怀，让他们在活动中找到自信，让他们在交流中感受到生活的美好，使他们真真切切感受到社区大家庭温暖。

2. 强化安全保障，营造"平安家园"

安居才能乐业，安定才能和谐。半山社区采取多种有效措施，发动群众群防群治、自治自管，努力打造"平安家园"。辖区治安状况良好，无重大刑事案件和重大责任事故发生，无恶性群体性上访事件。先后被市、区评为"安全社区"、"平安社区"和"无毒社区"。

（1）建立治安防范长效机制　每 60 户左右设立治安中心片，选举产生中心片长；在每个楼栋设立治安中心组，选举产生治安中心组长。中心片长、治安中心组长除负责社区日常的治安防范工作，还肩负社区信息收集员、安全防范知识宣传员、邻里纠纷调解员、综合整治工作巡查监督员的任务，及时把居民们的所思、所盼、所急反映到社区，跟踪推进问题解决，通过各项治安防范活动的扎实开展，同心协力保社区平安。

（2）义务治安巡逻队成品牌　半山社区成立了社区义务治安巡逻队，守护着社区的平安。不管刮风下雨，无论天冷天热，义务治安巡逻队一年 365 天都有队员们在小区里巡逻，为邻居看门望锁。一旦邻里之间出现纠纷，各楼栋治安中心组长便上门做化解工作，让"矛盾不出楼"。对于个别解决不了的矛盾，则由社区人民调解委员会出面再行调解，把小纠纷、小冲突解决在基层，让和谐之风始终荡漾社区。

（3）推进综合治理　在做好日常治安防范的同时，社区还集中开展综治宣传月、"6.26"国际禁毒日宣传、"12.4"法治宣传日等活动。在老年学校开设普法课，在暑期开展未成年人自护知识讲座等平安教育，全方位、有针对性地推进综合治理，促进平安社区建设。

（4）重视居民健康工作　开展丰富多彩的健康教育活动，广大居民卫生意识不断提高，积极要求参加志愿者活动人员越来越多。大家选择科学、文明、健康的生活方式，摒弃陋习，做到人人参与整治环境，人人爱护环境，人人促进健康。目前，社区建立毒饵站740个、垃圾桶700个、保洁员30名。小区垃圾日产日清。定期开展灭鼠、灭蟑、灭蝇、灭蚊行动，有效保障了人民群众的身体健康。

3. 繁荣群众文化，打造"快乐家园"

"文化兴，百姓乐。"社区文化活动是广大居民日常生活的精神追求，是创建和谐社区的重要内容和载体。社区坚持群众文化群众办、办好文化为群众的宗旨，让欢歌笑语遍及社区内外，男女老少其乐融融共享快乐家园，增强了居民对社区的归属感和认同感。

（1）唱响社区"黄梅戏"　2003年初，辖区有几个黄梅戏爱好者经常聚在一起吹拉弹唱，自娱自乐。社区因势利导、主动牵头协调，很快成立了"半山花园严凤英黄梅戏票友社"。一方面请来市黄梅戏剧团专业人士为他们作艺术指导，积极为他们解决平时排练场所；另一方面经常组织他们开展演出，并以奖代补形式给他们一定的资金支持。如今该社团由最初十几人发展到目前80余人，票友社还吸引了南京、芜湖、安庆等地黄梅戏爱好者前来取经交流。2006年和2010年，分别举办了马鞍山市首届全国黄梅戏票友艺术节和第二届全国黄梅戏票友艺术节，共吸引全国10个省45个市县350多名票友，先后共演出12场。安徽省电视台"相约花戏楼"节目慕名而来进行节目录制。全国著名黄梅戏演员吴琼、张辉专程到半山花园社区与戏迷见面交流，极大地鼓舞了票友们的参与积极性。2013年还两次走进央视舞台。票友社成立以来，以弘扬优秀传统文化、丰富群众文化生活为己任，在宣传群众、教育群众、提升群众文明素质、促进邻里和谐等方面取得了明显成效。2014年6月，"半山花园社区全国黄梅戏票友艺术节活动"被命名为马鞍山市培育和践行社会主义核心价值观十大品牌活动。

（2）每年举办社区文化艺术节　将社区各类文体爱好者组织在一起成立专业协会，通过相互学习和促进，自编自导表演节目，从2006年起，每年一个主题，用一个月的时间举办"社区文化艺术节"，已举办9届。艺术节围绕"和谐生活、和谐社区"，开展了包括"和谐社区"音乐广场、"我爱我家"书画摄影展、"幸福家庭"趣味赛、"幸福之花"论坛、"文明之花"歌舞荟萃、"黄梅戏票友"专场演出、健康环保知识讲座等50多个项目系列文化活动。文化节不仅提高了居民的文明素养，展示了社区魅力文化活动成果，也展现了社区团结祥和、健康向上的精神面貌。

（3）利用节假日开展文化活动　借节日"搭台"，让文化"唱戏"。诸如春节送春联、元宵节猜灯谜、"五一"劳动者之歌朗诵会，"六五"环保日、科普活动周广场演出，重阳节老人登山，端午、中秋送粽子、月饼等，居民成为真正的"主角"，文化活动吸引众多群众参与，使广大居民在享受节日带给他们快乐的同时，也感受到社区文化活动带给他们的精神享受。

社区图书室藏书量达到2000册以上，有固定的青少年活动站和社区体育活动场所，社区参加全民健身的人口达50%以上，参加社区文明学校各类教育培训的人数达到本居住区居民的20%以上。文明楼院、文明家庭、卫生之家分别占管辖区总数的50%、60%、70%。

4. 践行核心价值观，构筑"精神家园"

社区党总支直管党员数647人，设有12个党支部，33个党小组。在半山社区，居民的事情自己做主。社区成立了居民代表大会、党员议事会、共建理事会、监督委员会、慈善互助会、人民调解委员会、老年协会、黄梅戏票友协会、居家养老邻里互助会、诗歌协会等20支居民自治组织和1900余人的居民志愿者队伍。群众自治组织，做到有章程、有计划、有制度，并依照法律和各自章程积极开展活动。

（1）积极创新党员教育管理模式　将每月10日固定为"党员论坛日"，所属12个党支部书记轮流当主讲人，通过入户走访、召开党员群众"唠嗑会"、对外设置意见箱、对内发放征求意见表等方式，广泛收集党员群众意见。截至目前，共收集居民意见建议792条，化解各类矛盾隐患345个，梳理出居民在生活、就业等六大方面220个问题，并逐一落实解决。先后举办了30余期党员论坛，参加党员3600多人次。论坛充分发扬民主，有效凝聚共识，初步实现自我管理、自我服务、自我教育、自我完善，有力推进了社区各项建设。并聘请10位论坛监督员开展监督活动，并根据参与活跃程度、建议质量高低、为民服务情况等，评选出社区年度"十佳论坛之星"。

（2）每年评选一次社区骄傲人物　以居民自推自评的方式，确定出各种类型的社区骄傲人物候选人，再以居民公投的方式，确定本年度的"和谐之家"、"文明之花"、"创业之星"、"奉献之树"、"健康之师"、"共建之友"、"爱心大使"、"创建大使"、"和谐之声"、"母爱之心"、"志愿之星"等多届各类社区骄傲人物，并在每年社区开展文化艺术节开幕现场为社区骄傲人物颁奖。

（3）每年评选一次社区"六好"居民、美德少年　通过上门入户宣传，由居民推荐，再对被推荐人的周边住户及家庭调查了解，确定"好丈夫、好媳妇、好婆婆、好妻子、好女婿、好居民"六好人员。并在社区每年组织举办的"庆三八"文艺活动现场表扬和颁奖。利用暑期夏令营活动为平台，开展老红军讲革命、老工人说故事、老干部说教育等方式宣传传统道德经典；请社区骄傲人物谈社会、家庭、事业等现代道德的经典，并推荐产生社区的美德少年。

（4）树立社区先进典型人物　在"好丈夫、好媳妇、好婆婆、好妻子、好女婿、好居民"评比活动同时，社区每年还评出"和谐之家"、"文明之花"、"创业之星"、"奉献之树"、"健康之师"、"共建之友"等一批社区年度骄傲人物。为进一步提升社区文明指数，弘扬社区先进典型事迹，树立先进典型人物。

（5）开办道德讲堂，占领精神高地　道德讲堂通过"身边人讲身边事、身边人讲自己事、身边事教身边人"，让居民在互动参与中感悟、认知、接受，进而提升内在修养，使社区居民成为道德讲堂的受益对象，实现自我教育、自我体验、自我完善和自我提高。道德讲堂至少每月一宣讲、每讲一主题的模式，在"我听、我看、我讲、我议、我选、我行"为主要模式的基础上，广泛开展群众易于参与、乐于参与的活动，举办了"十大社区道德之星"评选、"好丈夫、好媳妇、好婆婆、好妻子、好女婿、好居民"评比、"爱国诗歌朗诵会"等活动。目前，道德讲堂已举办20期，参加居民1800多人次。先后开设"党员要带头讲道德、讲文明、树新风"、"庆'六一'美德少年在身边"、"小讲堂讲述大道德"等主题活动。此外，进一步扩大讲堂辐射面，设立机动灵活的流动讲堂，社区还利用市民学校、黑板报、宣传栏、电子屏、小区楼道、先锋站点等宣传阵地，通过张贴宣传画报、发放宣传手册、建立网络交流平台等方式，大力加强文明礼仪宣传，推动先进道德理念入脑入心，进一步促进社区邻里和谐，推动社区"精神家园"建设。

四、持续开展绿色创建

1. 社区文化活动不可或缺

在创建实践中，社区文化活动是新形势下广大居民日常生活的精神追求，是创建绿色社区、和谐社区、文明社区的有效载体，同时也是引领社区居民以更高昂的热情参与社区各项工作的强大精神动力。

2. 做好社区工作要有好的领班人

半山花园社区环境和所住居民，跟别的社区没有什么区别，甚至好多方面还不如一些新建小区，而如今半山花园社区已从一个名不见经传的社区建设成为全市、全省、乃至全国知名社区。取得这些成绩是要有个好的领头人，社区党总支部书记、社区居委会主任，把社区当成了自己家，不记个人得失，一心一意为广大居民服务。几年来，带领社区"一班人"坚持以人为本，真抓实干，健全了一套好的工作制度，探索出一套好的工作机制，创建了一个好的社区工作环境，使社区各项工作稳步健康发展。2013 年 6 月，在安徽省环保联合会和安徽省环境保护宣传教育中心共同开展的安徽"十佳"环保人士评选活动中，半山花园社区党支部书记、社区居委会主任被评为安徽省"十佳"环保人士。

3. 绿色创建工作要与时俱进

创建绿色社区要紧跟时代发展步伐，不断创新，不断吸收诸如绿色消费、环保选购、节能减排、绿色生活、低碳生活等新的绿色理念，通过绿色社区创建，及时把国家绿色发展战略落实到社区、落实到百姓日常生活中。

秀美乡村

——农村发展的希望

近年来，浙江省桐庐县围绕打造"潇洒桐庐·秀美乡村"品牌，更新理念、大胆创新，以全域景区化的新理念、建设景点化的新标准、美丽乡村全覆盖的新要求、村美民富的新目标，全力打造"山水如画，人间仙境"的县域大景区，实现美丽乡村建设覆盖全县、惠及全民，为美丽乡村建设注入了新内涵，美丽乡村建设跨入了新阶段。

一、以景区的理念规划全县，以景点的要求建设乡村

1. 牢固树立"全域景区化"的美丽乡村建设新理念

桐庐县第十三次党代会报告中提出，要"依托独特的山水资源，以景区的理念规划整个桐庐，以景点的要求建设每个镇村，全力打造'山水如画、人间仙境'的县域大景区"的美丽乡村，在浙江省率先提出了全域景区化的美丽乡村建设新理念，为今后一个时期"潇洒桐庐·秀美乡村"建设注入了新内涵。

在这一理念指导下，桐庐县美丽乡村建设工作在着力推进农村生态人居体系、农村生态环境体系、农村生态经济体系和农村生态文化体系四大体系建设的同时，注重把握四个结合：一是与乡村旅游发展相结合，在加强农村基础设施建设的同时加强旅游功能和配套设施建设；二是与文化特色相结合，注重历史文化的传承与保护，注重凸显特色生态文化资源优势；三是与产业发展相结合，促进农业产业结构调整，延伸特色农业产业链；四是与农民增收相结合，正确处理村美与民富的关系，把农民增收致富摆在首位。

2. 正确把握"优美、秀美、甜美"的美丽乡村建设新方向

美丽乡村建设的根本是提升农民生活品质，做美环境、做强产业。因此，桐庐县在美丽乡村建设中，一是以统筹发展的要求，整合涉农资金项目资源，发挥农民主体作用，加大公共财政支持农村发展力度，完善农村基础设施和社会服务体系，深入开展农村环境连片整治，按照"五化一拆"的要求，全面提升农民人居环境品质，实现人居环境优美。二是按照突出重点、兼顾一般、分类建设、全面推进的要求，重点推进32个中心村建设和10个精品村，按照全覆盖的要求全面提升培育村，着力打造5条乡村风情带，形成乡村旅游的5条精品线路和5大金砖板块，实现乡村风景秀美。三是牢固树立"建设新农村与经营新农村并重"理念，按照"宜工则工、宜农则农、宜游则游"原则，优化农村产业结构，大力发展生态高效农业、农产品深加工业、农家乐产业和休闲乡村旅游业，推动农业生产经营形态多样化，增强农村集体经济造血功能，使"潇洒桐庐·秀美乡村"成为农民增收和农村经济发展的新源泉，促进农民持续稳定增收，实现农民生活甜美。

3. 积极探索"桐庐特色"的美丽乡村建设新路子

美丽乡村建设没有最好，只有更好；只有更高的目标，没有固定的模式。因此，桐庐县积极探索，在实践中，走出一条具有"桐庐特色"的美丽乡村建设新路子，闯出了一套"自己家园自己建、自己家园自己管"的新机制。

一是行普惠，阳光雨露覆盖全县。《桐庐县美丽乡村建设实施意见》（县委办〔2012〕100号）明确提出了美丽乡村建设全覆盖的目标和建设要求。

二是抓示范，打造精品亮点。推行美丽乡村建设"1＋1＋N"模式，即重点推出一批理念体制机制创新的示范村，一批能体现桐庐山水人文特色的精品村和N个有特色的培育村，使之成为2014年全县美丽乡村建设的新亮点。

三是重创新，破解要素瓶颈。莪山乡中门村在中心村建设中严格一户一宅，大力开展旧村拆迁安置，有效破解土地瓶颈难题；钟山乡大市村结合土地综合整治，多渠道、多形式安置拆迁户，成功解决中心村建设"钱从哪里来、地从哪里来"的难题。瑶琳镇永安村利用紧靠分水小城市的区位优势，超前谋划，新建安置点全部实行排屋式与公寓式安置相结合。

四是求突破，积极开发乡村旅游。重点扶持乡村度假型、依托景区型、文化村落型、农业观光型、城郊休闲型、红色经典型、美食体验型、民俗风情型八大类乡村旅游产业的发展，全力打造长三角乡村旅游目的地。以开展"中国休闲乡村旅游季"为契机，虚实结合，既有乡村旅游春夏秋冬的四季产品，又有春日赏花季、夏日亲水季、秋日养身季、冬日美食季，展示休闲乡村桐庐版的组合式图景，把"中国休闲乡村旅游季"打造成桐庐乡村旅游的"国字号"品牌，展现现代版"富春山居图"——中国画城·潇洒桐庐。

4. 合力形成"多元投入"的美丽乡村建设新机制

美丽乡村建设需要投入大量的资金，尽管各级财政集中有限财力对美丽乡村建设给予了重点投入，但从长远看，不足以支撑整个美丽乡村建设的需求，因此，必须建立多元投入的新机制。

一是稳定财政资金投入。在财政形势较为紧张的情况下，对中心村和精品村，县财政按照杭州市级补助资金额度，给予1∶1配套补助。对培育村，在原有各部门建设项目资金不变的基础上，县财政每村3年（2012～2014年）安排不少于100万元补助资金，其中2013年安排30万元，2014年安排40万元。对行政村撤并个数多、人口多的26个培育村，适当增加补助额度。

二是鼓励社会资金投入。桐君街道君山村首创"自己的家园自己建、自己的家园自己管"，引导社会力量参与美丽乡村建设的"君山模式"，在全县起到了很好的示范带动作用，吸引了大量社会资金参与美丽乡村建设。如钟山乡子胥村在外从事快递企业的人员，2012年为村里美丽乡村建设捐资500余万元，建成了申通大礼堂、村老年食堂、村办公和服务中心，2014年捐资500万元建设困难人群集聚公寓房。

三是倡导农民自身投入。钟山乡大市村原计划安排36亩土地用于龙家山、长丘田、新村、赖田坞4个自然村225户、630人的集聚安置，经村里创新思路，大力度拆除大市老村破旧房，除用于建造18幢公寓房和56幢联建房外，可新增建设用地71亩，同时节约原计划用地36亩。用地指标经政府回购后，可增加中心村建设资金2000余万元。

5. 扎实推进"村美民富"的美丽乡村增收新举措

美丽乡村建设，村美是手段，民富是关键。在美丽乡村建设中，把村美与民富有机统一贯穿于始终。

一是强化村貌悦目特色美。在建设质量上，工程建设牢牢把握"精致、精细、精品"的要求，秉持桐庐县城市建设"不以规模拼大小，只以精致论高低"的建设理念，以景点的要求来规划建设每一个村庄。在建设重点上，围绕人口集聚、产业带动和公共服务辐射能力的培育来建设中心村；围绕突出体现特色，注重历史文化的挖掘与弘扬传统人居文化中的生态理念，依托山水资源，精心设计载体，形成"一景、一业、一貌、一品"的精品村；按照"全域景区化"和"全覆盖、可持续、出精品、出形象"的要求，实现生活污水处理设施、美丽庭院、大树进村、安全饮用水、文体活动场所全覆盖来建设培育村。

二是强化产业发展。美丽乡村建设"四美"要求中最重要也是难度最大的是"创业增收生活美"。在中心村、精品村建设中，按照"什么挣钱种什么"的思路，要求各村在项目资金安排上，将补助资金的 30% 用于产业发展。特别是精品村建设中，旅游部门提前介入，在发展乡村旅游产业上帮助出谋划策。

三是强化创新举措。2011 年加大投入，成功地建设了阳山畈、环溪、荻浦等全省美丽乡村的精品样板，2012 年对环溪、荻浦、芦茨、阳山畈、新丰等村的乡村旅游开发实行县领导重点联系推进，由一个县领导领头一个村的乡村旅游开发，向市场推出的"4+1"（即4 个精品村加 1 个特色村）美丽乡村游项目在"中国乡村旅游季"上隆重亮相，市场反应良好，初见成效，真正体现村美、民富，开启了桐庐乡村旅游的新篇章，实现美丽乡村建设的新蝶变。

二、建设"风情阳山畈"

"舍南舍北皆种桃，东风一吹数尺高。枝柯蔫绵花烂漫，美锦千两敷亭皋"，这就是阳山畈村的真实写照。阳山畈村现有农户 294 户、878 人，2013 年农民人均纯收入 18590 元。因盛产水蜜桃和连续举办"山花节"，故有"世外桃源"的美誉。近年来，获得了浙江省全面小康建设示范村、浙江省卫生村、浙江省首批生态文明教育基地、浙江省农家乐特色村、杭州市文明村、杭州市生态村、杭州市绿色家庭创建示范点、杭州市"十大生活品质之村"等殊荣。2010 年开始，阳山畈村按照"宜居、宜业、宜游、宜文"要求开展了杭州市首批"风情小镇"的创建。2014 年以来，围绕浙江省委省政府提出的美丽乡村建设"四美"目标，全力打造精品风情村。

1. 因地制宜打好规划牌

根据本村资源特点，形成了"一带、五区、多点"的总体创建规划。"一带"，是指沿16 省道尖山脚至浪石路段东侧的视线范围内，遍植桃树和油菜，形成"黄"、"红"两色为主基调的赏花带；"五区"，是把整个村庄建成入口景观区、生态果园展示区、村容村貌参观区、自然生态风貌区、"吃住行游购娱"农家乐区 5 个风情特色区块；"多点"是指把分布在五大区块的 20 余个自然和人文景点有机串联，形成一个大型的"特色风情园"。

2. 统筹兼顾打好环境牌

使用垃圾发酵机，按照"户集、村收、镇中转"的模式，实现了垃圾分类处理。建有11 处人工湿地，使农户的污水经处理后达到国家一级排放标准。在桃花谷景观核心区搬迁坟墓 506 穴，拆迁房屋 76 户。实施庭院整治专项行动、三线入地工程、道路绿化提升改造、墙体美化等一系列举措，尽显阳山畈的宜居景象。

3. 彰显特色打好产业牌

阳山畈村"以花为媒，借桃兴业"，先后成立了阳山畈蜜桃合作社、合作社支部和支部服务站，合作社蜜桃产区面积达 3000 亩、社员 173 户，联系带动周边农户 1500 余户，联结全县蜜桃基地 8000 余亩，形成了"支部＋合作社＋农户"的经营管理模式。2014 年阳山畈蜜桃销售达到了 1300 万元，每户桃农平均收入达到 4 万元，单价 10 元钱一个的精品水蜜桃供不应求。为了拉长桃产业链，合作社带领桃农利用废弃的桃枝培育黑木耳获得成功。合作社获得浙江省示范性农民专业合作社、杭州市十佳农民专业合作社等荣誉。随着"山花节"的连续举办，来阳山畈赏花、摘桃的游客不断增多，农家乐发展势头良好，"花果经济"初露端倪。

4. 以民为本打好服务牌

一是成立阳山畈"风情小镇"建设服务团队，专门负责阳山畈村"风情小镇"建设的日常业务管理和指导。二是构建了"一站式"便民服务平台，整合了 10 余种公共服务资源，完善各类便民利民措施，实现了"群众动嘴、干部跑腿"的"一站式"服务模式和娱乐、健身、医疗"一体化"的社区生活方式。三是创新了网格化管理服务平台，镇村两级成立了网格化管理服务团队，涉及群众日常生活的 12 个社会服务机构和镇村两级党员干部织成了一张服务群众的大网络，使群众的呼声、需求、矛盾等及时得以收集和处理。

三、打造"生态环溪"

环溪村共有农户 567 户、1968 人，先后获得"国际休闲乡村示范点"、"浙江省文化示范村"、"浙江省生态文化基地"、"浙江省千镇万村种文化先进村"、"浙江省最美村庄"、"浙江省卫生村"、"浙江省学习型党组织"、"杭州市'国内最清洁城市'示范点"等荣誉称号。近年来，环溪村着重实施了"生活污水处理"、"生态河道改造"、"生态人居提升"、"生态文化传承"、"综合服务配套"、"富民产业发展"六大工程，倾力打造"生态环溪"，已成为生态环境优美、村容村貌整洁、村民宜居幸福的美丽家园。

1. 实施生活污水处理工程，改善村民生活环境

从 2010 年开始实施农村生活污水处理工程，先后投入 280 万元，建设生活污水池 9 座，其中 2 座是微动力太阳能处理模式，7 座人工湿地模式。全村 606 户全部铺设污水管道。人工湿地上长势良好的亲水性植物，把生活污水处理设施变成了一个个小花园。桐庐县大力推广分散式厌氧加人工湿地农村生活污水处理模式，2014 年上半年实现了全县 183 个行政村生活污水处理的全覆盖。2013 年 7 月 29 日《人民日报》头版头条刊发《夜访环溪看治污》一文，介绍环溪村因地制宜通过"清水治污"工程，生态化处理农村生活污水，实现"小河清清大河净"，向全国推环溪村的先进经验。

2. 实施生态河道改造工程，实现水清流畅鱼跃

多方筹集资金，对全村的水系进行生态化改造。环绕村子的天子源溪和青源溪通过疏浚和清理，清除淤泥 1 万多立方米，新建防洪堤 1200 米。防洪堤采用了传统的大块石干砌工艺，便于鱼虾、青蛙等生存，同时维修加固 9 座堰坝，使河道能常年保持稳定的水面，便于睡莲等水生植物生长，这样既提高了防洪能力，又营造了水面景观，美观又生态。现在即使在枯水期，天子源溪也清澈见底，溪水潺潺流淌，溪中鹅卵石层层叠叠，红鲤、睡莲相映成

趣。对村内池塘通过塘底清淤，引流活水，种植荷花、水草等水生植物，修复了池塘的生态系统，再现了清澈的池塘水和游动的小鱼虾。

3. 实施生态人居提升工程，提高村民生活品质

围绕打造国内最美丽乡村，践行中国梦，坚持把村庄当成景点来规划、建设，"保护利用历史建筑，提升改造现有建筑，整治拆除破败建筑，规划新建特色建筑"。开展庭院整治、清洁环溪"红黑榜"评比活动，提升了村民清洁卫生意识，使环卫工作从几个保洁员的工作发展为全村村民的自觉行动，从单一的清洁工作提升为整洁、绿化、美化、靓化的综合性工作，从行为习惯的养成发展为村风民俗优化的精神工程。整合各类新农村建设资金，实施"三线入地"、中心大道白改黑等一系列工程，并对全村 105 户房屋赤膊墙、围墙进行了粉刷，对全村的庭院进行了绿化、美化，致力于改善村民居住环境，提升村民的生活品质。

4. 实施生态文化传承工程，营造清廉和谐氛围

村里 90%以上的村民都姓周，是北宋大哲学家、理学鼻祖周敦颐 14 代后裔繁居地，周敦颐先生的千古名篇"爱莲说"便是环溪生态文化的精髓所在。根据本村文化，设计自己的村标 LOGO 和"清莲环溪，秀美乡村"的品牌标语。LOGO 寓意独特，三溪交汇，两桥并立，莲花如笔，分别彰显了村内的三大文化，整体是一个古体变形的"周"字，体表达了环溪村周氏文化的精髓，安澜、保安双桥传承了古迹历史的积淀，莲花既是具象的莲文化，更是廉政文化的深层内涵，体现了环溪村自古以来崇文尚武的祖训。沿天子源溪打造了一条集自然景观与人文历史交相辉映的 800 米长的民俗风情长廊，把周氏宗祠"爱莲堂"建设成为历史文化传承和先进文化传播的"文化礼堂"。

5. 实施综合配套服务工程，提升村民幸福水平

配套完善了村社区管理服务中心，村便民服务中心、卫生室、居家养老服务中心、图书馆、老年活动室、警务室、村邮站等公共服务设施，对全村公共服务事业进行统一管理，有效破解农村群众"找人难、难找人、办事难、难办事"的问题。新建居家养老服务中心，村办食堂为全村 60 岁以上的老年人提供中、晚餐，让老年人能"老有所养，老有所依"。创办了爱莲书社，设立党员远程教育站点和电子阅览室，建设爱莲文化广场和爱莲长廊，建立 8 支民间文化艺术团队，通过举办文体活动，满足村民的精神文化追求。环溪村歌《环溪村·我最爱的家》还入选全国村歌大赛十大金曲。开展"五星级"党组织的创建和"五好"党员的评定，做到"小事有沟通，大事会上定"，并在公开栏中公开，主动接受群众监督，营造团结和谐氛围。

6. 实施富民产业发展工程，带动村民创业致富

大力实施富民产业发展工程，变美丽资源为美丽经济，把美丽转化产业。将全村 380 余亩土地流转，由公司统一种植莲花，夏天莲花盛开的时候，吸引大量的游客前来赏花，带旺了村里的农家乐，同时部分村民又在公司打工，有工资收入，可以拿到两金（租金、佣金），莲蓬、莲子和系列莲加工产品以及荷田套养的泥鳅、河蟹又给公司带来了可观的经济效益，实现了多赢。同时，村民在溪畔、在老街、在家里开设农家乐、茶馆、小吃店，向游客出售土特产品和手工艺品，收入不菲。现在，村里成立了农家乐协会，建起了游客接待中心，开起了民宿、画廊。作为桐庐县美丽乡村精品线路——古风民俗带上的一棵璀璨的明珠，环溪村将会越来越受到游客的青睐，广大村民们也可以从美丽乡村建设中得到更多的实惠。

四、再塑"古风荻浦"

古村荻浦，是桐庐的东大门，有 1000 多年历史，与富阳接邻，有农户 677 户、2274 人。先后荣获了"国际休闲乡村示范点"、"全国亿万农民健康促进行动示范村"、"浙江省森林村庄"、"杭州市小康体育特色村"、"杭州市级卫生村"等荣誉称号。2006 年被列入省级历史文化保护区，有申屠宗祠、保庆堂、咸和堂等 3 个省级文物保护单位。在美丽乡村建设过程中，荻浦村以"四优（悠）"为目标，实施"古生态整治提升、古建筑修缮利用、古文化挖掘传承、古村落产业经营"四大工程，着力打造古风荻浦。

1. 实施古生态整治提升工程，打造优美人居环境

水是荻浦村的灵魂，先人在规划村落建设时，首先规划了村落水系。整个村落水系由溪流、暗渠、明沟、坎井和水塘 5 个层面立体交叉构成，将饮用水、生活水、污水分开，各自独立，却又相互联系，并使水始终处于流动状态。但曾几何时，由于违章建房、乱搭乱建，加上疏于清理，致使村内沟、渠淤积、堵塞，古老的水系近乎"瘫痪"。在整治提升中，首先对全村的水塘、溪流进行清淤，使全村的水系恢复流动；其次开展农村生活污水治理，将所有农户的生活污水进行纳管，采用厌氧加人工湿地的方式进行处理；对村内池塘进行生态化改造，通过塘底清淤，引流活水，种植荷花、水草等水生植物，修复池塘的生态系统，再现了清澈的池塘水和游动的小鱼虾。结合"清洁荻浦"行动，开展大树进村和美丽庭院建设，使古村容貌焕然一新。

2. 实施古建筑修缮利用工程，修复优雅传统建筑

作为省级历史文化保护区，村内尚有保存完好的古建筑共 20 余幢，大多为明清时期，其中省级文保单位就有 3 处。秉承"在保护中开发，在开发中保护"的理念，积极推进古建筑修缮利用工程，对于这些早已荒弃的历史明珠，进行了抢修，不仅修复了古建筑，而且特别注意保护和修复这些古建筑存有环境，尽可能保留古村落的历史风貌。根据每幢古建筑的自身特点，结合历史典故传说挖掘，重新定位、拓展其功用。结合文化礼堂建设，对早已弃用的宗祠进行了修缮，把它建设成为展示申屠氏历史和文化传承的阵地。把曾经臭气熏天的猪栏牛栏，巧妙保留历史痕迹，改成了别具风味的咖啡馆，招揽客人。

3. 实施古文化挖掘传承工程，弘扬悠久传统文化

孝义文化是荻浦古文化的灵魂，如今荻浦人更是将孝义文化发扬光大。2009 年 9 月，开办了江南镇第一所老年电视大学，老年协会还充分调动老年电大班学员的积极性，给他们搭建文化舞台发挥特长，相继成立了戏曲、舞蹈、锣鼓、诗朗诵等多支老年文体活动队伍，老年文体活动开展得有声有色，丰富了老年人的精神文化生活。2010 年又成立了全县首个农村托老服务中心，为空巢老人、独居老人提供中、晚两餐，对行动不便的老人，提供上门送餐服务，配套设立"爱老服务商店"和"敬老理发室"，为老年人提供了一个集日间生活照料、休闲、娱乐、健身、学习为一体的综合性养老服务场所，更为部分家庭和子女解决了照顾父母的后顾之忧，真正发扬了"敬老爱老、老有所养"的传统美德。

4. 实施古村落产业经营工程，营造悠闲生活方式

美丽乡村建设不仅要村美，更要民富，不仅要改善老百姓居住环境和完善公共服务配套，更要实现村庄自我造血功能，让百姓能在美丽中"掘金"，实现村美民富。依托古时的

历史遗迹、现今的美丽田园风光和优越的区位优势，开展美丽乡村二次创业，培育发展旅游大产业。络绎不绝慕名前来参观的人群，为村民创业提供了良机。一位在外经商村民，回村开办了荻浦第一家农家乐，日接待游客最高达 300 余人，年营业额达 80 余万。通过积极引导、扶持、激励，村民纷纷开办农家乐、小吃店，发展民宿经济。2014 年，成功创建了 3A 级风景区，又和浙江省交通投资公司签订合作协议，由交投公司投资 7000 万元，在村里发展民宿产业，带动百姓致富，真正把荻浦村变成"城里人休闲度假的乐园，村民幸福生活的家园"。

五、勾画"风情芦茨"

"一折青山一扇屏，一湾碧水一条琴"，清代诗人刘嗣绾描绘的就是芦茨村的美景。芦茨村位于桐庐县西南部，有农户 451 户、1319 人。近年来，芦茨村先后获得"浙江省农家乐特色示范村"、首批"杭州市乡村旅游示范点"、"杭州市全面建设小康示范村"、"杭州市级农家乐休闲旅游特色村"、"桐庐县社会主义新农村建设标兵村"、"桐庐最佳休闲去处"等荣誉。是首批"杭州市风情小镇"创建示范点之一。现在的芦茨已是湖、峡、屿、瀑等自然景观与楼、台、街、巷等特色建筑相互融合，集生态、旅游、休闲于一体的特色风情人居佳境。"风情芦茨"已经成为名副其实的《富春山居图》实景地。

1. 突出规划先行，组织合理布局

形成"一心三带多点"的乡村旅游发展规划，并在文化发展、农业发展、基础设施规划、农房改造、环境保护等多方面进行完善，完成《桐庐县芦茨"风情小镇"规划》编制。规划核心区分芦茨老街区、芦茨新建区、生态停车场区、天然浴场区、农事体验（夏令营）区、历史文化园区、新建农房区七大功能区块。

2. 加大环境投入，凸显环保意识

采用分散式人工湿地、集中式无动力厌氧等模式，建有 22 座污水处理池，其中太阳能微动力污水处理设施 2 套。同时，投入 2269 万元，实施生活垃圾无害化处理、雨水管网铺设、三线入地工程、道路改建、绿化提升、房屋立面改造等环境卫生和基础设施项目建设。游走在芦茨村附近，经常可以看到美丽山居、襄翁垂钓、渔舟唱晚等如诗如画般的风景，如同置身于《富春山居图》中。

3. 宣传人文品牌，展现文化内涵

以唐代著名诗人方干及其后裔十八进士为代表的历史名人，成为芦茨独一无二的人文品牌，有着"十八进士"之乡的美称。自南北朝以来，许多名人雅士在这里留下了足迹，也留下了浩如烟海的诗文杰作，远有北宋文学家范仲淹、南宋诗人谢翱、元代画家黄公望等抒发情怀、挥毫泼墨，近有国画大师李可染、绘画大师叶浅予、当代文学家林语堂等寄情芦茨、流连忘返。此外，芦茨民风纯朴、民俗文化、民间手工艺丰富多彩，还有保留较完整的具有历史传统特色的古民居、古街、古巷、古道、古桥、宗祠、寺庙，有着丰富的物质文化遗产和非物质文化遗产。

4. 结合优美环境，发展特色旅游

芦茨村境内山川秀美，风光旖旎，富春江和一弯青山将整个村庄环抱。这里集峡谷、平湖、孤屿、悬崖、瀑布、奇树于一身，既有山势峻峭、水色澄碧、山居民风、渔村风情等特

色，又因水环境对气候的调节作用，形成江南独特的小气候，冬暖夏凉，空气清新，风景如画。因为这里的浅水地带特别多，所以夏季又是天然的游泳场，游人还可以在这里玩水划船、水上自行车、游泳、采竹笋、捉溪鱼，品尝山野风味，体验农家生活，享受农家乐趣。

"深山古树清风，小桥流水农家"。清澈的溪流、清新的空气不仅孕育了秀丽的景色与绝美的诗文画作，也孕育了芦茨的风味美食，红茶、石斑鱼、石鸡、石笋、观音豆腐、芦茨肉饼、乌米饭、麻糍、野菜……这些土生土长的物品在当地农家独特的烹饪方法下形成一道道美味佳肴，吸引着远道而来的客人。芦茨农家乐依托绝佳的风景逐年发展壮大，目前共有农家乐经营户71家，客房719间，床位1500张，日接待游客能力5000人次，从业人员352名，在上海、杭州等地已经有了一定的知名度，并且农家乐旅游和景区的经营形成了相互促进的良好局面。

生 态 宜 居

——环境建设成就美丽中国

生态文明的环境建设是在生态文明观的指导下，有意识地保护自然资源并使其得到合理的利用，防止人类赖以生存和发展的自然环境受到污染和破坏，同时对受到污染和破坏的环境必须做好综合治理，建设适合于人类生活和工作的环境，促进经济和社会的可持续发展。生态文明的环境建设包括对天然自然的保护和人工自然的合理建设。当前，要加强对生态和自然资源的保护，积极开展非固态环境污染和固态环境污染的防治，建设美丽地球。

美 丽 地 球
——保护环境建设生态

一、生态保护

生态环境问题随着人类社会的进程，已由局部转向全球，形成全球化特征，而且出现了范围扩大、难以防范、危害严重的特点。自然环境已难以承受高速工业化、人口剧增和城市化的巨大压力，不仅发生了区域性的环境污染和大规模的生态破坏，而且出现了全球气候变化、臭氧层耗损与破坏、生物多样性减少、酸雨蔓延、城市热岛效应等大范围的全球性的生态环境危机，严重威胁着全人类的生存和发展。

1. 应对全球气候变化

全球气候变化问题引起了国际社会的普遍关注。《联合国气候变化框架公约》确立了发达国家与发展中国家"共同但有区别的责任"原则，《京都议定书》确定了发达国家 2008～2012 年的量化减排指标；巴厘岛路线图确定就加强《联合国气候变化框架公约》和《京都议定书》的实施分头展开谈判，并于 2009 年 12 月在哥本哈根举行的缔约方会议上达成了协议。多哈会议将《京都议定书》承诺期延长到 2020 年 12 月 31 日，并确定了在 2015 年前达成新的全球气候协议。2013 年 11 月的华沙会议重申了落实"巴厘路线图"成果对于提高2020 年前行动力度的重要性，为推动绿色气候基金注资和运转奠定了基础，向国际社会发出了确保德班平台谈判于 2015 年达成协议的积极信号。1992 年，全国人大常委会批准《联合国气候变化框架公约》；2002 年，国务院核准《京都议定书》；2007 年，中国成立国家应对气候变化领导小组，负责制定国家应对气候变化的重大战略、方针和对策，协调解决有关重大问题；同年 6 月，国务院发布《中国应对气候变化国家方案》；环境保护法、节约能源法、可再生能源法、清洁生产促进法、循环经济促进法、煤炭法等一系列法律的贯彻实施，有效推动了气候变化的应对。当前，中国政府已将应对气候变化纳入国民经济和社会发展规划，把控制温室气体排放和适应气候变化目标作为各级政府制定中长期发展战略和规划的重要依据，落实到地方和行业发展规划中。中国正通过调整经济和产业结构、优化能源结构、节约能源、提高能效、发展可再生能源和核电、植树造林等方面的一系列政策和措施，尽可能减少温室气体排放。

2. 保护臭氧层

自 20 世纪 70 年代提出臭氧层正在受到耗蚀的科学论点以来，国际社会非常重视，召开了多次会议。1977 年，通过了《臭氧层行动世界计划》，并成立"国际臭氧层协调委员会"。1985 年签署了《保护臭氧层维也纳公约》。1987 年 9 月通过了《关于消耗臭氧层物质的蒙特利尔议定书》。1990年通过《关于消耗臭氧层物质的蒙特利尔议定书》伦敦修正案，1992年通过了哥本哈根修正案。臭氧层面临的危机同样引起了我国政府的高度重视。中国政府早在1987年就加入了《蒙特利尔议定书》协议，限制或削减氟里昂的使用已列为我国环境保护的重点工作之一，制订了《中国逐步淘汰消耗臭氧层物质国家方案》。

3. 保护生物多样性

为保护物种，20世纪70年代国际社会签署了《濒危野生动植物国际贸易公约》、《关于特别是作为水禽栖息地的国际重要湿地公约》等一系列有关物种资源保护的条约。1992年5月22日内罗毕会议达成《生物多样性公约》文本，于1992年6月5日在巴西里约热内卢"联合国环境与发展大会"签署。1993年12月29日，公约正式生效。中国政府积极参与了各项全球保护行动，也是国际生物多样性保护运动的积极支持者。从《生物多样性公约》起草到《生物多样性公约》签署，我国都走在前列，国家"十二五"规划纲要将生物多样性保护列为重要任务之一，《全国主体功能区规划》也特别将生物多样性保护列为国家重点生态功能区的4种类型之一，并在限制开发区中划分出8个生物多样性保护类型的国家重点生态功能区。2010年国家发布了《中国生物多样性保护战略与行动计划（2011～2030）》，2011年成立了中国生物多样性保护国家委员会。

4. 应对酸雨污染

酸雨的危害已引起世界各国的普遍关注。联合国多次召开国际会议讨论酸雨问题。许多国家把控制酸雨列为重大科研项目，全世界已有40多个国家通过有关污染限制汽车排污。中国也正在积极应对酸雨污染问题。环保部决定在长江三角洲、珠江三角洲、京津冀三大区域和成渝、辽宁中部、山东半岛、武汉、长株潭、海峡西岸6个城市群启动"十二五"重点区域大气污染联防联控规划编制工作。同时，建立起以空气质量改善为核心的总量控制方法，将区域大气环境作为整体进行统一协调和管理，对区域大气环境有重大影响的建设项目，实施重大项目环评会商机制。

5. 应对城市热岛效应

城市热岛效应已引起了各国政府的高度重视和广泛的关注。控制二氧化碳排放，能减轻城市热岛效应。《京都议定书》规定了减少二氧化碳排放量，是必须履行的义务。在后京都议定书时代，中国将面临减排二氧化碳的巨大压力，因此中国必须及早开展减排二氧化碳。"十一五"末，全国二氧化硫、化学需氧量排放量分别比2005年下降14.29%和12.45%，2012年全国化学需氧量、二氧化硫、氨氮、氮氧化物排放总量分别比上年减少3.05%、4.52%、2.26%和2.77%。"十二五"规划又将削减氮氧化物和氨氮排放量作为约束性的减排指标，彰显了党和政府进一步改善环境质量的决心。

二、自然资源保护

自然资源是指自然界天然存在、未经人类加工的资源，如土地、水、生物、能量和矿物等。在人类向自然开发和索取的过程中，忽视了人与生态系统的和谐性和统一性，逐步酿成了一系列生态灾难。因此，树立尊重自然、顺应自然、保护自然的生态文明理念，保护存在于自然界的没有为人类所利用的一切自然资源，建立人类社会最适合生活、工作和生产的环境，是实现中华民族永续发展的必然选择。

1. 保护森林

全球森林明显减少的趋势引起了国际社会的警醒。1971年，由西班牙提出"世界森林日"倡议并得到一致通过并由联合国粮农组织正式予以确认。除了植树，"世界森林日"广泛关注森林与民生的更深层次的本质问题。1992年在巴西里约联合国环境与发展大会上签署了《森林问题原则声明》，联合国可持续发展委员会分别于1994年和1997年成立了政府间森林工作组和政府间森林论坛。2000年，联合国又成立了联合国森林论坛，旨在形成共识，维护和增加森林覆盖面积，扭转森林资源日益减少的趋势。近年来，我国政府确立了以生态建设为主的林业发展战略，开展大规模植树造林，加强森林资源管理，启动森林生态效益补偿制度，多管齐下拯救森林资源，实现了由持续下降到逐步上升的历史性转折。当前，全球森林资源持续减少，但我国实现了森林面积和森林蓄积量继续增长，全国森林面积由增加到29.3亿亩，森林覆盖率达20.36%，森林蓄积量增加到137亿立方米，城市建成区绿化覆盖率达到38.62%。

2. 保护草地

草地退化是世界各国普遍面临的重要问题，退化后的草地的恢复与重建成为当前各国重视的焦点之一。为了使退化的草地尽快得到恢复与重建，我国早在2002年就颁发了《关于加强草原保护与建设的若干意见》，2003年新修订的《草原法》正式实施。近年来，国家对草原保护建设的投入大幅度增加，先后实施了天然草原植被恢复与建设、牧草种子基地、草原围栏、退牧还草、育草基金、草原防火、草原治虫灭鼠等建设项目，取得了良好的生态、经济和社会效益。通过项目建设，草原植被得到恢复，防风固沙和水土保持能力显著增强，项目区草原生态环境明显改善。

3. 保护湿地

随着环境灾难的频繁出现，国际社会意识到保护湿地的紧迫性。1954年湿地国际应运而生，致力于湿地保护与合理利用，实现可持续发展。1971年签订了《关于特别是作为水禽栖息地的国际重要湿地公约》。我国于1992年加入《湿地国际公约》，我国湿地自然保护区建设和管理得到了进一步的重视和发展，《全国湿地保护工程"十二五"实施规划》通过实施。到2012年，全国湿地自然保护区达550多处、国家湿地公园近300处、国际重要湿地41处。近年来，全国共恢复湿地近2万公顷，每年新增湿地保护面积达30多万公顷。

4. 防治土地荒漠化

荒漠化早已引起国际社会的严重关注。早在1975年，联合国大会就通过决议，呼吁全世界与荒漠化作斗争。1977年，联合国在肯尼亚首都内罗毕召开世界荒漠化问题会议，提出全球防治荒漠化的行动纲领。1994年签署了《国际防治荒漠化公约》，1996年12月正式生效。在国际社会特别是联合国有关机构帮助下，不少国家将防治土地荒漠化、保护生态环境作为国家可持续发展的重要内容。我国签署了《联合国防治荒漠化公约》，并制订了《中华人民共和国防沙治沙法》，我国荒漠化和沙化监测工作逐步步入了科学化、规范化和制度化的轨道。2004年，通过实施以生态建设为主的林业发展战略，我国荒漠化和沙化整体扩展趋势得到初步遏制，实现了"治理与破坏相持"。

5. 治理水土流失

水土保持关系国计民生，很早就受到许多国家的广泛关注。早在19世纪上半叶，澳大利亚、新西兰、美国及部分欧洲和亚洲国家就开始立法，目前已有 100 多个国家相继制定了专门的或与水土保持相关的法律，欧洲许多国家还签订了相关的区域性条约。我国在 1991 年颁布了《水土保持法》，国家将水土保持确立为一项基本国策，水土保持生态建设取得了显著成效。进入 21 世纪后，中国政府确立了水土保持生态建设的战略目标和任务。

三、固态环境污染的防治

固态环境污染是指固体废物对环境的污染。人类在生产和生活活动中丢弃的固体和泥状的物质称之为固体废物。固体废物的种类很多，如按其性质可分为有机物和无机物；按其形态可分为固体的（块状、粒状、粉状）和泥状的；按其来源可分为矿业的、工业的、城市生活的、农业的和放射性的。此外，固体废物还可分为有毒和无毒的两大类，有毒有害固体废物是指具有毒性、易燃性、腐蚀性、反应性、放射性和传染性的固体、半固体废物。固态环境污染主要包括重金属污染、持久性有机污染物污染、土壤污染、危险废物和化学品污染、垃圾泛滥等。

1. 重金属污染防治

重金属污染问题是近年来被国际社会所重视的。2011 年年初，《重金属污染综合防治"十二五"规划》得到国务院批复，这是中国历史上第一次把重金属污染的防治纳入国家的规划中。针对重金属污染危害百姓健康的问题，2011 年，国务院九部门组织的环保专项行动，聚焦重金属污染企业，严厉打击其污染行为，有效遏制了重金属污染事件频发的势头。

2. 环境痕量污染物污染防治

环境痕量污染物是相对于常见的常量污染物的新型污染物的总称，包括持久性有机污染物、内分泌干扰物、持久性毒害污染物等，它通过食物链累积诱发生物突变或引起生态失衡等构成对人类的健康风险。2001 年 5 月 23 日，包括中国在内的 90 个国家的环境部长或高级官员在瑞典斯德哥尔摩代表各自政府签署了《关于持久性有机污染物的斯德哥尔摩公约》。近年来，国际社会加大了资金投入，启动了若干重大环境项目。中国在科技部、国家自然科学基金委员会、中国科学院等部门的支持下，也投入了大量的人力物力，先后启动了"863"、"973"等重大研究项目，取得了显著的阶段性成果。2009 年 5 月，斯德哥尔摩公约第四次缔约方大会又新增了 9 种持久性有机污染物，修改公约的禁用名单表明了国际社会已经认识到它们潜在而巨大的危害性。

3. 土壤污染防治

从世界范围来看，许多国家和地区都纷纷制定或修改了土壤污染防治法律法规。在我国现行的法律体系中，已经制定了防治大气、水、固体废物、环境噪声、海洋污染、放射性污染和保护环境的法律。我国早就开始了土壤污染防治的实践，在此基础上，要对土壤污染进行专门立法，并以相关的配套性规定来使防治土壤污染的措施能得到切实的实施。2005 年 4 月至 2013 年 12 月，我国进行了首次全国土壤污染状况调查，实际调查面积约 630 万平方千米。2014 年 4 月 17 日，环境保护部和国土资源部发布了《全国土壤污染状况调查公报》。

4. 应对垃圾泛滥和固体废物污染

目前国外发达国家的城市垃圾从收集、运输、处理、管理与技术已很成熟，并积累了许多经验。大多数国家采取了分类收集、密闭压缩运输，处理方式主要有卫生填埋、焚烧、堆肥和综合利用（再生循环利用）。我国垃圾处理起步较晚，近几年各地根据实际情况，对城市垃圾处理技术进行了有益的探索，也走出了各种垃圾处理的新路。目前，我国垃圾和固体废物中常规环境污染因子恶化势头有所遏制，但重金属、持久性污染物、土壤污染、危险废弃物污染日益凸显，"十二五"时期，环境保护把垃圾和固体废物处理问题作为一个重点，以解决直接威胁人民群众健康的问题。

四、非固态环境污染的防治

随着城市化和工业化进程的加快，各地工业园区纷纷上马，而相关的环境保护措施没有及时跟进，使大气、水、噪声、辐射等非固态环境污染问题的凸显。

1. 大气污染防治

大气污染日益严重，损害了人们的生活环境，并且还有进一步恶化的可能，防治大气污染便成为普遍关注的问题。我国在 1987 年制定了《大气污染防治法》，1995 年对这部法律作了修改，在 2000 年又对这部法律做出了修订。卫生部、国家质量检验检疫总局、国家环境保护总局于 2002 年联合发布《室内空气质量标准》，为改善空气质量提供了依据。2011年，国务院发布《"十二五"节能减排综合性工作方案》，将污染减排完成情况作为各地经济社会发展和各级领导干部政绩考核的重要内容。2012 年 2 月，环境保护部发布新的《环境空气质量标准》（GB 3095—2012）。新标准收严了 PM_{10}、二氧化氮浓度限值，并增加了 $PM_{2.5}$、臭氧 8 小时浓度限值指标，新标准进一步与国际标准相接轨。2012 年 9 月，国务院批复《重点区域大气污染防治"十二五"规划》。2013 年 9 月，国务院正式发布《大气污染防治行动计划》，为全国大气污染防治工作指明了方向，

2. 水污染防治

我国于 1984 年 5 月出台了《中华人民共和国水污染防治法》。2008 年通过了《水污染防治法》修订案。近几年来，我国对饮用水源地的治理与保护力度空前。特别是"十一五"以来，中央和地方政府加大对城镇污水处理设施建设的投资力度，城市污水处理取得令人瞩目的成果。截至 2011 年末，全国城市污水处理厂日处理能力达 1.12 亿立方米，城市污水处理率达到 82.6％。2011 年，全国 113 个环保重点城市共监测 389 个集中式饮用水源地。结果表明，环保重点城市年取水总量为 227.3 亿吨，服务人口 1.63 亿人，达标水量为 206.0 亿吨，占 90.6％。为进一步保障群众饮水安全，按照《全国农村饮水安全工程"十二五"规划》要求，2.98 亿农村人口和 11.4 万所农村学校的饮水安全问题将全面解决。

3. 噪声污染防治

近年来，我国在噪声污染防治方面出台了一系列的政策法规。以 1989 年颁布的《中华人民共和国环境保护法》为核心，围绕噪声污染防治方面先后出台的《中华人民共和国劳动保护法》、《建设项目竣工环保验收管理办法》、《中华人民共和国环境噪声污染防治法》、《中华人民共和国职业病防治法》等，都在噪声污染防治方面进行了规范。2010 年 12 月 15 日，《关于加强环境噪声污染防治工作改善城乡声环境质量的指导意见》发布，到 2015 年，环境噪声污染防治能力得到进一步加强，工业、交通、建筑施工和社会生活噪声污染排放全面达标。

4. 辐射污染防治

    我国放射性污染涉及面较宽，既有核领域的放射性污染，也有非核领域的放射性污染，既涉及天然辐射防护，也涉及人类生产、生活中的辐射防护。放射源的安全是中国当前辐射防护的一个主要问题。为了有效防治放射性污染，我国 2003 年颁布了《中华人民共和国放射性污染防治法》。我国对放射性污染的防治，实行的是预防为主、防治结合、严格管理、安全第一的方针。近几年的实践，正日益显示其成效，在保证经济、社会的可持续发展的同时也促进了核能、核技术的开发利用。

创 新 发 展
——建设生态文明新城市

2012年12月，党的十八大刚刚闭幕，习近平到广东视察时就亲临珠海，对珠海坚持科学发展理念，坚守蓝天白云青山绿水底线，给予了充分肯定；对珠海坚持改革创新，建设"生态文明新特区、科学发展示范市"寄予殷切期望。中央对珠海发展的高度肯定和殷切期望，是珠海生态文明建设新的历史起点，为全市人民共建共享"美丽珠海"提供了科学指导和强大动力。改革开放至今，珠海没有走一条拼环境、拼资源、拼速度、拼汗水的老路，因此珠海在相对发达地区之中，还是环境最好的地方之一，土地开发强度最小的地方之一，低端产业聚集最少的地方之一，人口密度最小的地方之一，社会最和谐的地方之一。由中国城市竞争力研究会公布的2013年中国最美城市榜单中，珠海位列第四，在2013年中国十佳优质生活城市排行榜中位列第二，在2013年中国十佳宜居城市排行榜中位列第二，在2013年宜居城市竞争力评比中位列全国第五。2013年以来，由环境保护部公布的74个重点城市空气质量状况报告结果显示，珠海6月份空气质量排名全国第二名，连续半年入围全国空气十佳城市。这些成绩和认同，是珠海坚持保护生态环境，坚守蓝天白云、碧水青山底线的结果。在新的起点上，珠海确立了"生态文明新特区，科学发展示范市"的发展定位，完成了生态文明建设的高端规划并全面实施，珠海正努力创建全国生态文明示范市，努力为生态文明建设进行探索。

一、探索与传承：坚守生态发展理念

30多年来，珠海历届党委、政府始终坚守一个朴素的理念，那就是生态文明发展的理念，坚守蓝天白云、碧水青山底线，坚持走自己的特色发展之路。

1. 生态文明建设重在统筹规划

珠海1992年就在全国率先出台"八个统一"：统一规划、统一征地、统一划分功能区、统一控制竖向标高、统一审查设计、统一基础设施建设、统一风景园林绿化管理、统一市容街景管理，在城市规划的统筹谋划中贯穿生态文明的发展理念。土地是生态文明的载体，也是政策实施的有力工具，珠海在1998年又根据生态文明建设的要求对土地管理明确"五个统一"：统一规划、统一征用、统一开发、统一出让、统一管理。

在加强环境保护方面，珠海动手较早，1992年就出台城市环境管理的"八个不准"：不准在山坡25米等高线以上部分兴建非供游客休憩和观赏的建筑物，不准在海边、河边规定范围内兴建建筑物，不准在风景区和公园内兴建非供公众游乐、休憩或观赏的建筑物，不准乱开石场，不准建设有大烟囱或有严重污染的项目，不准乱设广告牌，市内的噪声不准超过45分贝，不准修建没有停车场的任何建筑物。

2. 珠海率先实施产业的环境准入制度

在20世纪90年代，珠海就提出环境就是财富的口号，明确不要污染企业。1998年，正当很多地方陷入村村点火、户户冒烟的发展模式之时，珠海市就夺得了"国际改善居住环境最佳行动奖"（亦称"改善人居环境范例奖"）。

3. 珠海率先探索以制度保障生态建设

1998年5月，珠海市拥有地方立法权以后，通过的第一批法规中就有《珠海市环境保护条例》。珠海先后进行了4次城市总体规划，出台了《珠海市防治船舶污染水域条例》等系列法规。近年来又先后编制了《珠海生态市建设规划》、《珠海市环卫专项建设规划》、《珠海市排水规划》、《珠海市循环经济发展规划（2008～2020）》等一系列规划。

二、理念与规划：生态文明建设的新起点

党的十八大把生态文明建设纳入中国特色社会主义事业总体布局，使生态文明建设的战略地位更加明确。报告中"把生态文明建设放在突出地位，融入经济建设、政治建设、文化建设、社会建设各方面和全过程"等重要论断，凸显了我们党对生态文明建设的重视，是我们党科学发展理念的升华，为珠海加快建设生态文明新特区、科学发展示范市提供了强大的理论支撑。

当前，珠海围绕"生态文明新特区、科学发展示范市"的目标定位，深入实施"蓝色珠海，科学崛起"战略。2012年，珠海市委、市政府以"环境宜居与欧美先进国家相媲美"为目标，作出了率先创建全国生态文明示范市的决定，并通过了《珠海市生态文明建设规划》。珠海生态文明建设包括生态环境文明体系、生态产业文明体系、生态意识文明体系、生态行为文明体系、生态制度文明体系五大指标体系，规划2020年前实施的重点综合建设项目有10项，细分工程多达62项。规划提出，在2020年前将通过财政投入、吸引社会资本等方式，在生态文明建设领域投资1900亿元，把珠海建设成为人民生活富裕、生态文明发达、人与自然和谐的生态文明城市。

为了以全球眼光、国际视野高端规划生态文明建设，为了使生态文明的理念成为全市干部群众的共识，贯穿到全市各项工作的各个环节之中，珠海召开了多场高端研讨会、论证会，深入探讨生态文明建设的珠海路径。珠海还聘请了北京大学唐孝炎院士、中国环境科学研究院孟伟院士、中国生态文明研究与促进会祝光耀副会长等国内顶级专家作为生态文明建设顾问，与近10家国际高端机构及团队签署战略合作协议，并确定了近60个环境宜居重点项目。经过1年多的系列论证、碰撞和宣传，珠海从以前注重污染治理、园林绿化等具体生态环保工作，转变为全面推进经济社会发展转型、全面推进生态文明建设的系统谋划和战略思维。

三、担当与行动：率先创建"生态文明示范市"

生态文明是经济社会与生态系统之间的良性互动。珠海在实现路径上着力推进绿色发展、循环发展、低碳发展，基本形成节约能源资源和保护生态环境的空间格局、产业结构、增长方式、消费模式，全面推进经济社会的绿色繁荣。

1. 打造"三高一特"现代产业体系

全球经济发展史上，有条著名的曲线——"生态环境倒U形曲线"（库兹涅茨曲线），

代表环境随经济增长逐步恶化，但当经济发展到了一定阶段，伴随经济结构优化、产业以高附加值、低能耗为主，随着经济稳定增长环境又趋好转。有统计表明，到达这个拐点，美国是人均 GDP 1.1 万美元，日本则是 8000 美元。如何实现曲线坐标上经济日益繁荣的同时纵坐标对应的环境污染指数越低？经济的发展必须以生态为支点，必须发展环境友好型的现代产业。

珠海坚决拒绝"两高一资"企业，大力发展科技含量高、经济效益好、资源消耗低、环境污染少的项目，对存量进行优化提升，在增量上着力发展"三高一特"产业（"三高一特"现代产业体系：以高端制造业、高端服务业、高新技术产业、特色海洋经济和生态农业等重点产业为核心，以科技、资本、人才等高效运转的产业辅助系统为支撑，以基础设施完备、营商环境良好的产业发展环境为依托，具有创新性、开放性、融合性、集聚性和可持续性特征的新型产业体系），推动"蓝色珠海、科学崛起"。

一是大力发展高端制造业。高端制造业是"蓝色珠海、科学崛起"的根基。目前，中海油、三一重工、中国北车、中航通飞、瓦锡兰玉柴船动中速机等一批新引进重大项目加速建设，高端制造业形成"海陆空"齐头并进之势。同时，珠海本土成长的制造业企业凭借领先技术，在多个细分领域成长为具有较高国际市场占有率和竞争力的"单打冠军"。

二是加快发展高新技术产业。高新技术产业是珠海产业发展的重要依托。珠海重点做大做强软件、集成电路设计、生物医药、高端装备等支柱产业，加快培育移动互联网、物联网及云计算等先导产业，积极发展新能源、新材料和 3D 打印等新兴潜力产业。目前，未来衍生品产值超千亿元的惠普智慧产业园已经启动建设，国家级南方软件产业园已经成为国内最具潜力的软件和信息产业园区；丽珠医药丽珠制药厂单抗类药物研发达到世界先进水平；联邦制药基因重组人胰岛素及其系列类似物研发与产业化项目打破国外产品垄断；珠海银通新能源有限公司在钛酸锂材料及电池生产方面掌握核心技术，在国际竞争中掌握自己的话语权。金山、远光、全志等一批高科技民营企业异军突起。2012 年珠海新增国家高新技术企业 54 家。

三是优先发展高端服务业。高端服务业是珠海发展的重要支撑。横琴开发是国家战略，横琴将建成粤港澳紧密合作示范区，依托横琴发展现代高端服务业，珠海具有不可比拟的竞争优势。珠海充分发挥横琴新区作为国家级政策创新平台的优势，打造规模化的金融产业、商务服务、文化创业、科技研发集聚区、十字门中央商务区等第三产业重点项目，现代高端服务业初具规模：投资 200 亿元的珠海长隆国际海洋度假区于 2013 年底开门迎客；海泉湾"国家旅游休闲度假示范区"形成品牌效应，再投资 100 亿元的海泉湾二期建设加快推进；全球最大的豪华游艇制造商法拉帝将亚太总部设于横琴，并建设游艇展示销售中心、游艇俱乐部、航海学校、公共游艇码头及保障设施、商业和旅游休闲配套设施；一批大型企业总部进驻。

四是发展特色海洋经济和特色生态农业。海洋是珠海的特色所在、优势所在，更是潜力所在。珠海选择发展集海洋工程装备制造、海洋化工、海洋交通运输与仓储、海洋旅游为一体的多元化现代海洋经济，并初步形成"一港（珠海港）、二带（东部沿海产业集聚带和西部沿港产业集聚带）、三区（横琴新区、高栏港国家经济技术开发区、万山海洋开发试验区）"的海洋经济格局。目前，投资超 500 亿元的中海油 6 大产业项目、BP 公司全球最大的 PTA 项目加紧建设，"一港"已经成为年吞吐能力过亿吨的现代化港口，海洋旅游业蓬勃发展，珠海迎来了海洋经济大发展时期。

珠海探索富有本地特色的现代生态农业之路，"绿色生态"已成为农业的核心竞争力。以"两园一区"（台湾农民创业园、斗门生态农业园和万山海洋开发试验区）为载体和平台，实施科技兴农战略，推进农业现代化。依托经过严格生态保护和高标准规划的生态农业园，实施生态农业的品牌发展战略，目前已有42个农产品通过"无公害农产品"、"绿色食品"、"有机食品"等认证，其中"白蕉海鲈"获得全市首个国家地理标志产品保护。同时生态农业旅游发展迅猛，莲江村"十里莲江"农业观光园开门迎客，红树林湿地公园加紧建设。

2. 优化城市生态格局

优化生态格局是珠海生态文明建设的主要抓手。严格控制城市发展边界，控制开发强度，调整空间结构，才能促进生产空间集约高效、生活空间宜居适度、生态空间山清水秀。

（1）主体功能区规划拉开生态格局　在《珠海市生态文明建设规划文本修编》中，将珠海划分4个一级生态功能区、12个二级生态功能区和86个三级生态功能区。同时，实行禁止开发区、限制开发区及控制措施、重点开发区及控制措施和优化开发区及控制措施四大分区控制对策。特别是不断强化自然保护区的建设管理，全市保护区面积达到624平方千米。为了通过土地空间的优化、实现区域的可持续发展，珠海优化调整城市发展格局，东部重点抓城区提升，西部重点抓生态新城建设，财政、土地、公共服务等资源向西部新城倾斜。

（2）"三大引擎"拓展生态建设空间　横琴新区、高栏港国家经济技术开发区、珠海国家高新区是珠海经济发展的"三大引擎"。在推进生态文明建设中，珠海积极推动三大区域的生态建设。在横琴大开发上，坚持科学规划，从容建设，按照国务院批复的《横琴总体发展规划》定位，积极建设资源节约、环境友好的"生态岛"。高栏港高起点编制海港新城规划，突出滨海、田园自然风貌，利用好现有自然资源，规划建设一批生态绿地、湿地，着力打造城市水景，构筑"山、城、海"城市新格局。高新区全力打造珠海北部滨海智慧新城，目前已形成科技创新海岸、金鼎科技工业区、前环总部基地、后环新城、淇澳生态旅游等多功能组团的产业新城格局。

（3）高端规划建设生态城镇　西部生态新城规划面积约248平方千米，将是依托"双港"，携手港澳，服务珠中江，辐射粤西，引领西江流域的生产性服务中心，富有特色的滨海滨江宜居新城。高新区"大学小镇"，借鉴美国硅谷、德国海德堡的经验，结合珠海丰富的大学园区科教资源，打造独具特色的生态城镇，成为企业家和科学家思想撞击、文化交流、技术创新的公共平台。位于珠海市西部、面积约为25平方千米的平沙新城，该新城将以末期人口15万为依据，着力建设"环网结合、密度均衡"的交通网络，建设景观绿地系统，打造滨海商务之都、温泉度假之乡、梦中宜居家园。

3. 建设生态宜居环境

（1）大力开展"共建美丽珠海 共享美好生活"行动　为了建设"美丽珠海"，珠海开展了"共建美丽珠海，共享美好生活"活动，出台了《中共珠海市委珠海市人民政府关于提高环境宜居水平 建设美丽幸福珠海的实施意见》和"共建美丽珠海 共享美好生活"行动方案（2013～2015）。按照"一年起步，两年整体提升，三年显著变化"的思路，力争用3年左右的时间，初步达到全国文明城市、生态文明示范市的创建指标要求，提高城市综合竞争力。

（2）全面创建幸福村居　珠海西部是广阔的农村，在环境宜居、产业发展、公共设施等方面与东部城区存在较大的差距。为缩小区域城乡差距，珠海率先在广东省启动了创建幸福村居工作，实施特色产业发展、环境宜居提升、民生改善保障、特色文化带动、社会治理建设、固本强基 6 个工程来统筹城乡发展，以改善农村居住条件、人居环境、保障生态环境、提高生活质量为总目标，力争通过 5 年的努力，将珠海的村居打造成产业更特色、保障更有力、环境更宜居、文化更繁荣、社会更和谐的社会主义新农村。未来 5 年内，珠海要实现农村环境整治覆盖率 100%、农村垃圾污水处理率 95% 以上的目标。同时，积极开展绿化建设，到 2020 年，完成 183.2 千米、8.08 万亩的生态景观林带建设任务，全面提高城乡净化绿化美化水平。

（3）着力发展绿色交通　近年来，珠海确立了以人为本、绿色交通、公交优先和综合交通运输体系四大理念，把交通规划建设与绿色低碳发展有机结合起来。目前，作为城市慢行系统的重要组成部分，珠海公共自行车租赁系统已投入使用、自主研发的低地板有轨电车一号线建设正加快推进，将于 2014 年投入使用，成为公共交通的"骨干"；具有先进水平的自主研发的银通电动公交车投入运营，全市共建成区域绿道 109 千米、城市和社区绿道 426 千米，打造出"滨海都市"、"田园郊野"、"历史人文"、"体育竞技"、"海岛休闲"和"工业生态" 6 种形态的特色绿道，在自行车上体验珠海的温馨与浪漫成为深受老百姓和游客欢迎的项目。

4. 建立生态文明长效机制

（1）以法制保障为根本点　只有实行最严密的法治、最严格的制度，才能为生态文明建设提供可靠保障。拥有经济特区立法权和较大市立法权，是珠海建设"生态文明新特区，科学发展示范市"的一个重要优势，这也是珠海从战略高度应对环境挑战的重要举措。珠海先行先试，率先进行生态文明立法。已列入立法计划将审议的《珠海经济特区生态文明促进条例（草案）》除了在主体功能区管理、产业结构优化调整、生态人居建设、生态环境保护等方面作出了严格规定之外，更提出探索建立环境战略评估制度，对各项经济活动进行生态保护、资源利用方面的战略评估和预测，从而使生态文明建设贯穿到经济建设、政治建设、文化建设、社会建设各方面和全过程。

（2）以管理创新为关键点　为适应环保事业发展新形势的需要，2008 年，珠海市环保局在广东省率先实施执法与审批两分离改革，实行环境监察垂直管理和全市统一执法，将辖区（市、区）环境执法人员统一收编到市执法队伍中，在行政区、功能区设置环境监察大队，确立"小机关大基层"的管理架构，形成"市局为主、区局协管"的新管理模式。在各项环境服务工作上，珠海市较早地实施了 BOT 等市场化管理模式。

珠海积极筹建广东省首个环境宜居委员会，作为市政府审议生态环境宜居建设事项的议事协调咨询机构，为市政府提供决策依据。为了进一步提高决策水平，珠海市还与北京大学环境科学与工程学院组建"北京大学生态文明珠海研究院"，成为全国地市环保部门首个生态文明研究机构。

（3）以财政补偿机制为突破点　为了更有效化解保护生态环境和提高保护区范围内村民生活水平之间的矛盾，珠海创新建立以社保直接补贴饮用水水源保护区居民的机制。2007 年开始政府安排专项资金扶持水源保护区的经济发展。2009 年市政府出台《珠海市饮用水源保护区扶持激励办法（试行）》，从 2010 年 1 月 1 日起实施。市财政每月给予补贴，直接为水源保护区群众购买医疗保险和养老保险。通过法律法规的刚性保护，既维护了保护区广大农民的长远利益，又确保了生态保护的长久性。

（4）以考核监督机制为着力点　目前珠海已制定《创建全国生态文明示范市考核办法》，其考核内容包括基本条件、生态市指标、生态文明示范市指标、重点工程任务分解四部分，建立了与干部选任挂钩等机制，连续 3 年考核不合格的，对领导班子进行调整。珠海正研究下一步对党政干部进行生态环保的责任审计，把生态绿化、生态环保、生态修复等指标纳入干部政绩考核体系，建立生态目标责任制。同时，市人大常委会通过实施执法检查、听取专项工作报告、履行询问权、开展代表议案建议办理等手段进行全方位监督。

5. 弘扬和培育生态文化

珠海是最早提出建设资源节约型、环境友好型、人口均衡型"三型社会"的城市。珠海把生态文化作为主流文化大力培育，融入人们的思想行为、生活方式、社会风气、城市建设等各个方面。

当前，珠海的政府部门，企业、社会团体、学生和普通市民，都在身体力行地参与这个城市的环境保护，生态建设已成为珠海人的一种文化自觉。近年来，珠海市通过"绿色学校"、"绿色社区"、"环境教育基地"的创建，形成了从学校到社区、从家庭到社会全覆盖的生态文明宣传教育网络。目前，全市中小学校环境教育普及率达到 100%。受环保教育的耳濡目染，在国家级"绿色学校"拱北中学，曾有学生给校长写信提议停止学校饭堂使用一次性餐具，推动每月减少使用一次性食品袋 4.4 万个和一次性木筷 4.18 万多双。在"国家级生态村"香洲南屏镇北山村，一支由 7 人组成的环保志愿队坚持全天候不定时对北山村环保工作进行监督，普及生态环境知识，动员群众参与村庄环境治理保护的活动，无偿服务时间已超过 10 年。

生 态 立 省

——谱写美丽中国新篇章

从实施可持续发展战略的高度，为发挥海南自然环境优势，海南省二届人民代表大会于1999年2月6日做出《关于建设生态省的决定》，并经国家环境保护总局批准，通过了《海南生态省建设规划纲要》，海南省成为全国第一个生态示范省。海南率先在全国拉开了生态省建设的序幕，全省生态建设蔚然成风。在生态环境保护、生态产业、生态经济、生态文化、生态人居建设、生态文明村创建等方面取得显著成效，使得海南生态省建设这一长期历史任务有了良好的开端和发展。

一、海南生态省建设的措施

海南省委、省政府采取了一系列的法规、措施、条例、政策等，实施打造"环境特色，产业特色和体制特色"。确定"生态立省"，要以"不污染环境，不破坏资源，不搞低水平重复建设"，以资源与环境容量高效利用为前提；以生态优化为主导；以科技进步为动力拉动经济快速发展。坚持在"发展中保护，保护中发展"，实施"大企业进入，大项目带动，高科技支撑，集中布局，集约发展，加快推进工业化、城镇化进程"。妥善处理社会经济与生态环境保护关系，着力抓好节能减排、退耕还林、还草、还湖，环境污染防治，积极开展文明生态村创建和循环经济，正确处理人口、资源、环境的三大关系，努力探索出一条经济效益、社会效益和环境效益三大效应共同增长的"三赢"模式路子。实现海南政治、经济、文化、社会、环境协调快速发展，努力走出一条经济发展、生活富裕、社会和谐的绿色小康发展之路。

2013年4月10日，习近平在海南视察时指示："海南作为全国最大的经济特区，后发优势多，发展潜力大，要以海南国际旅游岛建设为总抓手，闯出一条跨越式的发展路子来，争创中国特色社会主义实践范例，谱写美丽中国海南篇章。"海南省六届党代会提出了"坚持科学发展，实现绿色崛起"，加快建设海南国际旅游岛的战略部署。省委六届二次全会又提出以党的十八大精神为海南绿色崛起的强大动力，坚定不渝地走绿色、低碳、可持续发展之路，努力建设更加美丽的度假天堂和幸福家园。

"十一五"期间，海南省营造海防林16万亩，有效发挥了防风固岸、涵养水源的作用，建立了逐年增长的生态补偿机制，中部核心生态区得到有效保护，全省主要城镇的垃圾污水处理体系、垃圾无害化和污水集中处理体系、垃圾无害化和污水集中处理能力分别达到86%和70%。截至2010年12月，全省森林覆盖率达60.2%，每年增长1个百分点，森林蓄积量达1.24亿立方米。海南生态文明建设示范区成效显著，单位地区生产总值能耗和主要污染物排放指标达到规定要求，生态质量持续保持全国优先水平。

二、生态文明建设海南模式

　　海南作为我国唯一的热带岛屿省，生态环境一流，是率先在全国进行生态省建设战略实施的省份，并走出了一条生态建设的"海南模式"。

　　生态环境是海南的核心竞争力和最大本钱。一直以来，历届省委、省政府高度重视生态环境保护。1999年在全国率先提出建设生态省的发展战略。2009年12月，国务院出台《关于加快推进海南国际旅游岛建设发展的若干意见》，把建设全国生态文明示范区定位为国际旅游岛建设的战略目标。2012年4月，省第六次党代会在深刻总结13年生态省建设经验的基础上，提出了以人为本、环境友好、集约高效、开放包容、协调可持续发展的"科学发展，绿色崛起"发展战略。绿色崛起是生态省建设的升华，是建设全国生态文明示范区的实现路径，最终目标就是要建设美丽海南。海南选择绿色崛起的发展道路和致力于建设全国生态文明示范区，顺应时代新变化、再造环境新优势、扩展发展新空间、满足人民新期待，与党的十八大报告中的生态文明建设布局不谋而合，是实现经济社会全面、协调、可持续发展，建设美丽海南的必由之路。在建设生态文明的道路上，海南一直走在全国前列：2009年底，海南国际旅游岛建设上升为国家战略，海南被确立为全国生态文明建设示范区，保护好海南现有生态环境的基础上，继续发扬在生态文明建设中取得的成功经验和正确做法，完善生态制度，普及生态观念，强化生态自觉，不断探索人与自然和谐相处的发展之路，建设全国生态文明示范区。

　　(1) 优化空间开发整体格局为海南绿色崛起提供科学的生态规划　海南倍加珍惜地利用好每一寸土地。加快了实施主体功能区战略，推动各地区严格按照主体功能定位发展，构建科学合理的城乡一体化发展格局与生态安全格局。

　　(2) 扩大绿化宝岛行动战果为海南绿色崛起提供丰厚的森林资源　2012年，实施启动了"海南启动绿化宝岛"工程，计划用5年完成造林绿化143万亩，到2013年8月已完成总计划的32.3%，成效显著。建设生态文明，需要继续发扬绿化宝岛的决心和干劲，广泛动员，真抓实干，营造全岛天然大氧吧。通过植树造林，能够绿化美化人居环境，打造空气清新、四季花开的绿色家园，增加森林面积，为未来预留发展空间，为子孙后代留下可持续发展的"绿色银行"。一举三得，实现了生态效益、景观效益和经济效益的三丰收。

　　(3) 提高能源资源利用效率为海南绿色崛起提供低碳的产业产能　要按照党的十八大和海南省第六次党代会的要求，推进资源节约型和环境友好型社会建设，建设绿色低碳岛。实现资源的节约集约化利用，推动资源利用方式根本转变，着力发展生态农业、生态旅游和低能耗、低排放的新兴产业，加大对传统工业的生态化改造，加快淘汰落后产也，对排污超标企业坚决采取限期整改、关停等措施，全面推行清洁生产。

　　(4) 创新生态文明建设机制为海南绿色崛起提供健全的制度保障　建设生态文明，需要有制度保障。要综合考评经济社会发展中的资源、环境与生态相关要素，建立健全体现生态文明要求的目标体系、考核办法、奖惩机制。健全资源环境有偿使用制度，提高环境保护的门槛，完善生态立法工作，做到有法必依、执法必严、违法必究。同时，还须加强全民生态教育，培育生态自觉。

　　中共海南省委书记罗保铭曾一针见血地指出："绿色是海南国际旅游岛最靓的名片和最大的本钱，怎么强调都不为过。"我们必须坚持把建设生态文明、保护生态环境放在经济社会发展的首要位置，做到在保护中发展、在发展中保护。作为满目新绿的生态岛、健康岛和长寿岛，海南将在建设中外游客的度假天堂和海南人民的幸福家园中迈出坚定的步伐。自然风光更加秀丽、生态环境更加优美、人与自然关系更加和谐的海南省将持续为美丽中国增光添彩。

三、海南推进生态文明建设的原则

生态文明作为科学、全面、系统的先进思想和战略任务，贵在创新，重在建设，成在持久。

1. 远近结合，标本兼治

立足当前，着力推进节能减排、环境整治和生态保护工程，有效改善生态环境质量。着眼长远，科学谋划生态文明建设的战略思路，加快形成节约能源和保护生态环境的产业结构、增长方式和消费模式。

2. 重点突破，统筹兼顾

正确处理保护和开发、城镇和农村、整治和防治、共建和共享、区域和全局的关系，着力解决制约经济发展和群众反映强烈的环境问题，力求在重点区域、重点领域、重点问题上取得突破。

3. 因地制宜，彰显特色

着眼于优化人口、生产力布局，依据生态功能分区，突出地域特点，提出相应的建设重点和工作要求，实施分类指导、分级保护、错位发展，以充分发挥优势，塑造各地生态文明建设的地域特色。

4. 党政推动，全民参与

充分发挥各级党委、政府在生态文明建设中的组织、引导、协调和推动作用，提供良好的政策环境和公共服务。注重运用市场机制配置资源，强化激励约束机制，充分调动企业和社会组织、公众的积极性与创造性。

四、国际旅游岛战略是海南生态文明建设的必然选择

"国际旅游岛"是海南可持续发展的战略选择。它的指导思想就是深入贯彻落实科学发展观，它的模式是按照建设全国生态文明示范区的要求，把保护生态环境放在更加突出的位置，坚决摒弃那种"先污染，后治理"的传统经济发展模式，坚持"在保护中发展，在发展中保护"的发展理念；走生产发展、生活富裕、生态良好的科学发展之路；积极推动开放型经济、服务型经济和生态型经济的发展，拓宽经济发展思路，逐步调整不适宜的传统经济发展模式，建立"旅游业和现代服务业为主导的特色经济结构，大力提高旅游业的服务水平，制定相关的法律法规，规范旅游市场秩序打造具有海南地方特色的旅游产业，进一步融入国际旅游产业体系；各级党委和政府在注重保障和改善民生的同时，加快发展社会事业，大力推进城乡一体化协调发展，依据地方特点，大力发展绿色经济以及热带现代农业，加快各地常年蔬菜基地建设，补足蔬菜供应缺口，做好保证全国人民的蔬菜供应；在保证经济健康发展的同时，做好节能减排工作，走集约化发展的新型工业化道路，逐步将海南建设成为生态环境一流、文化魅力独特、社会安定有序、人与自然和谐相处的"开放之岛、绿色之岛、文明之岛、和谐之岛"。

五、文明生态村是海南生态文明建设的载体

1. 文明生态村创建概况

2000 年以来，海南悄然掀起了声势浩大并具有深远历史意义的文明生态村创建活动，其主要内容是：以自然村为单位，围绕"建设生态环境，发展生态经济，培养生态文化"，立足本省实际，坚持"有标准但不搞达标；有要求但不强求；动员群众，但不摊派群众"。人与自然和谐相处，促进了人与自然、经济与社会、城镇与农村的协调发展，使农民生产、生活环境有了明显好转，党群、干群关系进一步密切，文明生态村创建活动深受广大农民群众欢迎，取得了显著成效。

党的十六届五中全会提出建设社会主义新农村的战略决策，为海南的文明生态村建设指明了方向，注入了新的活力。海南省委、省政府把文明生态村创建作为新农村建设的践行。12 年间，在全省各级党委、政府高度重视和有力的领导推动下，在社会各界和广大农民群众的大力支持和积极参与下，全省共累计投入资金 54 亿余元，截至 2013 年 6 月底，海南省已建成文明生态村 13988 个，占自然村总数（23310 个自然村）的 60%，创建文明生态村1.4 万余个，文明生态村创建从无到有，从数量积累到质量提升，文明生态村创建蔚然成风，在琼州大地星火燎原、挥毫泼墨，尽情谱写美丽海南乡村篇章。

生态省建设促进了文明生态村的诞生，文明生态村的建设成果加快了生态省建设的步伐。海南文明生态村建设为中国特色社会主义新农村建设探索出了一条科学的途径，并在全国范围内得到了广泛认同，多位中央领导人先后到海南文明生态村考察，并给予了高度的肯定和评价。

2. 创建文明生态村的基本内容

以自然村为单位，"建设生态环境、发展生态经济、培育生态文化"，引导农民全面建设小康社会。

"建设生态环境"就是从治理农村脏乱差入手，利用海南得天独厚的生态条件，修路、植树，美化绿化环境，改善农民的生活环境。

"发展生态经济"就是把经济的发展和生态的优化融为一体，大力发展无公害热带高效农业和庭院经济，增加农民收入。

"培育生态文化"就是开展思想道德教育，普及科学文化知识、倡导移风易俗、组织农民喜闻乐见的文体活动等，转变农民群众的思想观念，提高农民素质和农村文明程度。

3. 文明生态村创建的成就

(1) 改变了农村脏乱差的面貌　文明生态村建设，一开始就坚持从海南省农村的实际出发，选择了群众最迫切需要解决的脏乱差问题作为突破口。从突击清除历史残留的陈年垃圾，建垃圾箱、沼气池，到硬化道路，植树种草，到实施"一室一场两改五化"工程，这一系列措施的实施，彻底改变了千百年来农村脏乱差的面貌。

(2) 加强农村文化设施建设，提高了农民的思想道德和文化素质　在创建中，始终坚持把思想道德和科学文化建设放在首位，加强农村文化设施建设，切实保障农民群众的基本文化权益。大力加强乡镇宣传文化站、文明生态村文化室和"农家书屋"建设，持续推进"理论下乡"，在全省村干部中开展"理论之星"读书活动，把科学发展观教育活动引向深入。广泛开展"革除不文明公期"、"告别陋习，珍爱健康，保护家园"、"改陋习、树新风"、社

会主义荣辱观宣传教育等活动，不断提高农民的思想道德素质。"助学"、"助残"、"助老"、"助贫"成风，形成了和睦相处、互相帮助的新型人际关系。有的村庄拆除了过去因发生村与村之间严重纠纷而垒起的"隔村墙"，修建了"连心路"，架起了"连心桥"。

（3）增强农民的环保意识和生态观念，改善和保护了生态环境 各市县通过开展多种形式的教育活动，使广大农民逐步树立起爱护生态环境的思想意识和道德观念，让保护生态环境成为农民的自觉行为，全社会生态文明程度逐步提高，"破坏生态环境就是破坏生产力，保护生态环境就是保护生产力，改善生态环境就是发展生产力"的生态观逐步深入人心。人们用自己的双手美化了环境，这美化了的环境反过来又美化人们的心灵。

（4）发展生态循环经济，提高了农民收入 文明生态村建设的起点和基础是生态环境的净化、美化和优化，建设的重点和核心是发展生态循环型的经济。目前，文明生态村中成功地发展了包括农户庭院经济和绿色种养基地在内的绿色农业与农村户用沼气池相联系的产业。特别是文明生态村的建设对沼气的推广应用发挥了极大的促进作用。建一个 6 立方米左右的沼气池，农户自己只需投入数百元和十几个工作日，就可一年节省 2000 多元的煤气费和化肥，少砍伐不少林木，增加许多有机肥，农民获益良多。伴随着以沼气推广为重点的生态循环型经济的发展，海南农村已形成各具特色的几种文明生态村创建模式，如："沼气＋养猪＋经济作物"的"小庭院、大产业"模式；"文明生态村＋科技村"模式；以发展橡胶、藤竹、南药、茶叶等山区经济为特色的"文明生态村＋专业村"模式。一些地方还以发展特色旅游业为导向，把文明生态村建设与开发乡村游和民族风情休闲游相结合，为增加农民收入开拓了新路子。

4. 创建文明生态村的工作思路

海南创建文明生态村，推进农村精神文明和生态文明建设的过程，是一个以科学发展观统领农村各项工作的过程。海南把中央精神与海南实践相结合具有普遍意义。

首先，坚持以经济建设为中心，以生态环境建设为切入点。文明生态村建设，"生产发展"是基础、是根本。如果生产不发展，经济搞不上去，农民的腰包鼓不起来，其他方面建设就只能是空中楼阁。海南的文明生态村创建正是以经济建设为中心和长远目标的，从而保证了文明生态村创建的可持续性。海南以生态环境建设为农村精神文明和生态文明建设切入点的实践证明，既符合海南财力有限的实际，实现了低投入快速启动文明生态村建设工程，又使农民群众很快看到了创建的效果，得到了实惠，发挥了精神对物质的反作用，保证了文明生态村创建的可持续发展。在农村精神文明和生态文明建设的过程中，对于经济相对落后的地区而言，必须要从大多数农民群众最迫切要求解决同时经过努力又能够解决的问题作为切入点，以最具有连锁效应，最能带动农村各项工作作为突破口。

其次，坚持心向农民、尊重农民、依靠农民、农民受益。科学发展观的本质是以人为本。把以人为本的原则贯彻到农村精神文明和生态文明建设工作中去，就是要以农民为本。以农民为本的含义主要有两点：一是为了农民，一切工作的出发点都是农民，一切工作的归宿还是农民；二是尊重农民，农民是农村精神文明和生态文明建设的主人，农村各项事业都要依靠农民，由农民决定，由农民支撑，由农民获益。在这场美化自己家园的活动中，海南广大农民群众之所以表现出极大的热情，正是因为海南始终坚持"以人为本"这个根本，才有了文明生态村创建的深入持续发展。

再次，坚持党委政府统领推动，领导真抓实干。党委政府是农村精神文明和生态文明建设的主导力量。海南各级党委政府统筹城乡发展，坚持把文明生态村创建纳入当地社会经济发展规划，纳入年度考核内容，成立各级文明生态村建设工作领导小组，坚持贯彻领导抓、抓领导、各级领导层层负责制，持续投入财政资金启动创建工程，动员社会各方力量参与共建，通过多种方式激发全社会创建热情，才成就了海南今天丰硕的创建成果。海南的实践说明，政府统领推动，领导真抓实干是农村精神文明建设的一项有力保证。

　　建设文明生态村已成为海南人民的自觉行动。文明生态村所承载的是海南农民对未来美好生活的向往。它把"文明"和"生态"这两种内涵融为一体，以"人与自然、经济与社会、城市与农村"的协调发展为目标，是迈向新时代的小康生活奔向信息化和生态化生活的重要一步，促使广大农村面貌发生了历史性巨变。

　　海南在推进生态文明建设实践中，充分认识到生态文明的深刻内涵，表现在物质、精神、经济、政治、文化等各个领域，它不仅涉及观念，而且涉及行为、生产、生活方式等。海南省委书记罗保铭指出："良好的生态环境是海南科学发展的生命线，是可持续发展的最大优势，也是海南旅游跻身于世界一流的核心竞争力。"2010年，海南国际旅游岛上升为国家战略，海南站在高度谋划蓝图，把海南国际旅游岛建成一个"旅游国际化程度高，生态环境优美，文化魅力独特，社会文明祥和"的战略构想，这恰恰融合并丰富了生态文明建设的内涵，抢占了生态文明的制高点。海南坚持把建设资源节约型、环境友好型社会作为加快转变经济发展方式的重要着力点，深入贯彻节约资源和保护环境基本国策，节能减排，发展循环经济，坚定不移地走"生态、绿色、低碳、可持续发展"之路，海南正阔步迈向生态文明的新时代。

［1］ ［日］梅棹忠夫．文明的生态史观［M］．王子今译．上海：三联书店上海分店，1988．

［2］ 贾卫列，朱土兴．社会主义与资本主义是并存于同一时序上的两种社会形态［J］．丽水师专学报，1988(2)．

［3］ 刘宗超．地球表层学进展［J］．理论之声，1989(3)．

［4］ ［日］阿部正雄．禅与西方思想［M］．王首泉等译．上海：上海译文出版社，1989．

［5］ 刘宗超．IGBP 与全球变化问题［J］．自然杂志，1989(9)．

［6］ 刘宗超．生态环境与全球变化问题［M］．见：马世骏．现代生态学透视．北京：科学出版社，1990：316-322．

［7］ 马洪，刘宗超，孙莉等．太阳辐射对积雪温度场影响的一维解［J］．科学通报，1991(3)．

［8］ 刘宗超，刘粤生．地球表层系统信息增殖［J］．自然杂志，1991(6)．

［9］ 马洪，刘宗超，刘一峰等．中国西部天山季节性积雪的能量平衡研究和融雪速率模拟［J］．科学通报，1992(4)．

［10］ 刘宗超，刘粤生．地球表层信息增殖范型——全球生态文明观［J］．自然杂志，1993(11-12)．

［11］ 黄顺基，刘宗超．生态文明观与中国的可持续发展［J］．中外科技政策与管理，1994(9)．

［12］ 刘宗超．中国可持续发展的战略抉择［J］．大自然探索．1995(1)．

［13］ 刘宗超．风景名胜区的可持续发展与对策——罗浮山生态规划实践［J］．中外科技政策与管理，1995(2)．

［14］ 刘宗超，刘粤生．地球表层系统研究的新视角——从物理观到生态文明观［J］．大自然探索，1995(3)．

［15］ 刘宗超．科技进步与生态文明观［M］．见：黄天授，黄顺基，刘大椿．现代科学技术导论．北京：中国人民大学出版社，1995：190-218．

［16］ 刘宗超．生态农业、效益农业与中国农业的可持续发展［J］．大自然探索，1996(3)．

［17］ 刘宗超，张孝德．论中国可持续发展对世界和平与发展的作用和意义［J］．世界经济评论，1996(6)．

［18］ 刘宗超．星际生态文明的演变［J］．飞碟探索，1997(1)．

［19］ 刘宗超．生态文明观与中国可持续发展走向［M］．北京：中国科学技术出版社，1997．

［20］ 刘宗超，刘粤生．社会进步的信息增殖进化论［J］．大自然探索，1998(1)．

［21］ 刘宗超．可持续发展［M］．见：周绍鹏，王健．中国政府经济学导论．北京：经济科学出版社，1998：433-459．

［22］ 刘宗超，刘粤生．信息增殖进化论［M］．见：黄顺基．信息革命在中国．北京：中国人民大学出版社，1998：24-60．

［23］ 卓新平．宗教理解［M］．北京：社会科学文献出版社，1999．

［24］ 刘宗超．生态文明观与全球资源共享［M］．北京：经济科学出版社，2000．

［25］ 刘宗超．效益农业的理论与实践［M］．北京：改革出版社，2000．

［26］ 刘宗超．中国西部开发的生态产业战略［N］．经济消息报，2001-01-04．

［27］ 刘宗超．生态产业——21 世纪的主导产业［N］．县市乡镇长周刊，2001-04-03．

［28］ ［美］欧文·拉兹洛．第三个 1000 年：挑战和前景——布达佩斯俱乐部第一份报告［M］．王宏昌，王欲棣译．北京：社会科学文献出版社，2001．

［29］ 刘宗超．生态文明——21 世纪人类的选择［N］．中国财经报，2002-08-10．

［30］ 李泽厚．中国古代思想史论［M］．天津：天津社会科学院出版社，2003．

［31］ ［美］D·洛耶．进化的挑战：人类动因对进化的冲击［M］．胡恩华，钱兆华，颜剑英译．北京：社会科学文献出版社，2004．

［32］ 刘宗超．全球生态问题的根源及其对策［J］．国际生态与安全，2006(10)．

［33］ 中国现代化战略研究课题组，中国科学院中国现代化研究中心．中国现代化报告·2007：生态现代化研究［M］．北京：北京大学出版社，2007．

[34] 陈秋平. 金刚经·心经·坛经 [M]. 北京：中华书局，2007.

[35] 中国科学院中国现代化研究中心. 生态现代化：原理与方法 [M]. 北京：中国环境科学出版社，2008.

[36] 上海市环境保护局. 环境保护在您身边 [M]. 北京：中国环境科学出版社，2008.

[37] 贾卫列. 生态文明开创人类文明新纪元 [J]. 环境保护，2008(12A)：71-73.

[38] 刘宗超，贾卫列. 论大生态期理论对生态文明及地球生物进化的终极意义 [J]. 环境教育，2009(10)：5-7.

[39] 王文东. 论管仲学派生态伦理思想的层次结构 [J]. 管仲学刊，2010(2)：5-11.

[40] 贾卫列，刘宗超. 生态文明观：理念与转折 [M]. 厦门：厦门大学出版社，2010.

[41] 安颖. 论少数民族生态文化与自然资源保护的关系 [J]. 学术交流，2011(2)：198-200.

[42] 马亚茜. 构建高效生态农业，打造生态文明基地——访生态文明理论的奠基人、著名生态农业专家刘宗超博士 [J]. 神州，2011(6 中).

[43] 贾卫列. 生态文明建设的内容 [J]. 神州，2012(3 中).

[44] 贾卫列. 建美丽中国需打造生态文明 [N]. 环球时报，2012-11-12.

[45] 程必定. 管仲的生态智慧及对当代中国生态文明建设的启示 [C]. 见：2013 第八届全国管子学术研讨会交流论文集，2013.

[46] 贾卫列，杨永岗，朱明双. 生态文明建设概论 [M]. 北京：中央编译出版社，2013.

[47] 陈宗兴. 生态文明建设 [M]. 北京：学习出版社，2014.

[48] 刘宗超，贾卫列. 生态文明建设读本 [M]. 北京：中国人事出版社，2014.

后　记

生态文明理念是中国贡献给当代世界的全新发展理念，重建了人类发展的伦理和哲学的基础，要将人类推向文明进步的更高阶段，必须在农业文明、工业文明发展的基础上，利用信息文明，建设生态文明，人类才能走出当前的困境。

令人欣慰的是，生态文明建设的浪潮已经在中国大地兴起，当前生态文明建设主战场主要集中在环境建设领域，正逐步向经济建设、政治建设、文化建设、社会建设领域拓展。如何在这转折的时刻，向公众传播生态文明理念，总结中国各地生态文明建设的模式，走出当前生态文明建设的误区，就成为一个重大的时代课题。

20世纪90年代，我们就开始系统研究生态文明理论，同时以生态文明理论指导实践，在全国各地用这一全新的理念来规划区域的生态保护、经济发展、文化传承、社会进步。为了进一步探讨生态文明理念与生态文明建设实践的结合问题，北京生态文明工程研究院与化学工业出版社联手著写、出版了《生态文明理念与模式》一书。

本书由刘宗超、贾卫列负责总体框架的设计，并撰写理论部分，参加本书实践案例著写的人员有李晓南、钟勇强、钟炳林、陈梦吉、陈红枫、陈彩棉、许明月、刘宗超、贾卫列、聂春雷、林峰海、薛瑶、陈克恭、阙忠东、廖晓义、张明伟、张冠秀、张照松、张立柱、张乐华、舒晓明、潘骞、韩宁会、金经人、骆荣强、张庆良。薛瑶、聂春雷在著写过程中做了大量工作，最后由刘宗超、贾卫列总撰成书。

在本书著写过程中，我们得到全国各地方政府、企事业单位的大力帮助，浙江省嘉兴光伏高新技术产业园区管委会、浙江天能集团、中国中化集团、福建省石狮市经济局、浙江省桐庐县农业和农村工作办公室、广东省珠海市委市政府提供了最新资料，中国生态文明研究与促进会王春益、胡勘平和浙江省委巡视办洪国良等领导提供了大量帮助，我们也参阅了多方面文献，吸取了众多学者的研究成果和各地生态文明建设的成功经验，在此一并表示深深的谢意！

衷心希望从事生态文明理论的研究和奋战在生态文明建设实践一线的同仁，能经常分享研究的硕果和成功的经验，我们的电子邮件是：stwmclub@sina.com、stwmclub@sohu.com。由于作者的水平、经验和时间所限，本书的不足和疏漏之处在所难免，恳请广大读者批评指正。

刘宗超　贾卫列

2014 年 12 月